2016 年教育部"创新团队发展计划"滚动支持项目(IRT – 16R22)
全国煤炭行业瓦斯地质与瓦斯防治工程研究中心 资助

俄罗斯煤矿动力现象预测细则和作业安全指南

张建国　魏风清　编译

煤炭工业出版社

·北　京·

图书在版编目（CIP）数据

俄罗斯煤矿动力现象预测细则和作业安全指南/张
建国，魏风清编译. --北京：煤炭工业出版社，2018
ISBN 978 - 7 - 5020 - 4707 - 8

Ⅰ.①俄… Ⅱ.①张… ②魏… Ⅲ.①煤矿—瓦斯爆
炸—防治—俄罗斯—指南 Ⅳ.①TD713 - 62

中国版本图书馆 CIP 数据核字（2018）第 274622 号

俄罗斯煤矿动力现象预测细则和作业安全指南

编　　译	张建国　魏风清
责任编辑	徐　武　杨晓艳
责任校对	陈　慧
封面设计	安德馨

出版发行　煤炭工业出版社（北京市朝阳区芍药居 35 号　100029）
电　　话　010 - 84657898（总编室）　010 - 84657880（读者服务部）
网　　址　www.cciph.com.cn
印　　刷　北京玥实印刷有限公司
经　　销　全国新华书店

开　　本　787mm×1092mm$\frac{1}{16}$　印张　17$\frac{3}{4}$　字数　417 千字
版　　次　2019 年 1 月第 1 版　2019 年 1 月第 1 次印刷
社内编号　20181649　　　　定价　58.00 元

前　言

　　《俄罗斯煤矿动力现象预测细则和作业安全指南》包括6篇：开采煤田时动力现象预测和岩体监测细则、在具有动力现象倾向煤层中安全作业的建议、测定煤层瓦斯含量的建议、煤矿危险性分析和事故风险评价方法的建议、煤矿事故救援计划编制细则、煤矿采矿工程作业文件组成部分。其中，开采煤田时动力现象预测和岩体监测细则和煤矿事故救援计划编制细则属于工业安全领域的联邦标准和规程，是标准的法律文件；在具有动力现象倾向煤层中安全作业的建议、测定煤层瓦斯含量的建议、煤矿危险性分析和事故风险评价方法的建议、煤矿采矿工程作业文件组成部分属于安全指南，不是标准的法律文件。这些文件的发布时间为2016—2017年，是俄罗斯煤矿动力现象预测、防治、事故风险评价和事故救援计划编制的最新技术标准和作业安全指南。

　　开采煤田时动力现象预测和岩体监测细则主要包括：总则及25个附录；在具有动力现象倾向煤层中安全作业的建议主要包括：总则、预防动力现象的工作组织、开采具有动力现象倾向煤层的矿井设计文件、动力现象预测和预防综合措施的制定和批准程序、在具有动力现象倾向煤层中的作业、根据地球物理观测监测岩体，以及15个附录；测定煤层瓦斯含量的建议主要包括：总则、煤层瓦斯含量评价工作的实施程序，以及6个附录；煤矿危险性分析和事故风险评价方法的建议主要包括：总则、事故风险分析的任务、煤矿开采阶段事故风险分析实施阶段和事故危险性清单、煤矿开采阶段事故危险性影响因素和事故危险性指数、煤矿事故风险评价，以及10个附表；煤矿事故救援计划编制细则主要包括：总则、事故救援计划的作业部分、图表部分、事故救援计划的修改和补充程序、事故救援计划矿井通用单元中的人员抢救和事故救援措施，以及27个附录；煤矿采矿工程作业文件组成部分主要包括：总则、巷道掘进和支护文件、巷道维修文件、回采、支护和顶板管理文件、作为作业文件组成部分的其他类型的文件。

　　这些技术标准和安全指南供俄罗斯采用井工开采的煤炭企业的工作人员、科研机构和煤矿设计单位的工作人员、职业化紧急救护部门(部队)的工作人员、工业安全鉴定委员会，以及生态、工艺和原子能监督联邦部门地区机关的工作人员使用，也可供我国开采具有动力现象倾向煤层的煤矿、有关科研单位、设计单位等参考使用。

　　由于译者水平有限,翻译过程中的不当之处,欢迎批评指正。

译　者

2018 年 10 月

目　　次

第一篇　开采煤田时动力现象预测和岩体监测细则

第二篇　在具有动力现象倾向煤层中安全作业的建议

第三篇　测定煤层瓦斯含量的建议

第四篇　煤矿危险性分析和事故风险评价方法的建议

第五篇 煤矿事故救援计划编制细则

第六篇　煤矿采矿工程作业文件组成部分

开采煤田时动力现象预测和岩体监测细则

俄罗斯联邦生态、技术及原子能监督局命令

2016 年 8 月 15 日   **№339**

根据俄罗斯联邦政府 2004 年 7 月 30 日 №401 令批准的生态、技术及原子能监督局条例第 5.2.2.16 (1) 分项（俄罗斯联邦法规汇编，2004，№32，第 3348 页；2006，№5，第 544 页；№32，第 2527 页；№52，第 5587 页；2008，№22，第 2581 页；№46，第 5337 页；2009，№6，第 738 页；№33，第 4081 页；№49，第 5976 页；2010，№9，第 960 页；№26，第 3350 页；№38，第 4835 页；2011，№6，第 888 页；№14，第 1935 页；№41，第 5750 页；№50，第 7385 页；2012，№29，第 4123 页；№42，第 5726 页；2013，№12，第 1343 页；№45，第 5822 页；2014，№2，第 108 页；№35，第 4773 页；2015，№2，第 491 页；№4，第 661 页；2016，№28，第 4741 页）：

（1）批准所附的安全指南《开采煤田时动力现象预测和岩体监测细则》。

（2）本规定正式公布期满 6 个月后生效。

负责人：А. В. Алёшин

（2016 年 11 月 7 日于俄罗斯联邦司法部登记，№44251）

总　　则

1. 《开采煤田时动力现象预测和岩体监测细则》（以下简称《细则》）根据 1997 年 7 月 21 日 №116 – Ф3 联邦法律《危险生产工程项目工业安全》（俄罗斯联邦法规汇编，1997，№30，第 3588 页；2000，№33，第 3348 页；2003，№2，第 167 页；2004，№35，第 3607 页；2005，№19，第 1752 页；2006，№52，第 5498 页；2009，№1，第 17 页，第 21 页；№52，第 6450 页；2010，№30，第 4002 页；№31，第 4195 页，第 4196 页；2011，№27，第 3880 页；№30，第 4590 页，第 4591 页，第 4596 页；№49，第 7015 页，第 7025 页；2012，№26，第 3446 页；2013，№9，第 874 页；№27，第 3478 页；2015，№1，第 67 页；№29，第 4359 页），生态、技术及原子能监督局 2013 年 11 月 19 日 550 号令批准的《煤矿安全规程》（2013 年 12 月 31 日俄罗斯联邦司法部登记，№30961；行政权联邦机关标准文件公告，2014，№7）的要求，以及生态、技术及原子能监督局 2015 年 4 月 2 日 №129 令对《煤矿安全规程》载入的修改（2015 年 4 月 20 日俄罗斯联邦司法部登记，№36942；行政权联邦机关标准文件公告，2015，№38）制定。

2. 本《细则》供采用井工开采的煤炭企业的工作人员、科研机构和矿井设计机构的工作人员以及生态、技术及原子能监督局地区机关的工作人员使用。

3. 本《细则》所使用的约定符号在本《细则》附录 1 中列出。

4. 本《细则》的条款适用于使用井工开采的煤炭企业预防煤矿动力现象（以下简称 ДЯ）。

5. 本《细则》规定了以下类型的动力现象：

（1）冲击地压。

（2）煤（岩）与瓦斯突出。

（3）煤的突然压出。

（4）底板岩层突然动力破坏。

6. 本《细则》附录 2 中指出了动力现象特征和动力现象之前的事件，应根据动力现象总特征确定发生的动力现象类型。

动力现象发生之前，可能发生本《细则》附录 2 中第 7～10 条所列出的一个或者几个事件。

7. 本《细则》包含的程序规定：

（1）在煤矿进行冲击地压、煤（岩）与瓦斯突出、煤的突然压出和底板岩石突然动力破坏的预测。

（2）预防动力现象的措施。

（3）动力现象措施使用效果检查。

（4）开采煤（岩）与瓦斯突出危险煤层和冲击地压危险煤层时，进行岩体监测。

（5）动力现象调查和统计。

8. 本《细则》规定了下列动力现象危险性等级：

（1）对于具有冲击地压倾向的煤层：

①冲击地压威胁煤层。

②冲击地压危险煤层（以下简称冲击危险煤层）。

③具有煤与瓦斯突出倾向的煤层。

④煤与瓦斯突出威胁煤层。

⑤煤与瓦斯突出危险煤层（以下简称突出危险煤层）。

⑥煤与瓦斯突出特别危险煤层（煤层区段）［以下简称特别突出危险煤层（煤层区段）］。

（2）对于巷道底板岩石具有动力破坏倾向的煤层：

①巷道底板岩石动力破坏威胁煤层。

②巷道底板岩石动力破坏危险煤层。

③对于具有煤突然压出倾向的煤层：

④煤突然压出威胁煤层。

⑤煤突然压出危险煤层。

（3）对于岩层：

①具有冲击地压倾向岩层。

②具有岩与瓦斯突出倾向岩层。

9. 对于具有动力现象倾向的煤层区段，根据其中动力现象显现的可能性，规定两种危险性等级："危险"和"无危险"。

在其中不能排除动力现象显现可能性的煤层区段属于"危险"危险性等级（以下简称"危险"等级）。

采用本《细则》所列的预测方法，查明在其中排除动力现象显现可能性的煤层区段属于"无危险"危险性等级（以下简称"无危险"等级）。

10. 当井田范围内出现下列情况时，冲击地压威胁煤层（岩层）属于"冲击危险煤层（岩层）"等级：

（1）进行冲击危险性预测时，发现"危险"等级的区段。

（2）发生了冲击地压。

当井田范围内出现下列情况时，煤（岩）与瓦斯突出威胁煤层（岩层）属于"突出危险煤层（岩层）"等级：

（1）进行突出危险性预测时，发现"危险"等级的区段。

（2）发生了煤（岩）与瓦斯突出。

出现下列情况时，突出危险煤层（煤层区段）属于"特别突出危险煤层"等级：

（1）突出活性的构造破坏带。

（2）由地质破坏引起的复杂化的矿山压力升高带（以下简称ПГД）。

（3）准备巷道工作面通过煤柱边缘部分的基准线或者停工的回采工作面。

11. 制定矿井建设设计文件时，应考虑井田地质动力区划结果。根据本《细则》附录

3 进行地下资源区段地质动力区划。

12. 本《细则》规定动力现象预测的类型如下：

（1）区域预测。

（2）巷道揭开煤层前的预测（以下简称揭煤前预测）。

（3）局部预测。

（4）日常预测。

（5）岩层冲击危险性和突出危险性预测。

区域预测包括根据地质勘探获得的资料进行的预测和根据连续地震声学观测进行的预测。

根据地质勘探获得的资料进行的区域预测将煤层列入"动力现象威胁"等级。

开采冲击危险煤层时，为了查明其中的地震和地质动力过程活化带，根据连续地震声学观测进行区域预测。

巷道揭穿以下煤层（岩层）时，进行揭煤前预测：

（1）具有煤与瓦斯突出倾向的煤层。

（2）具有冲击地压倾向的煤层。

（3）具有岩与瓦斯突出倾向的岩层。

（4）具有冲击地压倾向的岩层。

揭煤前预测是为了制定揭穿煤层时进行安全采掘作业的措施。

在冲击地压倾向和煤与瓦斯突出威胁煤层中进行局部预测，以查明其中的"危险"等级区段。

进行日常预测以保障每个采煤循环的采掘作业安全进行。

在具有冲击地压倾向煤层的危险带中，以及在该煤层不属于危险带的区段中查明为"危险"等级之后，进行冲击危险性日常预测。

进行突出危险性日常预测的区带：

（1）在煤与瓦斯突出威胁煤层的危险带中。

（2）在其中发生了动力现象之前事件（突出预兆）的突出威胁煤层的区段中。

（3）在煤与瓦斯突出危险煤层中。

沿着具有岩与瓦斯突出倾向或者冲击地压倾向的岩层掘进巷道时，进行岩层突出危险性和冲击危险性预测。

采用震动爆破方式掘进巷道时，不进行煤层和岩层的突出危险性预测。

13. 煤矿动力现象预测方法、应用范围、类型和目的，以及说明煤（岩）与瓦斯突出和冲击地压预测实施程序的流程见本《细则》附录 4。

根据地质勘探获得的资料进行区域预测的程序以及将煤层列入"动力现象危险"等级的程序见本《细则》附录 5。

根据连续地震声学观测进行区域预测的程序见本《细则》附录 6。

在具有动力现象倾向煤层和岩层的揭穿地点的动力现象预测实施程序见本《细则》附录 7。

煤层冲击危险性局部预测方法见本《细则》附录 8。煤层冲击危险性局部预测实施程序见本《细则》附录9。

煤层冲击危险性日常预测方法见本《细则》附录10。

岩层冲击危险性预测方法见本《细则》附录11。

煤层突出危险性局部预测实施程序见本《细则》附录12。

煤层突出危险性日常预测方法见本《细则》附录13。

岩层突出危险性预测方法和程序见本《细则》附录14。

巷道底板岩层动力破坏预测方法和实施程序见本《细则》附录15。

煤的突然压出预测方法见本《细则》附录16。

伴有强烈瓦斯涌出的底板岩层动力破坏预测方法见本《细则》附录17。

14. 岩体监测程序见本《细则》附录18。

15. 在查明为"危险"等级的煤层区段中，禁止进行巷道掘进和采煤作业。

实施动力现象预防措施和检查其效果后，恢复查明为"危险"等级煤层区段中的巷道掘进和采煤作业。

预防动力现象措施见本《细则》附录19。

预防动力现象措施效果检查程序和方法见本《细则》附录20。

16. 采用本《细则》所列的方法进行动力现象预测。

选择动力现象预测方法时，要考虑煤层和岩层的动力现象危险性等级。在动力现象威胁煤层中，准许采用本《细则》规定的在动力现象危险煤层中进行预测的方法和程序。

对于动力现象预测，准许实施本《细则》所列的两种及以上的预测方法。当采用几个方法进行动力现象预测时，即使只有一种预测方法查明为"危险"等级，则区段属于"危险"等级。

在实施动力现象预防措施和检查其效果的情况下，可以不进行预测。

17. 在具有动力现象倾向的煤层中，应查出其范围内特别复杂条件的煤层区段（以下简称危险带）。

在具有冲击地压倾向的煤层中，属于危险带的有：

（1）矿山压力升高带。

（2）地质破坏影响带。

（3）煤层分裂带。

（4）采掘作业向采空区方向进行的条带。

（5）采掘作业向前探巷道方向进行的条带。

（6）对于罗斯托夫煤田的矿井，由安装巷道（开切眼）至煤层难冒落基本顶第一次冒落步距区段中的回采巷道和圈定回采区段的巷道。

（7）煤柱开采区段。

在具有煤与瓦斯突出倾向的煤层中，属于危险带的有：

（1）处于未被保护水平下部区域的区段。

（2）地质破坏影响带。

（3）矿山压力升高带。

危险带标注到矿山图表文件中。

18. 在开采冲击地压危险和（或者）突出危险煤层的矿井中，应采用地球物理方法进行岩体监测。

地球物理方法监测根据设计文件进行。

19. 在矿井作业时所采用的动力现象预测方法、动力现象预防措施和动力现象预防措施应用效果检查方法列入煤炭企业根据《煤矿安全规程》制定的采掘作业文件中。

20. 在开采具有动力现象倾向煤层的矿井中，动力现象预测和动力现象预防措施应用效果检查由动力现象预测部门的工作人员完成。

21. 每年准备采掘工程扩展计划审查文件时，根据煤炭企业负责人签发的行政文件确定煤层和岩层所属的动力现象等级，批准年度计划内将进行采掘的危险带清单，以及确定计划年度内动力现象预测和预防综合措施。

该行政文件以通告的形式发往生态、技术及原子能监督局地区机关以及服务于煤炭企业的专业紧急救援部门或者专业紧急救援部队。

22. 根据生态、技术及原子能监督局 2011 年 8 月 19 日 480 号令（俄罗斯联邦司法部 2011 年 12 月 8 日登记，№22520；行政权联邦机关标准文件公告，2012，№ 5）批准的《生态、技术及原子能监督局监管的工程项目工业用爆炸材料的事故、事件和损失情况的调查实施程序》及生态、技术及原子能监督局 2014 年 12 月 25 日 №609 令载入的修改（俄罗斯联邦司法部 2015 年 2 月 26 日登记，№36214；行政权联邦机关标准文件公告，2015，№ 26）进行动力现象调查和统计。已发生的冲击地压、突出的信息标注到图表文件中。

由煤炭企业技术负责人（总工程师）领导的委员会在 24 h 内对发生的事件进行调查。

附录 1　约 定 符 号

A_B——人工声学信号频谱的高频分量，假定单位。

$A_{ЭМП}$——人工电磁场的振幅，mV。

A_{m1}——施工钻孔第 1 m 时记录的声发射活性，脉冲/min。

A_{mi}——施工钻孔第 i m 时记录的声发射活性，脉冲/min。

A_H——人工声学信号频谱的低频分量，假定单位。

A_{ac}——声学信号的振幅，假定单位。

A_{acp}——声学信号的共振振幅，假定单位。

a——巷道的大致宽度，m。

$a_{усл}$——巷道的规定宽度，m。

B——构造破坏影响带宽度，m。

$B_{0ЭМИ}$——在无冲击危险状态的煤层区段中，高能量（振幅）脉冲数量与低能量（振幅）脉冲数量的比值，小数。

$B_{ЕЭМИ}$——在使用 ЕЭМИ 方法预测冲击地压的煤层区段中，高能量（振幅）脉冲数量与低能量（振幅）脉冲数量的比值，小数。

b——工作面 1 个循环的推进度，m。

$b_{разг}$——巷道侧帮煤层卸压带的宽度，m。

C_{15}——记录间隔终点的甲烷浓度，%。

$C_ф$——甲烷背景浓度，%。

C_{max}——爆破作业后甲烷的最大浓度，%。

d——危险带宽度，m。

$E_{уп}$——煤层直接底板中岩石分层的弹性模量，MPa。

$E_{сл}$——危险分层的弹性模量，MPa。

F——煤层中丝质体的平均含量，%。

f——声学信号的频率，Hz。

$f_{уг}$——煤的普氏硬度系数，假定单位。

$f_{угmin}$——煤层分层的最小普氏硬度系数，假定单位。

$f_{кр. пач. уг}$——硬煤分层的普氏硬度系数，假定单位。

$f_{сл. пач. уг}$——软煤分层的普氏硬度系数，假定单位。

$f_{ср. уг}$——煤的平均普氏硬度系数，假定单位。

$f_{уг. пл. сл. стр}$——复杂结构煤层的普氏硬度系数，假定单位。

$f_{ср. уг. к. наб}$——在进行检查观测的煤层区段，煤的平均普氏硬度系数，假定单位。

$G_{мг}$——煤的吸附孔隙率指标，%。

g_2——不晚于打钻结束后 2 min 内测量的钻孔瓦斯涌出初速度（以下简称瓦斯涌出初速度），L／min。

g_7——不晚于打钻结束后 7 min 内测量的钻孔瓦斯涌出初速度（以下简称瓦斯涌出初速度），L／min。

$g_{кр}$——瓦斯涌出初速度临界值，L／min。

g_{max}——最大瓦斯涌出速度，L／min。

$gradX$——从等瓦斯线 5 m³／（t·r）到等瓦斯线 15 m³／（t·r），在煤层埋藏深度 100 m 内的煤层原始瓦斯含量梯度。

H——煤层埋藏深度，m。

$H_{выб}$——煤层属于"煤与瓦斯突出威胁"等级的深度，m。

$H_{г. p}$——采掘作业深度，m。

$H_{г. в}$——巷道布置深度，m。

$H_{гор. уд}$——煤层属于"冲击地压威胁"等级的深度，m。

$H_{кр}^{г}$——根据瓦斯因素判断的煤与瓦斯突出显现的临界深度，m。

$H_{кр}^{нс}$——根据岩体应力状态因素确定的煤与瓦斯突出显现的临界深度，m。

H_5——等瓦斯线 5 m³／（t·r）煤层埋藏深度，m。

H_{15}——等瓦斯线 15 m³／（t·r）煤层埋藏深度，m。

ΔH——等瓦斯线 5 m³／（t·r）之间的煤层埋藏深度增量，m。

h_1——岩石破坏时冲模进入钻孔底部的深度，mm。

h_2——岩石破坏后冲模进入钻孔底部的深度，mm。

ΔJ——碘指标，mg／m。

K——支承压力带中煤层电阻变化系数。

K_f——煤的普氏强度系数变化指标，%。

K_g——煤的突然压出危险性系数，小数。

K_m——带有强烈瓦斯涌出的底板岩石动力破坏危险性系数，小数。

$K_{тпл}$——煤层厚度变化指标，%。

$K_{уг. пач}$——厚度大于 0.1 m 的煤层分层厚度变化指标，%。

$K_{уд. пл. сл. стр}$——复杂结构煤层冲击危险性系数，%。

$K_{уд. кр. пач}$——煤层硬分层冲击危险性系数，%。

$K_{уд. сл. пач}$——煤层软分层冲击危险性系数，%。

$K_{хр}$——岩层脆性系数，假定单位。

$K_{ВАЭi}$——根据激发的声发射（以下简称 ВАЭ）判断的冲击危险性指标，小数。

$K_и$——破坏强度指标，小数。

$K_{о. н}$——预报参数 $A_в$ 和 $A_н$ 的比值系数。

$K_{уд}$——煤层冲击危险性系数，%。

l——支承压力带宽度，m。

l_6——采煤的安全深度，m。

$l_{пер. выр}$——工作面到前探巷道的距离，m。

l_{p}——煤层工作面附近卸压带深度，m。

L_i——孔口至钻孔第 i m 的距离，m。

$l_{\text{ин. скв}}$——由孔口至确定钻屑体积或者质量的区间末端的距离，m。

$l_{\text{к}}$——钢锥进入煤体的深度，mm。

$l_{\text{скв}}$——钻孔长度，m。

M——煤的变质长度综合指标，假定单位。

$m_{\text{уг. пач}}$——煤分层厚度，m。

$m_{\text{сл. пор}}$——岩石分层厚度，m。

$m_{\text{сл. пор. г. уд}}$——厚度 0.5 m 以上、强度 $\sigma_{\text{пор. сж}} \geqslant 50$ MPa 的岩石分层厚度，m。

$m_{\text{вын. уг. пл}}$——煤层回采分层厚度，m。

$m_{\text{л. о. кр}}$——单轴抗压强度 $\sigma_{\text{пор. сж}} \leqslant 50$ MPa 的岩石厚度，m。

$m_{\text{проч. пор. о. к}}$——基本顶坚固岩层厚度，m。

$m_{\text{уг. пл}}$——煤层厚度，m。

$m_{\text{сл. пач}}$——软煤分层厚度，m。

$m_{\text{оп. сл. пор}}$——岩层危险分层厚度，m。

$m_{\text{ср. пл}}$——煤层平均厚度，m。

$m_{\text{ср. пл. к. наб}}$——观测区段的煤层的平均厚度，m。

$t_{\text{ч}}$——事件间隔，h。

n——煤层边缘部分保护带宽度，m。

N——断层断距，m。

$N_{\text{ЕЭМИ}}$——在使用 ЕЭМИ 方法进行冲击地压预测的煤层区段中，指定能量（振幅）水平的脉冲数量，小数。

$N_{\text{0ЕЭМИ}}$——在无冲击危险状态的煤层区段中，指定能量（振幅）水平的脉冲数量。

$N_{\text{ср}}$——平均时间间隔内的平均声发射活性，脉冲/h。

$N_{\text{кр}}$——临界平均声发射活性，脉冲/h。

n_{g}——瓦斯涌出初速度的变化，小数。

$P_{\text{АЭ}}$——临界声发射活性系数，脉冲/h。

P_1——反映煤层埋藏深度的参数，无单位，等于 1.5。

P_2——反映岩石单轴压缩强度极限 $\sigma_{\text{пор. сж}}$ 的参数。

P_3——反映岩层厚度的参数。

P_4——取决于易冒落顶板岩层厚度与煤层回采分层厚度比值的参数。

$P_{\text{гmax}}$——煤层中的最大瓦斯压力，MPa。

P^m——长度为 1 m 钻孔的钻屑质量，kg/m。

P^v——长度为 1 m 钻孔的钻屑体积，L/m。

$P_{\text{д1}}$——岩石开始破坏时，钻孔底部冲模上的压力，MPa。

$P_{\text{д2}}$——岩石破坏结束时，钻孔底部冲模上的压力，MPa。

Q_{b}、Q_{n}——ЕЭМИ 的临界指标。

Q_{bk}、Q_{nk}——ЕЭМИ 的临界指标。

Q_s——煤层厚度或者分层厚度的冲击危险性指标，小数。

Q_{15}——记录间隔终点的风量，m^3/min。

Q_{cp}——记录间隔终点的风量平均值，m^3/min。

q_{yr}——煤的强度，假定单位。

$q_{cp.\,yr}$——煤的平均强度，假定单位。

$q_{A\Im}$——平均声发射活性的相对增大量，%。

$q_{A\Im nop}$——平均声发射活性的临界增大量，%。

$R_{\Im M\Pi}$——接收天线到发射器的距离，m。

R——根据瓦斯最大涌出速度 g_{max} 和钻屑最大体积 P^v_{max} 确定的突出危险性指标，假定单位。

S_{ACD}——顶点为 ACD 的几何图形的面积，假定单位。

S_{ABC}——顶点为 ABC 的几何图形的面积，假定单位。

S_{yr}——巷道工作面的煤层面积，m^2。

S_m——支承压力带中的煤层电阻，Ω。

S_n——支承压力带之外的煤层电阻，Ω。

t_p——煤层对工作面爆破作业的反应时间，min。

V^{daf}——挥发分，%。

V_f——煤的普氏强度系数的变化系数，%。

V_m——煤层厚度的变化系数，%。

V_q——煤的强度的变化系数，%。

W_{max}——煤的最大含水量，%。

W_e——煤的自然水分，%。

W_{cp}——煤的水分的算术平均值，%。

X——干燥无灰基煤层的原始瓦斯含量，$m^3/(t\cdot r)$。

X_1——由煤层暴露面到煤的最大水分区段的距离，m。

$X_{on.\,\text{дав}}$——由巷道至支承压力最大值区段的距离，m。

$X_{\text{уч. изм. св}}$——在其中发生了煤（岩）性质不可逆变化的岩体区段宽度，m。

y——煤的塑性分层厚度，mm。

β——褶皱的内角，(°)。

γ_{nop}——岩石的容重，MN/m^3。

γ_{yr}——煤的容重，MN/m^3。

χ——考虑了矿山地质和矿山技术条件影响的加载系数。

ε_n——人工建立载荷时，煤层边缘部分的全部相对应变，%。

ε_y——人工建立的载荷达到破坏载荷的75% ~80%时，煤层边缘部分的相对应变，%。

δ_f——煤的普氏强度系数 f_{yr} 的均方差，假定单位。

δ_q——煤的强度 $q_{cp.\,yr}$ 的均方差，假定单位。

δ_m——煤层厚度 $m_{cp.\,пл}$ 的均方差，m。

ρ——无烟煤的单位电阻，Ω。

$\sigma_{\text{сж}}$——反映危险分层中压缩应力的参数。

$\sigma_{\text{пор. сж}}$——岩石的单轴压缩强度极限，MPa。

$\sigma_{\text{уг. сж}}$——煤的单轴压缩强度极限，MPa。

$\Pi_{\text{в}}$——在揭穿地点具有煤与瓦斯突出倾向煤层的突出危险性指标。

$\sum P$——表现煤层冲击地压倾向的参数。

附录2　动力现象特征和动力现象发生前的事件

动力现象特征

1. 冲击地压的特征：

（1）工作面或者煤柱煤层和围岩边缘部分或者煤柱瞬间破坏。

（2）剧烈声响。

（3）在巷道中形成冲击空气波和在岩体中形成地震波。

（4）大块级别煤抛出或者压出。

（5）在煤层和顶板岩层之间形成裂缝。

（6）形成粉尘。

（7）巷道支架、机器和设备破坏（移动）。

（8）在含瓦斯煤层中，瓦斯涌出量增大。

2. 煤与瓦斯突出的特征：

（1）煤层工作面附近区域快速破坏。

（2）煤由工作面抛出的距离超过以自然边坡角分布的长度。

（3）在煤层中形成孔洞，其宽度小于其深度。

（4）破坏煤的相对瓦斯涌出量超过其原始瓦斯含量。

（5）空气冲击和声响效应。

（6）设备损坏和（或者）移动。

（7）在抛出煤的边坡上和巷道支架上存在煤粉。

3. 煤的突然压出的特征：

（1）工作面附近煤层快速向巷道内移动。

（2）形成孔洞，其宽度大于深度。

（3）在煤层和围岩之间形成裂缝。

（4）大块级别破坏煤。

（5）瓦斯涌出量小于破坏煤的原始瓦斯含量和残余瓦斯含量的差值。

4. 底板岩层动力破坏（瓦斯由巷道底板喷出）的特征：

（1）巷道底板岩石形成断裂破坏。

（2）声响效应，岩体震动。

（3）先采上层时，瓦斯由含瓦斯煤层强烈涌出。

（4）巷道支架损坏。

（5）形成粉尘。

5. 岩石与瓦斯突出的特征：

（1）工作面附近区域岩石快速破坏。

（2）岩石向巷道内抛出，其中部分破坏成大粒砂子（粒级1.25～2.5 mm），并且它的分布小于自然边坡角。

（3）在孔洞中存在鱼鳞状岩石薄片。

（4）瓦斯涌出量增大。

动力现象发生前的事件

6. 冲击地压发生前的事件：

（1）巷道支架上的矿山压力增大。

（2）岩体中不同强度和频率的冲击、破裂声、震动。

（3）成层剥落煤（岩）块的弹射。

（4）钻屑量增大，夹紧打钻工具。

7. 煤与瓦斯突出发生前的事件：

（1）岩体中的冲击、破裂声。

（2）煤由工作面压出和散落，煤块从工作面剥落。

（3）打钻时煤屑和瓦斯喷出。

（4）打钻工具顶出或者吸入、夹紧。

（5）煤的强度变小，结构改变。

（6）工作面脱皮。

8. 煤层突然压出发生前的事件：

（1）支架上的压力增大。

（2）钻屑量增大。

（3）岩体中的声响效应。

9. 巷道底板岩层动力破坏发生前的事件：

（1）底板岩层中的冲击。

（2）底板隆起增大。

（3）支架上的压力增大。

10. 岩石与瓦斯突出发生前的事件：

（1）进行爆破作业时，岩石的破碎增大。

（2）炮眼的利用系数增大。

附录3　地下资源区段的地质动力区划

1. 为了查明岩体的单元结构，评价其应力和动力状态，查明活跃的地质动力带，进行地下资源区段的地质动力区划。

2. 地下资源区段的地质动力区划实施依据：

（1）地质、地球物理、地球化学和制图学资料分析。

（2）航天和航空照片判别。

（3）地表形态测量分析。

（4）大地测量、地球物理和地球化学野外工具观测。

3. 地下资源区段的地质动力区划结果可以：

（1）确定地下资源区段岩体的单元结构，查明单元之间相互作用的动态。

（2）分出潜在的地质动力危险带：活性断裂、活性断裂的交叉节点、活性局部构造、构造应力带。

（3）完成岩体应力应变状态的数学模型，确定岩体中的主应力方向。

（4）使地质勘探工作获得的资料更加准确。

（5）确定岩石不整合产状的范围。

（6）确定暗藏的残余地形的范围。

（7）查明局部背斜构造和向斜构造。

（8）确定上升和下降的地表范围。

（9）由于单元不均匀运动或者压缩或者拉伸应力的作用，在一个单元范围内形成弯曲区段。

（10）完成地貌和形态测量分析，以及工程勘测工作结果制图。

（11）完成岩体应力状态和动态评价。

4. 将查明工艺成因的地质动力带标注到矿山图表和工艺文件中。将地质动力带边界坐标记入地下资源区段坐标一览表中。

5. 地质动力危险带要与矿山测量—大地测量控制网的测点结合起来。

6. 划分井田和制定设计文件时，使用地质动力区划结果。

附录4　相关表和图

煤矿动力现象预测方法的类型、用途和应用范围见本附录附表4-1。

附表4-1　煤矿动力现象预测方法的类型、用途和应用范围

煤层和岩层		应用范围	预测类型和用途	预 测 方 法
规定进行采掘作业的煤层和岩层		井田	区域预测	煤和围岩的物理、相位物理和强度性质研究，勘探钻孔的地球物理研究
具有动力现象倾向的煤层和岩层	冲击地压威胁煤层	揭煤巷道	揭煤地点的冲击危险性预测	根据钻屑量进行冲击危险性预测
		回采和准备巷道工作面	煤层冲击危险性局部预测	根据钻屑量进行冲击危险性预测 根据煤的自然水分变化进行冲击危险性预测 根据地震声学活性进行冲击危险性预测 根据电磁方法进行冲击危险性预测 根据电探测方法进行冲击危险性预测
		维护巷道	煤层冲击危险性局部预测	根据钻屑量进行冲击危险性预测 根据煤的自然水分变化进行冲击危险性预测 根据地震声学活性进行冲击危险性预测 根据电磁方法进行冲击危险性预测 根据电探测方法进行冲击危险性预测
	冲击地压危险煤层	揭煤巷道	揭煤地点的冲击危险性预测	根据钻屑量进行冲击危险性预测
		回采和准备巷道工作面	煤层冲击危险性局部预测	根据钻屑量进行冲击危险性预测 根据煤的自然水分变化进行冲击危险性预测 根据地震声学活性进行冲击危险性预测 根据电磁方法进行冲击危险性预测 根据电探测方法进行冲击危险性预测
		维护巷道	煤层冲击危险性局部预测	根据钻屑量进行冲击危险性预测 根据煤的自然水分变化进行冲击危险性预测 根据地震声学活性进行冲击危险性预测 根据电磁方法进行冲击危险性预测 根据电探测方法进行冲击危险性预测
		井田、井田的一部分，采区	区域预测	根据连续地震声学观测进行预测

附表4-1（续）

煤层和岩层	应用范围	预测类型和用途	预 测 方 法
冲击地压威胁和危险煤层的危险带	回采和准备巷道工作面	煤层冲击危险性日常预测	根据钻屑量进行冲击危险性预测 根据人工声学信号参数进行冲击危险性预测
具有动力破坏倾向的煤层底板	掘进的准备巷道	煤层底板岩层动力破坏预测	根据勘探钻孔确定的底板岩层厚度和物理力学性质进行预测
突出威胁煤层	揭煤巷道	揭煤地点煤层突出危险性预测	在揭煤地点根据突出危险性指标预测煤层的突出危险性 在揭煤地点根据钻孔瓦斯压力预测煤层的突出危险性 在揭煤地点根据瓦斯涌出速度、碘指标和煤的普氏硬度系数预测煤层的突出危险性
	回采和准备巷道工作面	突出危险性局部预测	根据煤的平均强度指标进行预测
突出危险煤层	揭煤巷道	揭煤地点煤层突出危险性预测	揭煤地点煤层的突出危险性预测
	回采和准备巷道工作面	带定期探测观测的突出危险性日常预测	根据煤层结构进行预测 根据瓦斯涌出初速度 g_2 进行预测 根据瓦斯涌出初速度 g_2 和钻屑量进行预测 根据岩体声发射进行预测 根据人工声学信号参数进行预测 根据大气监控系统记录资料进行预测（以下简称 AГK） 综合预测方法
突出威胁煤层的危险带	回采和巷道工作面	突出危险性日常预测	根据煤层结构进行预测 根据瓦斯涌出初速度 g_2 进行预测 根据瓦斯涌出初速度 g_2 和钻屑量进行预测 根据岩体声发射进行预测 根据人工声学信号参数进行预测 根据 AГK 系统记录资料进行预测 综合预测方法
煤层特别危险区段	回采和准备巷道工作面	在煤层特别危险区段，采取煤与瓦斯突出预防措施进行作业	
具有压出倾向的煤层	回采和准备巷道工作面	煤压出危险煤层区段的预测	根据人工声学信号参数进行预测
带强烈瓦斯涌出的、具有动力破坏倾向的底板岩层	回采和准备巷道工作面	巷道底板甲烷喷出预测	根据人工声学信号参数进行预测
具有冲击地压倾向的岩层	准备巷道和揭煤巷道工作面	岩层冲击危险性预测	根据矿物成分、碎片和单轴压缩强度极限 $\sigma_{пор.сж}$ 与拉伸强度极限的比值进行预测
具有突出倾向的岩层	准备巷道和揭煤巷道工作面	岩层突出危险性预测	根据钻孔施工时的碎片数量进行预测

注：表格左侧合并单元格为"具有动力现象倾向的煤层和岩层"

突出预测实施程序及冲击地压预测实施程序如本附录附图4-1、附图4-2所示。

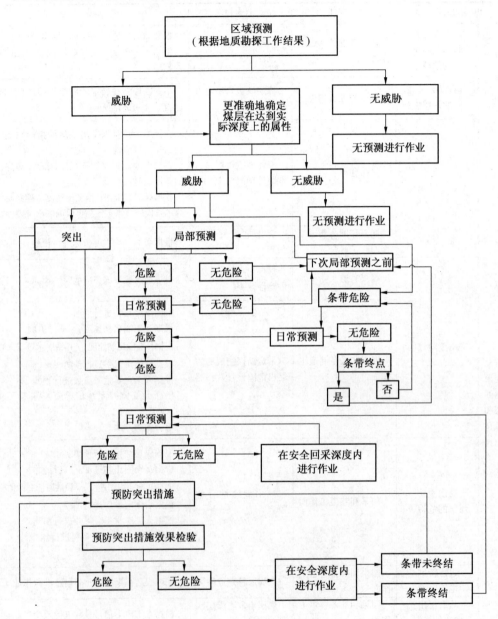

附图4-1 突出预测实施程序

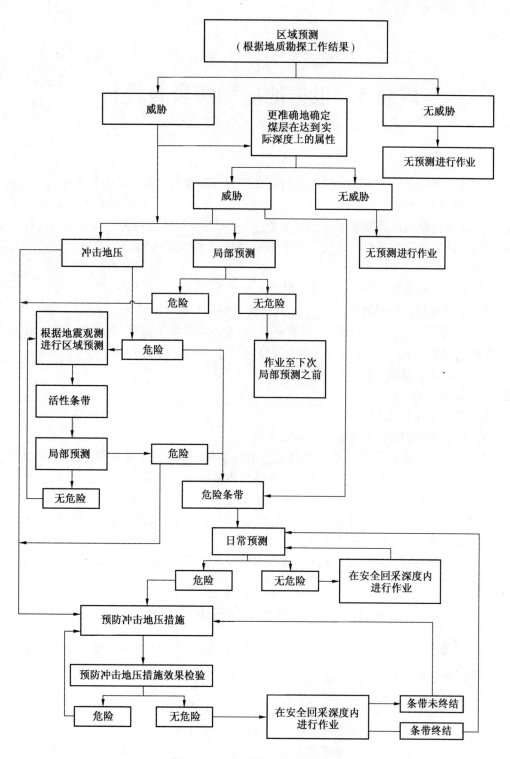

附图 4－2 冲击地压预测实施程序

附录 5 根据地质勘探资料进行区域预测的程序

1. 根据地质勘探工作获得的资料进行区域预测，将煤层列入"动力现象威胁"等级。

2. 根据地质勘探工作获得的资料，规定煤层属于"冲击地压威胁"等级的深度 $H_{\text{гор. уд}}$、"煤与瓦斯突出威胁"等级的深度 $H_{\text{выб}}$、"煤的突然压出威胁"等级的深度和"底板岩层动力破坏威胁"等级的深度，以及岩层属于"冲击地压倾向"等级和"岩石与瓦斯突出倾向"等级的深度。

使用下列一种或者几种方法，将煤层列入上述等级：

（1）煤的单轴压缩强度极限 $\sigma_{\text{уг. сж}}$、岩石的单轴压缩强度极限 $\sigma_{\text{пор. сж}}$。

（2）煤层厚度 $m_{\text{уг. пл}}$、煤的分层厚度 $m_{\text{уг. пач}}$、基本顶坚硬岩层厚度 $m_{\text{проч. пор. о. к}}$、煤层易冒落顶板岩层厚度 $m_{\text{л. о. кр}}$、煤层回采分层厚度 $m_{\text{вын. уг. пл}}$ 和底板岩层厚度。

（3）干燥无灰基煤层的原始瓦斯含量 X。

（4）挥发分 V^{daf}。

（5）煤的塑性分层厚度 y。

（6）煤的变质程度综合指标 M，假定单位。

3. 进行采掘作业时发生了动力现象发生前的事件，或者邻近矿井开采的同一煤层发生了动力现象，从该深度开始，煤层属于"动力现象威胁"等级。

4. 当采掘深度大于 $H_{\text{выб}}$ 或者 $H_{\text{гор. уд}}$ 时，可以规定另外一个 $H_{\text{выб}}$ 和 $H_{\text{гор. уд}}$。

5. 煤层属于冲击地压"威胁"和"危险"等级的范围以及属于突出"威胁"和"危险"等级的范围标注在矿山图表文件上。

6. 根据开采煤层的最危险等级规定矿井的煤（岩）与瓦斯突出危险性等级和冲击地压危险性等级。

煤层列入"冲击地压威胁"等级

7. 根据煤层冲击地压倾向性参数 $\sum P$，将煤层列入"冲击地压威胁"等级。

当煤层埋藏深度 $H \leqslant 200$ m 时，$\sum P$ 根据下式确定：

$$\sum P = P_1 + P_2 + P_3 - P_4$$

式中　P_1——反映煤层埋藏深度的参数，无单位，等于1.5；

P_2——反映岩石单轴压缩强度极限 $\sigma_{\text{пор. сж}}$ 的参数，P_2 的取值见本附录附表 5-1；

P_3——反映岩层厚度 $m_{\text{проч. пор. о. к}}$ 的参数，P_3 的取值见本附录附表 5-2；

P_4——取决于易冒落顶板岩层厚度与煤层回采分层厚度比值的参数，小数。

P_4 根据下式确定：

$$P_4 = 1.0 + \frac{m_{л.о.кр}}{m_{вын.уг.пл}}$$

附表 5 - 1　级点 P_2 的取值

岩石单轴压缩强度 极限 $\sigma_{пор.сж}$/MPa	50 以下	60	70	80	90	100	110	120	≥130
级点 P_2	0.5	1.0	1.5	2.0	2.5	3.0	3.5	4.0	4.5

附表 5 - 2　级点 P_3 的取值

煤层岩层厚度 $m_{проч.пор.о.к}$/m	10 以下	15	20	25	30	35	40	45	≥50
级点 P_3	0.5	1.0	1.5	2.0	2.5	3.0	3.5	4.0	4.5

当煤层埋藏深度 $H > 200$ m 时，$\sum P$ 根据下式确定：

$$\sum P = 0.01H + 0.096\sigma_{пор.сж} + 0.1m_{проч.пор.о.к} + 0.6 - P_4$$

根据勘探钻孔的地质资料，计算 $\sum P$。计算 $\sum P$ 时，$m_{л.о.кр}$ 为赋存在煤层上方、单轴压缩强度极限 $\sigma_{пор.сж} \leqslant 50$ MPa 的最小岩层厚度，$m_{проч.пор.о.к}$ 为煤层基本顶坚硬岩层的最大厚度，H 为煤层冲击地压倾向性区段界线内煤层的最大埋藏深度。

当 $\sum P > 4$ 时，烟煤煤层属于"冲击地压威胁"等级。

当 $\sum P > 7$ 时，无烟煤煤层属于"冲击地压威胁"等级。

8. 根据煤的力学性质，确定采掘作业时煤层的冲击危险性。为此，使用煤层的冲击危险性系数 $K_{уд}$ 和（或者）破坏强度指标 $K_и$（小数）。

煤层的冲击危险性系数 $K_{уд}$ 按下列程序确定：

（1）人工建立的载荷达到破坏载荷的 75% ~ 80% 时，确定煤层边缘部分煤样的相对应变 ε_y。

（2）人工建立载荷时，确定煤层边缘部分煤样的全部相对应变 $\varepsilon_п$。

煤层的冲击危险性系数 $K_{уд}$ 根据下式计算：

$$K_{уд} = 100 \times \frac{\varepsilon_y}{\varepsilon_п}$$

对于库兹涅茨克煤田的煤层，根据本附录附图 5 - 1 所示的曲线 $K_{уд} = f(\sigma_{сж})$ 确定煤层的冲击危险性系数 $K_{уд}$。

由不同岩石类型的煤分层组成的复杂结构煤层，其普氏硬度系数 $f_{уг.пл.сл.стр}$ 根据下式确定：

$$f_{уг.пл.сл.стр} = \frac{f_{кр.пач.уг}}{1 + \left(\dfrac{f_{кр.пач.уг}}{f_{сл.пач.уг}} - 1\right)\dfrac{m_{сл.пач}}{m_{уг.пл}}}$$

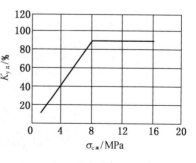

附图 5 - 1　$K_{уд}$ 与 $\sigma_{сж}$
的关系曲线

式中　$f_{кр.\ пач.\ уг}$——硬煤分层的普氏硬度系数，假定单位；

$f_{сл.\ пач.\ уг}$——软煤分层的普氏硬度系数，假定单位；

$m_{сл.\ пач}$——软煤分层厚度，m；

$m_{уг.\ пл}$——煤层厚度，m。

$f_{кр.\ пач.\ уг} > 0.6$，属于硬煤分层；$f_{сл.\ пач.\ уг} \leqslant 0.6$，属于软煤分层。

复杂结构煤层的冲击危险性系数 $K_{уд.\ пл.\ сл.\ стр}$ 根据下式确定：

$$K_{уд.\ пл.\ сл.\ стр} = \frac{K_{уд.\ кр.\ пач}}{1 + \left(\dfrac{K_{уд.\ кр.\ пач}}{K_{уд.\ сл.\ пач}} - 1\right)\dfrac{m_{сл.\ пач}}{m_{уг.\ пл}}}$$

式中　$K_{уд.\ кр.\ пач}$——煤层硬分层冲击危险性系数，%；

$K_{уд.\ сл.\ пач}$——煤层软分层冲击危险性系数，%。

当 $K_{уд} \geqslant 70\%$ 或者在复杂结构条件下 $K_{уд.\ пл.\ сл.\ стр} \geqslant 70\%$ 时，煤层属于"冲击地压威胁"等级。

破坏强度指标 $K_и$ 按下列程序确定：

在尺寸不小于 40 cm × 40 cm × 80 cm 的试件上进行煤的弹性变形研究。为了确定破坏强度指标 $K_и$，根据本附录附图 5-2 所示曲线 $\sigma_{сж} = f(\varepsilon)$，在其上进行下列几何制图：

（1）分出弹性变形区段，画出直线 OE。

（2）由顶点 A 作平行于直线 OE 的直线 AD，作垂直于 ε 轴的直线 AC。

（3）由 C 点作平行于直线 OE 的直线 CB。

（4）计算带顶点 ACD 几何图形的面积 S_{ACD} 和带顶点 ABC 几何图形的面积 S_{ABC}，假定单位。

（5）破坏强度指标 $K_и$ 根据下式确定：

$$K_и = \frac{S_{ABC}}{S_{ACD}}$$

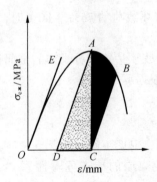

附图 5-2　$\sigma_{сж}$ 与 ε 的关系曲线

当 $K_и < 0.9$ 时，煤层属于冲击地压倾向煤层。

复杂结构煤层的潜在冲击危险性根据最坚固的煤层分层确定。煤层分层的单轴压缩强度极限 $\sigma_{уг.\ сж}$ 超过岩石夹层单轴压缩强度极限 $\sigma_{пор.\ сж}$ 的 4 倍及以上，并且煤层中的岩石夹层总厚度为煤层厚度的 40% 及以上，煤层属于冲击地压倾向煤层。

煤层列入 "煤与瓦斯突出威胁" 等级

9. 当煤层的埋藏深度 H 大于或等于本附录附表 5 – 3 中的 $H_{выб}$ 时，煤层属于 "煤与瓦斯突出威胁" 煤层。

附表 5 – 3　煤层属于 "煤与瓦斯突出威胁" 等级的深度

矿区/地区/煤田	煤层属于 "煤与瓦斯突出威胁" 等级的深度 $H_{выб}$/m
普拉科皮耶夫 – 基谢廖夫	150
乌斯卡茨基和托木 – 乌辛斯克	200
克麦罗沃	210
本古罗 – 丘梅什	220
别洛沃、拜达耶夫、奥辛尼科夫、孔多姆和捷尔辛	300
列宁	340
安热罗	500
阿拉利切夫	190
伯朝拉	400
帕尔季赞矿区和萨哈林岛矿区	250

对于本附录附表 5 – 3 中没有规定的煤田和地区，除顿涅茨克煤田以外，$H_{выб} = 150$ m。对于本条规定的煤田和地区，根据本附录第 10 条所列程序，使 $H_{выб}$ 更加准确。

10. 对于原始瓦斯含量 15 m³/(t·r) 及以上的煤层，在井田、一翼或者区段范围内，根据下式确定 $H_{выб}$：

$$H_{выб} = \max \ (H_{кp}^{r}, \ H_{кp}^{нc})$$

式中　$H_{кp}^{r}$——根据瓦斯因素判断的煤与瓦斯突出显现的临界深度，m；

　　　$H_{кp}^{нc}$——根据岩体应力状态因素确定的煤与瓦斯突出显现的临界深度，m。

$H_{кp}^{r}$ 值根据下式确定：

$$H_{кp}^{r} = H_5 + 8 \sqrt{\left(\frac{H_5}{\mathrm{grad}\, X} - 10 \right)^2 + 10} + \frac{1}{3} (V^{daf} - 22)^2 + \frac{3000}{F + 20} \qquad （附 5 – 1）$$

式中　　H_5——等瓦斯线 5 m³/(t·r) 煤层埋藏深度，m；

　　　　F——煤层中丝质体的平均含量，%；

　　grad X——从等瓦斯线 5 m³/(t·r) 到等瓦斯线 15 m³/(t·r)，在煤层埋藏深度
　　　　　　　100 m 内的煤层原始瓦斯含量梯度。

grad X 值根据下式确定：

$$\mathrm{grad}\, X = \frac{10^3}{\Delta H}$$

式中　ΔH——等瓦斯线 5 ~ 15 m³/(t·r) 之间的煤层埋藏深度增量，m。

ΔH 根据下式确定：

$$\Delta H = H_{15} - H_5$$

式中　H_{15}——等瓦斯线 15 m³/(t·r) 煤层埋藏深度，m。

将原始瓦斯含量为 15 m³/(t·r) 的煤的挥发分 V^{daf} 值代入本附录公式［附式（5 – 1）］中。

利用煤层区段原始瓦斯含量随深度增加的曲线图，或者施工地质钻孔时获得的瓦斯含量化验资料，确定 $H^r_{кp}$ 和 grad X。

利用原始瓦斯含量随深度增加的曲线确定 $H^r_{кp}$ 和 grad X 的示意如本附录附图 5 – 3 所示。

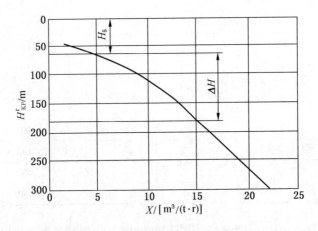

附图 5 – 3　确定 $H^r_{кp}$ 和 grad X 的示意图

11. 对于顿涅茨克煤田的矿井，根据本附录附表 5 – 4 中的煤质指标 V^{daf}、M、X 确定 $H_{выб}$。

附表 5 – 4　煤层属于"煤与瓦斯突出威胁"等级的深度

挥发分 V^{daf}/%	煤的变质程度综合指标 M（假定单位）	煤层原始瓦斯含量 X/［m³/(t·r)］	煤层属于"煤与瓦斯突出威胁"等级的深度 $H_{выб}$/m
大于 29	26.3 ~ 27.7	≥8	400
	24.5 ~ 26.2	≥9	380
	23.7 ~ 27.6	≥9	380
9 ~ 29	17.6 ~ 23.6	≥11	320
	13.5 ~ 17.5	≥12	270
	9.0 ~ 13.4	≥13	230
小于 9（但 lgρ < 3.2）	—	≥15	150

注：ρ—无烟煤的单位电阻率，Ω。

M 值的确定：

当 9% ≤ V^{daf} ≤ 29% 时，根据下式确定：

$$M = V^{daf} - 0.16y$$

当 V^{daf} > 29% 时，根据下式确定：

$$M = \frac{4V^{\mathrm{daf}} - 91}{y + 2.9} + 24$$

对于无黏结倾向的煤，$y = 0$。

井田范围内的煤层或者其个别区段属于无突出危险的条件：

当 $M > 27.7$ 或者 $\lg\rho < 3.2$ 时，不论其采掘作业深度 $H_{\mathrm{r.p}}$ 和煤的原始瓦斯含量 X 多大；当煤的原始瓦斯含量 X 或者采掘作业深度 $H_{\mathrm{r.p}}$ 小于本附录附表 5-4 中所列的数据时。

根据煤的相位物理性质将煤层列入"冲击地压威胁"和 "煤与瓦斯突出威胁"等级

12. 根据下列煤的相位物理性质，将煤层列入"冲击地压威胁"和"煤与瓦斯突出威胁"等级：

（1）煤的吸附孔隙率指标 $G_{\mathrm{мг}}$，小数。

（2）煤的吸湿水分。

（3）煤的最大含水量 $W_{\max}$，%。

（4）煤的自然水分 W_{e}，%。

指标 $G_{\mathrm{мг}}$ 等于采用吸附方法确定的煤的孔隙率与总孔隙率的比值。

为了确定煤的相位物理性质，沿煤层开槽取样。

在复杂结构的煤层中，沿煤层的每个分层单独开槽取样。

13. 根据煤的相位物理性质，煤层属于：

（1）"冲击地压威胁"等级，70% 煤层厚度在 $G_{\mathrm{мг}} > 0.5$ 的煤层分层情况下。

（2）"煤与瓦斯突出威胁"等级，在煤层中存在厚度大于 0.2 m（对于伯朝拉煤田 0.1 m）、$G_{\mathrm{мг}} < 0.5$ 的煤层分层情况下。

14. 当 $W_{\mathrm{e}} > W_{\max}$ 时，烟煤和无烟煤煤层不属于"冲击地压威胁"和"煤与瓦斯突出威胁"等级。

15. 当 $W_{\mathrm{e}} > 0.85 W_{\max}$ 时，褐煤煤层属于"冲击地压威胁"等级。

煤层列入"煤的突然压出威胁"等级

16. 满足以下条件时，煤与瓦斯突出威胁煤层属于"煤的突然压出威胁"等级：

（1）煤的平均普氏硬度系数 $f_{\mathrm{cp.yr}} \geqslant 1$，假定单位。

（2）基本顶岩层的单轴压缩强度极限 $\sigma_{\mathrm{пор.сж}} \geqslant 70$ MPa。

（3）基本顶岩层厚度达到 10 m 及以上。

煤层列入"底板岩层动力破坏威胁"等级

17. 属于"底板岩层动力破坏威胁"等级的煤层有：煤与瓦斯突出威胁煤层，距其 25 m 内在底板中赋存有上部被采动的含瓦斯煤层，而层间间隔中赋存有厚度大于 5 m、单轴压缩强度极限 $\sigma_{\mathrm{пор.сж}} \geqslant 70$ MPa 的岩石分层；邻近矿井发生了底板岩石动力破坏的煤层。

满足以下条件的沃尔库塔煤田的煤层属于"冲击地压威胁"等级：在煤层底板中赋存有厚度 0.5 m 及以上、单轴压缩强度极限 $\sigma_{\mathrm{пор.сж}} \geqslant 50$ MPa 的岩石分层，准备巷道的规定宽

度 $a_{ycл}$ 与紧靠煤层底板的具有冲击地压倾向的岩石分层的比值为 2～6。巷道的规定宽度 $a_{ycл}$ 根据本《细则》附录 15 中的公式确定。

岩层列入"冲击地压倾向"等级

18. 当满足下列条件之一时，赋存深度大于 500 m 的单轴压缩强度极限 $\sigma_{\text{пор. сж}} \geqslant$ 80 MPa的岩层属于"冲击地压倾向"等级：

（1）在岩石中存在石英，且在施工钻孔时，岩芯分裂成凸凹透镜状、厚度小于 1/3 直径的碎片。

（2）岩石的单轴压缩强度极限 $\sigma_{\text{пор. сж}}$ 与拉伸强度极限的比值超过 25。

岩层列入"岩与瓦斯突出倾向"等级

19. 埋藏深度达到 600 m 及以上，施工钻孔时岩芯分裂成圆盘，这样的岩层属于"岩与瓦斯突出倾向"等级。

附录6　根据连续地震声学观测进行
区 域 预 测 的 程 序

1. 根据连续地震声学观测的区域预测的基础是：采用实现信息记录、采集、反映、存储和分析的技术设备构成的系统（以下简称地震站），对岩体进行监测。

2. 地震站应具有下列功能：

（1）实现信号的连续接收。

（2）确定地震事件的时间、坐标、能量，以及地震事件的数量。

（3）计算地震事件能量超过临界水平的条带的当前位置。

（4）对已发生的地震事件形成报告。

在系统图上画出已发生地震事件的信息和地震事件能量超过临界水平的条带位置，标注矿井坐标网络。

3. 根据连续地震声学观测进行预测时，采用局部或者日常预测方法预测煤层边缘区段的冲击危险性。

4. 地震站获得的地震事件信息用于：

（1）分出地震和地质动力过程的活化带。

（2）编制地震事件密度图和地震能量密度图。

（3）确定地震事件参数和它们的临界值。

根据观测周期不少于 3 个月获得的资料，包括数量、坐标和事件能量的信息，分出地质动力过程活化带和它们的迁移趋势。

对于每个煤层，根据观测周期不少于 6 个月获得的信息，确定所采用区域预测方法的地震事件参数的临界值，并列入据此实施预测的文件中。

地震事件参数临界值的检验周期不大于 1 年。

附录 7 在具有动力现象倾向的煤层和岩层的揭穿地点动力现象预测实施程序

1. 当距离煤层法线不小于 10 m 时，在动力现象倾向煤层的揭穿巷道工作面进行煤层探测。为了探测煤层，施工不少于 2 个钻孔，其长度为：

（1）当煤层赋存角度小于 18°时，$l_{\text{скв}} > 10$ m。

（2）当煤层赋存角度为 18°及以上时，$l_{\text{скв}} > 25$ m。

利用钻孔的施工结果，使煤层厚度、煤层赋存角度更加准确，并确定揭穿巷道工作面至煤层的距离。

钻孔的布置位置及其施工周期由煤炭企业地质部门的专业人员确定。制定施工周期时，应保证揭穿巷道工作面至煤层的法线距离不小于 5 m。施工钻孔参数标注到矿山图表文件中。

2. 揭煤地点的动力现象预测从沿煤层法线不小于 3 m 的距离实施。为此，施工不少于 2 个钻孔贯穿煤层，至巷道设计轮廓的距离不小于 1 m。

3. 在下列情况下，揭煤区段的煤层属于"危险"等级：

（1）在揭煤地点预测查明为"危险"等级。

（2）钻孔施工伴随有本《细则》附录 2 中的煤与瓦斯突出或者冲击地压发生前的事件。

（3）钻孔没有施工至煤炭企业地质部门专业人员确定的深度。

4. 预测结果按本《细则》附录 25 中的推荐样表形成揭煤地点煤层突出危险性测定报告。

具有冲击地压倾向煤层揭穿地点的冲击危险性预测

5. 在准备巷道揭穿具有冲击地压倾向煤层的地点，冲击危险性预测根据本《细则》附录 8 中的钻屑量局部预测方法进行。

具有突出倾向煤层和岩层揭穿地点的突出危险性预测

6. 对于库兹涅茨克煤田的矿井，具有煤与瓦斯突出倾向煤层揭穿地点的突出危险性预测根据突出危险性指标 $\Pi_{\text{в}}$（假定单位）进行：

$$\Pi_{\text{в}} = P_{\text{rmax}} - 14 f_{\text{yrmin}}^2$$

式中 P_{rmax}——煤层中的最大瓦斯压力，MPa；

f_{yrmin}——煤层分层的最小普氏硬度系数，假定单位。

当 $\Pi_{\text{в}} > 0$ 时，揭煤地点的煤层属于"危险"等级。

7. 对于伯朝拉煤田、帕尔季赞矿区和萨哈林岛矿区的矿井，在煤与瓦斯突出倾向煤层的揭穿地点，根据钻孔内的瓦斯压力进行突出危险性预测。如果一个或者几个施工钻孔内的瓦斯压力大于或等于 1.0 MPa，则揭煤地点的煤层属于"危险"等级。

石门揭穿陡直产状的煤层组时，由石门工作面的同一个位置施工检查钻孔，贯穿几个煤层或者全部煤层。

煤层组的瓦斯压力等于钻孔中的最大压力。

8. 对于顿涅茨克煤田的矿井，在煤与瓦斯突出倾向煤层的揭穿地点，根据瓦斯涌出初速度 g_2、碘指标 ΔJ 和分层的最小普氏硬度系数 $f_{yr.\,min}$ 进行突出危险性预测。根据本《细则》附录23 中的程序测定瓦斯涌出初速度 g_2，并且由孔口至煤层进行密封。沿厚度大于 0.2 m 的分层进行取样，如果不能划分出分层，则沿整个煤层取样，在实验室条件下测定煤样的 ΔJ 和 $f_{yr.\,min}$。

在同时满足下列 3 个条件的情况下，揭煤地点的煤层属于"无危险"等级：

（1）g_2 不大于 2 L/min。

（2）ΔJ 不大于 3.5 mg/m。

（3）$f_{yr.\,min}$ 不小于 0.6。

9. 在打眼爆破作业掘进井筒的情况下，井筒揭穿突出危险煤层及在整个工作面一次爆破揭露和贯穿全部煤层时，不进行突出危险性预测。

10. 处于缓倾斜产状煤层贯穿区段的准备巷道，当其揭穿"无危险"等级的煤层时，采取突出危险性的日常预测掘进。

具有冲击地压和突出倾向岩层揭穿地点的冲击危险性和突出危险性预测

11. 准备巷道揭穿之前，根据本《细则》附录11 和 14 中的钻孔岩芯碎片，进行具有冲击地压和突出倾向岩层的冲击危险性和突出危险性预测。在揭穿巷道中部施工一个钻孔，其长度不小于被揭穿岩层的厚度。

附录 8　煤层冲击危险性局部预测方法

1. 煤层冲击危险性局部预测用于查明"危险"等级的煤层区段。

冲击危险性局部预测方法

2. 采用下列方法进行冲击危险性局部预测：
（1）在烟煤和无烟煤煤层——根据钻屑量。
（2）在褐煤煤层——根据煤的自然水分的变化。
（3）在烟煤、无烟煤和褐煤煤层——根据地球物理方法。
（4）地震声学活性。
（5）电磁脉冲。
（6）人工在煤层中产生的电磁场的振幅。

根据钻屑量进行煤层冲击危险性预测

3. 根据钻屑量进行冲击危险性预测，施工直径为 42 ~ 44 mm 的钻孔。

钻屑量的测定程序见本《细则》附录 21。

根据本附录附图 8 - 1 所示的诺模图和（或者）本附录式（8 - 1）至式（8 - 4），根据钻屑量确定烟煤煤层区段的"危险"或者"无危险"等级。

在钻孔施工间隔上测定的钻屑量满足下列条件之一时，烟煤煤层区段属于"危险"等级：

$$P^m \geq \frac{10.8 \left(\dfrac{l_{ин. скв}}{m_{уг. пл}} \right)}{12.6 - \dfrac{l_{ин. скв}}{m_{уг. пл}}} + 2.74 \qquad (\text{附} 8 - 1)$$

$$P^v \geq \frac{13.5 \left(\dfrac{l_{ин. скв}}{m_{уг. пл}} \right)}{12.6 - \dfrac{l_{ин. скв}}{m_{уг. пл}}} + 3.43 \qquad (\text{附} 8 - 2)$$

在钻孔施工间隔上测定的钻屑量满足下列条件之一时，烟煤煤层区段属于"无危险"等级：

$$P^m < \frac{10.8 \left(\dfrac{l_{ин. скв}}{m_{уг. пл}} \right)}{12.6 - \dfrac{l_{ин. скв}}{m_{уг. пл}}} + 2.74 \qquad (\text{附} 8 - 3)$$

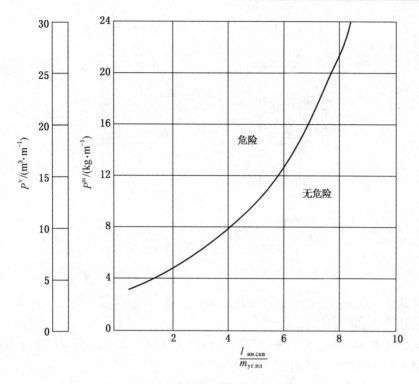

$l_{\text{ин. скв}}$—由孔口至确定钻屑质量或者体积的间隔末端的距离，m；

$m_{\text{уг. пл}}$—煤层厚度，m；P^v—1 m 钻孔的钻屑体积，m^3/m；P^m—1 m 钻孔的钻屑质量，kg/m

附图 8-1　根据钻屑量确定烟煤煤层区段"危险"或者"无危险"等级的诺模图

$$P^v < \dfrac{13.5\left(\dfrac{l_{\text{ин. скв}}}{m_{\text{уг. пл}}}\right)}{12.6 - \dfrac{l_{\text{ин. скв}}}{m_{\text{уг. пл}}}} + 3.43 \tag{附8-4}$$

根据本附录附图 8-2 所示的诺模图和（或者）本附录式（8-5）、式（8-6），采用钻屑量方法确定无烟煤煤层区段的"危险"或者"无危险"等级。

在钻孔施工间隔上测定的钻屑量满足下列条件时，无烟煤煤层区段属于"危险"等级：

$$P^v \geqslant \dfrac{58\left(\dfrac{l_{\text{ин. скв}}}{m_{\text{уг. пл}}}\right)}{18.2 - \dfrac{l_{\text{ин. скв}}}{m_{\text{уг. пл}}}} + 1.90 \tag{附8-5}$$

在钻孔施工间隔上测定的钻屑量满足下列条件时，无烟煤煤层区段属于"无危险"等级：

$$P^v < \dfrac{58\left(\dfrac{l_{\text{ин. скв}}}{m_{\text{уг. пл}}}\right)}{18.2 - \dfrac{l_{\text{ин. скв}}}{m_{\text{уг. пл}}}} + 1.90 \tag{附8-6}$$

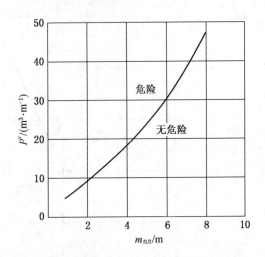

附图 8-2 根据钻屑量确定无烟煤煤层区段"危险"或者"无危险"等级的诺模图

当开采分层厚度 $m_{\text{вын. уг. пл}}$ 小于煤层厚度 $m_{\text{уг. пл}}$ 时，为了确定"危险"或者"无危险"等级，采用 $m_{\text{вын. уг. пл}}$ 取代 $m_{\text{уг. пл}}$。

如果测定的 P^v 或者 P^m 值位于"危险"和"无危险"等级的分界线上，或者高于分界线，则施工钻孔的煤层区段属于"危险"等级。

4. 进行冲击危险性预测的钻孔沿最坚硬的煤层分层施工，其长度为

$$l_{\text{скв}} > n + b \qquad (\text{附} 8-7)$$

式中　n——煤层边缘部分保护带宽度，m；

　　　b——工作面一个循环的推进度，m。

确定煤层边缘部分保护带宽度的诺模图如本附录附图 8-3 所示。

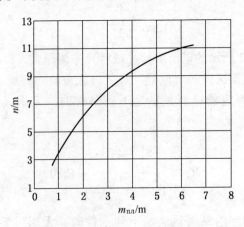

附图 8-3 确定煤层边缘部分保护带宽度的诺模图

确定厚度 5 m 以上煤层的保护带宽度时，煤层或者其开采分层的厚度等于巷道高度。

5. 当伴随打钻工具的钻进出现地震声学脉冲时，在沿工作面推进方向钻孔施工长度不能达到 $l_{\text{скв}} > n + b$ 的情况下，以及不能施工至距离巷道侧帮 n 以远地方的情况下，煤层

区段同样属于"危险"等级。

6. 当施工钻孔时确定为"危险"等级，终止钻孔施工。

7. 钻屑量测量结果记入根据施工钻孔钻屑量进行煤层区段冲击危险性预测和冲击地压预防措施效果检查结果记录簿中，见本《细则》附录25中的推荐样表。

根据煤的自然水分进行冲击危险性预测

8. 施工直径为42～44 mm的钻孔采集测定自然水分的煤样。每0.5～1 m间隔采集一个煤样，煤样粒度应不超过1 mm。用于测定自然水分的煤样放入密封罐中。

根据煤样的自然水分计算施工钻孔时采集煤样水分的算术平均值 W_{cp}，并确定比值：

$$\frac{W_{cp}}{0.85W_{max}}$$ （附8-8）

其中，W_{max} 为煤的最大含水量，%。

9. 根据自然水分确定褐煤煤层区段"危险"或者"无危险"等级的诺模图如本附录附图8-4所示。

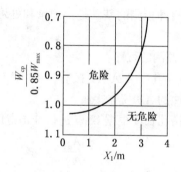

X_1—由煤层暴露面到最大水分区段的距离

附图8-4　根据自然水分确定褐煤煤层区段"危险"或者"无危险"等级的诺模图

10. 施工钻孔时，采集煤样的自然水分测定结果记入根据煤的自然水分变化进行煤层区段冲击危险性预测和冲击地压预防措施效果检查结果记录簿中，见本《细则》附录25中的推荐样表。

根据地球物理方法进行冲击危险性预测

11. 地球物理方法有：

地震声学活性法。

电磁法。

在确定预测参数属于"危险"等级煤层区段临界值的条件下，采用以上方法进行冲击危险性预测。预测参数临界值根据冲击危险性预测地球物理方法设计单位制定的方法确定。预测参数临界值由煤炭企业技术负责人（总工程师）批准，并经冲击危险性预测地球物理方法设计单位负责人同意。

当没有预测参数临界值时，地球物理方法用来监测岩体。

根据地震声学活性进行冲击危险性预测

12. 根据地震声学活性进行冲击危险性预测的基础是记录自然 AЭ（声发射）（以下简称 EAЭ）或者 BAЭ（激发的声发射）。

根据地震声学活性进行冲击危险性预测时，使用以下 AЭ 参数：

（1）AЭ 活性——单位时间内记录的 AЭ 脉冲数量。

（2）记录的 AЭ 脉冲振幅。

（3）AЭ 脉冲振幅分布。

13. 根据地震声学活性进行冲击危险性预测时，停止区段内的采掘作业。

14. 根据 EAЭ 进行冲击危险性预测的基础是：在升高的压力作用下，由于脆性破坏在煤层和（或者）岩层中出现 AЭ 信号，对 AЭ 信号进行记录和处理。

根据 EAЭ 在煤层冲击危险区段进行预测时，与无冲击危险区段相比较：

（1）AЭ 活性升高。

（2）在 AЭ 脉冲振幅分布中，大振幅脉冲的相对份额增大。

15. 根据 BAЭ 进行冲击危险性预测的基础是：记录和处理在向煤层边缘部分推入打钻工具时岩体破坏产生的 AЭ 信号。

根据 BAЭ 进行冲击危险性预测的程序：

在煤层中每隔 3 ~ 5 m 布置钻孔安装 AЭ 变换器，AЭ 变换器通过电缆线与在频率范围 0.1 ~ 12000 Hz 内记录 BAЭ 脉冲的 AЭ 仪器接通。

施工钻孔时，对于每米的钻孔长度根据 BAЭ 进行冲击危险性预测，确定指标 $K_{BAЭi}$：

$$K_{BAЭi} = \dfrac{\dfrac{A_{mi}}{A_{m1}}}{2e^{\left(0.312\frac{L_i}{m_{yr.\,пл}}\right)}} \qquad\qquad （附 8-9）$$

式中　A_{mi}——施工钻孔第 i m 时记录的声发射活性，脉冲/min；

　　　A_{m1}——施工钻孔第 1 m 时记录的声发射活性，脉冲/min；

　　　L_i——孔口至钻孔第 i m 的距离，m。

根据电磁方法进行冲击危险性预测

16. 根据电磁方法进行冲击危险性预测的基础是测量和记录下列参数：

（1）岩体中的自然电磁辐射参数（以下简称 EЭМИ）。

（2）在岩体中激发的电磁辐射参数（以下简称 BЭМИ）。

17. 基于 BЭМИ 参数进行冲击危险性预测，采用下列方法：

（1）偶极电磁探测。

（2）偶极电磁剖面。

当电磁场发射体与接收天线之间的距离变化时，采取偶极电磁探测；当电磁场发射体与接收天线之间的距离恒定不变时，采取偶极电磁剖面。

18. 基于 EЭМИ 参数进行冲击危险性预测，按下列程序进行：

在巷道中安装天线，通过天线在 10 ~ 100000 Hz 范围内接收裂隙中电子放电而产生的电磁信号，裂隙是在岩体脆性破坏时形成的。

借助于地球物理设备记录上述电磁信号参数，并确定 ЕЭМИ 的指标 Q_b 和 Q_n（小数）。ЕЭМИ 的指标 Q_b 和 Q_n 根据下式计算：

$$Q_b = \frac{B_{ЕЭМИ}}{B_{0ЕЭМИ}} \qquad\qquad (附 8 - 10)$$

$$Q_n = \frac{N_{ЕЭМИ}}{N_{0ЕЭМИ}} \qquad\qquad (附 8 - 11)$$

式中　$B_{0ЕЭМИ}$——在无冲击危险状态的煤层区段中，高能量（振幅）脉冲数量与低能量（振幅）脉冲数量的比值，小数；

$B_{ЕЭМИ}$——在使用 ЕЭМИ 方法预测冲击地压的煤层区段中，高能量（振幅）脉冲数量与低能量（振幅）脉冲数量的比值，小数；

$N_{ЕЭМИ}$——在使用 ЕЭМИ 方法进行冲击地压预测的煤层区段中，指定能量（振幅）水平的脉冲数量，小数。

$N_{0ЕЭМИ}$——在无冲击危险状态的煤层区段中，指定能量（振幅）水平的脉冲数量。

当满足下列条件时，使用 ЕЭМИ 方法进行预测的煤层区段属于"危险"等级：

$$Q_b > Q_{bk} \qquad\qquad (附 8 - 12)$$

$$Q_n > Q_{nk} \qquad\qquad (附 8 - 13)$$

式中　Q_{bk}、Q_{nk}——ЕЭМИ 的临界指标。

19. 使用偶极电磁探测方法进行冲击危险性预测的程序：

（1）在巷道中安装发射体，与电流发射器接通。

（2）在长度为 10～15 m 的巷道区段中，每隔 0.5～1 m 使用与地球物理设备接通的接收天线，测定在煤岩体中产生的人工电磁场的振幅 $A_{ЭМП}$。

（3）测量结果用下式表示：

$$A_{ЭМП} = f(R_{ЭМП}) \qquad\qquad (附 8 - 14)$$

式中　$R_{ЭМП}$——接收天线到发射体的距离，m。

$R_{ЭМП}$ 确定依据：

（1）煤（岩）性质发生不可逆变化的岩体区段宽度 $X_{уч. изм. св}$。

（2）巷道至最大支承压力处的距离 $X_{оп. дав}$。

支承压力带中煤层电阻变化系数 K 根据下式确定：

$$K = \frac{S_n}{S_m} \qquad\qquad (附 8 - 15)$$

式中　S_n——支承压力带之外的煤层电阻，Ω；

S_m——支承压力带中的煤层电阻，Ω。

当 $X_{уч. изм. св} \geq n$ 时，煤层处于无冲击危险状态。

当 $X_{уч. изм. св} < n$ 时，为了确定煤层的冲击危险性，补充测定冲击危险性指标 Q_s（小数），Q_s 根据下式确定：

$$Q_s = \frac{K}{2.4e^{\left(0.2\frac{X_{оп. дав}}{m}\right)}} \qquad\qquad (附 8 - 16)$$

附录9　煤层冲击危险性局部预测实施程序

1. 在具有冲击地压倾向的煤层中进行煤层冲击危险性局部预测：

（1）在沿煤层掘进的准备巷道中。

（2）在生产的回采巷道中。

（3）在被维护的巷道中。

掘进准备巷道中煤层冲击危险性局部预测实施程序

2. 煤层揭露后或者在巷道切口区段准备巷道开始掘进前不大于 3 d，在准备巷道中进行第一次煤层冲击危险性测定。在危险带之外的作业区段，工作面每推进不大于 75 m 间隔，在准备巷道中测定一次冲击危险性。

3. 在新巷道的切口区段，在设计巷道轮廓内的预测钻孔施工长度 $l_{CKB} \geqslant n + b$。其中 n 为煤层边缘部分的保护带宽度，m；b 为工作面一个循环的推进度，m。在宽度为 n 的区段，紧靠该区段施工的钻孔长度 $l_{CKB} \geqslant n$。当巷道在危险带中切口时，在长度不小于 $2n$ 的区段内施工钻孔。

在巷道切口区段，钻孔施工方案如本附录附图 9 - 1 所示。

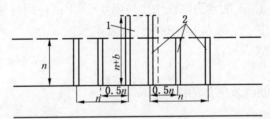

1—巷道路线；2—预测钻孔

附图 9 - 1　钻孔施工方案

4. 在掘进准备巷道中实施煤层冲击危险性局部预测时，钻孔数量：

巷道宽度小于 5 m 时，在巷道工作面施工不少于 2 个钻孔，在巷道每个侧帮施工不少于 2 个钻孔。在巷道工作面，钻孔平行巷道轴线施工。

巷道宽度为 5 m 及以上时，在巷道工作面施工不少于 3 个钻孔，在巷道每个侧帮施工不少于 2 个钻孔。在巷道工作面，一个钻孔平行于巷道轴线施工，另外两个钻孔与巷道轴线呈一定角度施工，保证钻孔底部位于巷道设计轮廓外 1.5 ~ 2.0 m。

钻孔施工间距不小于 1.5 m。

在巷道工作面钻孔长度 $l_{CKB} \geqslant n + b$，在巷道侧帮钻孔长度 $l_{CKB} \geqslant n$。

在回采工作面支承压力带的准备巷道中，在巷道两侧进行冲击危险性预测。巷道每侧施工不少于 3 个钻孔，钻孔长度 $l_{CKB} \geqslant n$。

在生产回采区段巷道中煤层冲击危险性局部预测实施程序

5. 在回采区段巷道中实施冲击危险性局部预测时，施工钻孔长度 $l_{ckb} \geq n + b$。

（1）在回采区段投产前，局部预测钻孔布置如下：

在位于回采巷道上部和下部长度为 $0.5l$ 的区段中各布置不少于 3 个钻孔；与圈定回采区段巷道连接处的最小距离为 $10 \sim 15$ m。钻孔之间的距离应不超过 10 m。

在位于回采巷道中部长度为 $0.5l$ 的区段中及在危险带中各布置不少于 2 个钻孔；钻孔之间的距离应不超过 10 m。

在圈定回采区段巷道长度不大于 $0.5l$ 的区段中，巷道每侧各布置不少于 3 个钻孔，在距离回采巷道 $0.5l \sim l$ 的范围内，巷道每侧布置 1 个钻孔，其中 l 为支承压力带宽度，m。

（2）在回采区段生产过程中，局部预测钻孔布置如下：

在位于回采巷道上部和下部长度为 $0.5l$ 的区段中各布置不少于 2 个钻孔；与圈定回采区段巷道连接处的最小距离为 $10 \sim 15$ m。钻孔之间的距离应不超过 10 m。

在位于回采巷道中部长度为 $0.5l$ 的区段中及在危险带中各布置不少于 2 个钻孔。钻孔之间的距离应不超过 10 m。

在圈定回采区段巷道长度不大于 $0.5l$ 的区段中，巷道每侧各布置不少于 3 个钻孔，在距离回采巷道 $0.5l \sim l$ 的范围内，巷道每侧布置 1 个钻孔，其中 l 为支承压力带宽度，m。

支承压力带宽度根据本附录附图 9-2 所示的诺模图确定。

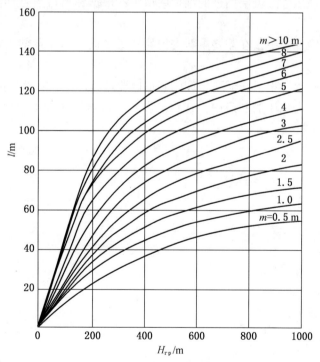

$H_{r.p}$—采掘作业深度；m—煤层厚度，m

附图 9-2 确定支承压力带宽度的诺模图

6. 在冲击地压危险煤层中，停工 3 d 以上的回采工作面在采掘作业恢复之前，进行冲击危险性预测。

7. 在具有冲击地压倾向的煤层中，回采区段巷道冲击危险性局部预测周期要考虑基本顶冒落步距。同时，在依次进行的预测之间，回采工作面推进度应不超过 25 m。

8. 进行冲击危险性预测时，如果一个和（或者）几个钻孔查明为"危险"等级，则准备巷道工作面区段属于"危险"等级。

进行冲击危险性预测时，如果一个和（或者）几个钻孔查明为"危险"等级，则在回采工作面和圈定区段巷道属于"危险"等级。"危险"等级区段的范围为：由查明为"危险"等级的钻孔向其两侧扩展，扩展距离等于预测结果为"危险"和"无危险"等级钻孔距离的一半。

在维护巷道中煤层冲击危险性局部预测实施程序

9. 自掘进结束一年起，沿冲击地压危险煤层掘进的维护巷道其冲击危险性局部预测每年至少进行一次。

10. 维护巷道局部预测的实施：

（1）在回采巷道支承压力带之外掘进的维护巷道中，巷道每侧的间隔不大于 100 m；在煤柱保护的巷道中，巷道每侧的间隔不大于 25 m。

（2）在维护巷道连接处，维护巷道每侧至连接处不大于 100 m 的范围内。

11. 在沿冲击地压危险煤层掘进的维护巷道中，根据钻屑量进行冲击危险性预测的实施深度不小于 n。

12. 在冲击危险煤层中，在需要重新支护的巷道区段开始作业前进行冲击危险性局部预测。

13. 在冲击危险煤层中，在需要报废的巷道区段进行冲击危险性局部预测。

14. 在发生过冲击地压的巷道中，在距离发生冲击地压区段不小于 l 的巷道区段进行冲击危险性局部预测。

附录10　煤层冲击危险性日常预测方法

1. 采用本《细则》附录8中的局部预测方法，进行煤层冲击危险性日常预测。准许采用本《细则》附录13中的突出危险性日常预测方法进行煤层冲击危险性日常预测：

（1）根据矿体的 АЭ（声发射）。

（2）根据人工信号的参数。

2. 在列入危险带煤层区段中的准备巷道和回采巷道中，进行冲击危险性日常预测。

3. 在冲击危险性煤层中，准备（回采）巷道工作面推进度不大于 2 m 进行一次冲击危险性日常预测；在冲击地压威胁煤层中，准备（回采）巷道工作面推进度不大于 3 m 进行一次冲击危险性日常预测。

4. 危险带宽度 d 的取值：

（1）在煤层错动的构造破坏附近：

在未开采的上部水平条件下：

$$d = B + 0.5l$$

在已开采的上部水平条件下：

$$d = B + 0.7l$$

式中　B——构造破坏影响带宽度，m。

构造破坏影响带宽度 B 随断层断距的变化：

在构造破坏下盘根据下式计算：

$$B = 2.5\sqrt{N}$$

在构造破坏上盘根据下式计算：

$$B = 5\sqrt{N}$$

式中　N——断层断距，m。

在矿山图表文件上，沿着断层裂缝平面的法线构建构造破坏危险带。

（2）在褶曲内角为 $20° < \beta < 130°$ 的褶皱形式构造破坏附近，构造破坏影响带宽度 B：

在向斜转折部根据下式计算：

$$B = 75 - 0.523\beta$$

在背斜转折部根据下式计算：

$$B = 50 - 0.359\beta$$

在矿山图表文件上，沿着水平面褶皱轴线的法线构建破坏危险带。

（3）接近前探巷道时：

在未开采的上部水平条件下：

$$d = 0.5l$$

在已开采的上部水平条件下：

$$d = 0.7l$$

（4）接近采空区时：

在未开采的上部水平条件下：

$$d = l$$

在已开采的上部水平条件下：

$$d = 1.5l$$

5. 确定 d 值的示意如本附录附图 10−1 所示。

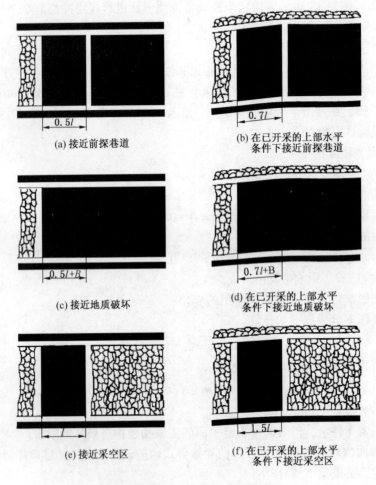

图附 10−1　确定 d 值的示意图

6. 在危险带中，采用局部预测方法进行冲击危险性日常预测直至准备巷道工作面或者回采巷道工作面离开这些危险带边界为止。

在"危险"等级煤层区段，将其转化为无冲击危险状态后，采用局部预测方法进行冲击危险性日常预测，不少于准备巷道工作面或者回采巷道工作面 2 个推进循环。

7. 测量结果记入煤层区段冲击危险性预测和冲击地压预防措施效果检查结果记录簿中，见本《细则》附录 25 中的推荐样表。

附录11　岩层冲击危险性预测方法

1. 沿单轴压缩强度极限大于或等于80 MPa和埋藏深度大于500 m的岩层掘进巷道时，进行岩层冲击危险性预测。

2. 在准备巷道沿冲击地压倾向岩层向巷道掘进方向施工钻孔，确定冲击危险性。

岩层冲击危险性预测钻孔的施工周期及其长度由最小超前距相对于工作面推进度不小于2 m的条件确定。

3. 采用岩石矿物成分中的石英、碎片和单轴压缩强度极限 $\sigma_{пор.сж}$ 与拉伸强度极限比值的方法，将岩层列入"冲击地压倾向"等级。岩层列入"冲击地压倾向"等级的程序见本《细则》附录5。

4. 为了使"冲击地压倾向"等级的结果更准确，使用确定岩层脆性系数 K_{xp} 的方法查明冲击危险性，K_{xp} 采用刚性冲模压入法确定。

为了确定 K_{xp}，进行下列操作：

（1）在岩体边缘部分，在岩石中施工直径60 mm、长度 $l_{скв} > 0.4$ m 的钻孔。

（2）在不向钻孔供水的情况下，磨光钻孔底部的岩石。

（3）向孔内安装装置，在冲模上建立和测量压力。

（4）冲模压入岩石中。

冲模压入直至钻孔底部岩石破坏。

在压入过程中测量：

（1）$P_{л1}$，岩石开始破坏时，在钻孔底部冲模上的压力，MPa。

（2）$P_{л2}$，岩石破坏结束时，在钻孔底部冲模上的压力，MPa。

（3）h_1，岩石破坏时，冲模进入钻孔底部的深度，mm。

（4）h_2，岩石破坏后，冲模进入钻孔底部的深度，mm。

K_{xp} 值根据下式计算：

$$K_{xp} = \frac{P_{л1} h_1}{P_{л2} h_2}$$

K_{xp} 值的测定不少于10次。

$K_{xp} \geq 3$ 的岩层属于冲击地压威胁岩层。

附录 12　煤层突出危险性局部预测实施程序

1. 根据煤的平均强度 $q_{cp.yr}$ 测定结果进行煤层突出危险性局部预测。$q_{cp.yr}$ 的测定程序见本《细则》附录 22。

在煤层突出危险性局部预测的情况下，在下列条件下实施探测观测：

（1）巷道切口时。

（2）煤层揭穿之后。

（3）工作面推进度不大于 300 m。

探测观测的程序见本《细则》附录 24。

2. 煤层突出危险性局部预测沿突出最危险的煤层分层进行。突出最危险的煤层分层根据本《细则》附录 24 第 8 条确定。当煤层中没有突出最危险的煤层分层时，煤层突出危险性局部预测沿整个煤层进行。

3. 突出危险性局部预测的实施间隔：

（1）在缓倾斜和倾斜煤层的准备巷道中，工作面推进度不大于 4 m。

（2）在陡直煤层的准备巷道和回采巷道中，工作面推进度不大于 4 m。

如果局部预测的实施间隔等于 4 m，不能达到工作面的计划推进速度时，在采用本《细则》附录 13 中的日常预测方法进行突出危险性日常预测时，不实施突出危险性局部预测。

4. 如果个别煤层分层或者煤层整体的平均强度 $q_{cp.yr} \leqslant 75$（假定单位），则在进行 q_{cp} 测定的巷道区段及其邻近 10 m 的煤层条带内，按照本《细则》附录 23 中的程序，采用钻孔瓦斯涌出初速度 g_2 进行不少于 5 个循环的突出危险性日常预测，或者不少于 5 个循环的探测观测。

5. 突出危险性局部预测的测点布置：

（1）在缓倾斜、倾斜和陡直煤层中：在准备巷道工作面，测点布置在距其侧帮 0.5～1.0 m 处。

（2）在急倾斜和陡直煤层中：采用台阶开采的采面，测点布置在运输平巷工作面、下部联络眼和采面下部 3 个台阶距离隅角 0.5～1.0 m 处。

（3）采用掩护机组开采的采面，测点布置在安装眼工作面距离通风坡道 20～50 m，以及采面隅角距离回风水平 30～60 m 和 80～110 m 处。

当开采厚度 2 m 以上的煤层时，局部预测仅在准备巷道中实施。

6. 局部预测结果记入局部预测突出危险性测定结果记录簿中，见本《细则》附录 25 中的推荐样表。

附录 13　煤层突出危险性日常预测方法

1. 在突出危险煤层的准备巷道工作面和回采巷道工作面实施日常预测。

在突出危险煤层区段不进行日常预测，在查明为"危险"等级后执行突出预防措施，并进行措施效果检查。该区段转化为无突出危险状态后，按照本《细则》附录 24 规定的程序进行检查观测，判明为"无危险"等级，恢复日常预测。

煤层突出危险性日常预测方法

2. 日常预测方法有：
（1）根据煤层结构进行预测。
（2）根据瓦斯涌出初速度 g_2 进行预测。
（3）根据瓦斯涌出初速度 g_2 和钻屑量进行预测。
（4）根据岩体的 AЭ 进行预测。
（5）根据人工信号参数进行预测。
（6）根据 AГK 系统记录的数据进行预测。

3. 对于库兹涅茨克煤田的矿井，根据圈定回采区段巷道时获得的突出危险性结果和其范围内岩体地球物理监测结果，评价回采巷道的突出危险性。

4. 以下煤层区段属于"无危险"等级，在其中不进行日常预测：
（1）上部阶段采空区下方处于回风水平的巷道。
（2）沿厚度 1.8 m 以上及倾角 55°以上的煤层掘进成对水平巷道时：在下部巷道至上部巷道的距离沿煤层倾向不大于 6 m 及工作面距离滞后不小于 6 m 的条件下，在下部巷道中及成对水平巷道之间的联络巷中。
（3）在使用小阶段水力采煤法开采煤层及阶段高度不大于 10 m 的条件下，在上部阶段采空区下方掘进小阶段平巷时。
（4）在倾角 35°以上的煤层中掘进巷道时，巷道沿倾斜方向距离 5 年前开采的上部阶段采空区不大于 50 m。

根据煤层结构进行突出危险性日常预测

5. 根据煤层结构进行突出危险性日常预测时，分离出其分层，测量分层厚度，并测定每个分层的平均强度值。

煤层分层厚度的测量精确度为 ±0.01 m，每个分层的平均强度 $q_{cp.yr}$ 的测定程序见本《细则》附录 22。

根据煤层分层厚度和 $q_{cp.yr}$ 的测定结果，确定潜在的突出危险分层。

平均强度 $q_{cp.yr} \leqslant 75$、厚度不小于 0.2 m（对于伯朝拉煤田的矿井不小于 0.1 m）的煤层分层或者相邻煤层分层是潜在突出危险分层。

在煤层中存在几个不相邻的煤层分层，其厚度和强度满足该条件，具有最小强度的煤层分层属于潜在突出危险分层。

根据平均强度 $q_{cp.\,yr}$ 最小的煤层分层进行突出危险性日常预测。

根据本《细则》附录 22 中的公式计算 $q_{cp.\,yr}$，确定厚度小于 0.2 m（对于伯朝拉煤田的矿井不小于 0.1 m）的相邻煤层分层的潜在突出危险性。

6. 根据煤层结构进行日常预测时，如果没有查明潜在突出危险分层或者相邻的突出危险分层，则煤层区段 4 m 深度内属于无突出危险，巷道掘进时，在 4 m 内不进行突出危险性预测。

根据煤层结构进行日常预测时，如果查明潜在突出危险分层或者相邻突出危险分层，则巷道掘进作业开始前，根据瓦斯涌出初速度 g_2 进行突出危险性日常预测。这种形式的突出危险性日常预测至少进行至准备巷道工作面推进 5 个循环。

7. 在采用打眼爆破方法掘进的陡直煤层的下行准备巷道中，根据煤层结构的日常预测查明潜在突出危险分层时，准许使用 АГК 系统记录的数据进行突出危险性预测。

根据钻孔瓦斯涌出初速度进行煤层突出危险性日常预测

8. 根据钻孔瓦斯涌出初速度 g_2 的定期测定结果，进行煤层突出危险性日常预测（以下简称瓦斯涌出初速度 g_2 的日常预测）。瓦斯涌出初速度 g_2 的测定程序见本《细则》附录 23。

9. 沿厚度大于 0.2 m 的突出最为危险的煤层分层，施工钻孔。根据本《细则》附录 24 第 8 条确定突出最为危险的煤层分层。

钻孔施工长度：

（1）对于厚度 4 m 以下的煤层，不小于 5.5 m。

（2）对于厚度 4 m 以上的煤层，不小于 6.5 m。

在准备和回采工作面，工作面推进度不大于 4 m 施工一次预测钻孔。

对于顿涅茨克煤田的矿井，准备巷道工作面推进度不大于 2 m 施工一次预测钻孔，回采巷道工作面推进度不大于 2.7 m 施工一次预测钻孔。钻孔施工长度不小于 3.5 m。

在沿厚度 4 m 及以下的缓倾斜和（或者）倾斜煤层掘进的准备巷道工作面中，距巷道侧帮 0.5 ~ 0.7 m 施工 2 个钻孔；在厚度 4 m 以上的煤层中，在工作面中部补充施工第 3 个钻孔。

在缓倾斜和倾斜煤层的回采工作面，在距离回采巷道与圈定巷道的上部连接处和下部连接处不大于 10 m 的地方，以及沿工作面全长相互不大于 10 m 的地方施工钻孔。

在急倾斜和陡直煤层的倒台阶回采工作面，钻孔施工位置为：在下部联络眼隅角和台阶隅角距离悬垂煤体 0.5 m 处，在掩护采面距离开切眼隅角和采面隅角 0.5 m 处。

钻孔施工方位：

（1）在准备工作面，施工钻孔的底部超出巷道轮廓不小于 2 m。

（2）在陡直和急倾斜煤层的准备巷道，沿煤层仰斜施工的钻孔底部超出巷道轮廓不小于 1.5 m。

（3）在回采工作面向着工作面的推进方向。

在"煤与瓦斯突出威胁"煤层中的回采工作面施工钻孔：

（1）在陡直和急倾斜煤层的采面，在倒台阶工作面条件下，布置在阶段下部 1/3 区域。

（2）在缓倾斜和倾斜煤层的采面，布置在正对料石带的机窝中以及邻近机窝和料石带长度 10 m 的区段中，或者在没有机窝的情况下，布置在至回采工作面与圈定巷道联络眼同样距离的范围内。

10. 在下列情况下，煤层区段属于"危险"等级：

（1）依次施工间隔上的 g_2 值超过瓦斯涌出初速度临界值 g_{KP}。

（2）钻孔未成功施工到设计深度。

（3）施工钻孔时，出现了本《细则》附录 2 中的煤与瓦斯突出发生之前的事件。

11. 瓦斯涌出初速度临界值 g_{KP} 的取值：

对于顿涅茨克煤田的矿井：

当 $V^{\mathrm{daf}} \leqslant 15\%$ 时，$g_{\mathrm{KP}} = 5 \ \mathrm{L/min}$；

当 $15\% < V^{\mathrm{daf}} \leqslant 20\%$ 时，$g_{\mathrm{KP}} = 4.5 \ \mathrm{L/min}$；

当 $20\% < V^{\mathrm{daf}} \leqslant 30\%$ 时，$g_{\mathrm{KP}} = 4.0 \ \mathrm{L/min}$；

当 $30\% < V^{\mathrm{daf}}$ 时，$g_{\mathrm{KP}} = 4.5 \ \mathrm{L/min}$；

对于其他煤田，$g_{\mathrm{KP}} = 4.0 \ \mathrm{L/min}$。

根据在准备巷道或者回采巷道中采集的 10 个煤样的算术平均值，或者根据地质勘探工作时获得的资料，确定 V^{daf} 值。

12. 危险带沿回采工作面的长度由判定的 g_2 值小于临界值的钻孔限定。

13. 在实施本《细则》附录 19 中附表规定的煤与瓦斯突出预防措施，以及本《细则》附录 20 所列的措施效果检查的情况下，不执行瓦斯涌出初速度 g_2 的日常预测。

14. 瓦斯涌出初速度 g_2 的预测结果记入突出危险性预测结果记录簿中，推荐样表见本《细则》附录 25。

根据钻孔瓦斯涌出初速度和钻屑量进行煤层突出危险性日常预测

15. 为了进行基于瓦斯涌出初速度 g_2 和钻屑量的日常预测，根据本附录第 9 条施工钻孔。

沿突出最为危险的煤层分层施工钻孔，测定瓦斯涌出初速度 g_2 和钻屑量。

实施该预测方法时，根据本《细则》附录 23 测量瓦斯涌出初速度 g_2，根据本《细则》附录 21 第 2～3 条测量钻屑量。

16. 钻孔施工结束后，根据最大瓦斯涌出速度 g_{max} 和最大钻屑体积 $P^{\mathrm{v}}_{\mathrm{max}}$ 确定突出危险性指标 R（假定单位）。

突出危险性指标 R 的确定：

（1）对于沃尔库塔矿区，根据下式确定：

$$R = (P^{\mathrm{v}}_{\mathrm{max}} - 1.8)(g_{\mathrm{max}} - 5) - 21$$

（2）对于其余煤田，根据下式确定：

$$R = (P_{max}^v - 1.8)(g_{max} - 4) - 6$$

当 $R < 0$ 时，煤层区段无危险；当 $R \geqslant 0$ 时，根据 n_g 补充确定煤层区段的突出危险性，n_g 根据本《细则》附录 23 中的公式确定。

当 $n_g > 0.65$ 时，煤层区段无冲击危险；

当 $n_g \leqslant 0.65$ 时，煤层区段突出危险。

统计根据巷道工作面同一位置施工的两个检查钻孔获得的 R 的最大值。

瓦斯涌出初速度 g_2 和钻屑量的日常预测结果记入日常预测结果记录簿中，推荐样表见本《细则》附录 25。

根据岩体声发射进行煤层突出危险性日常预测

17. 根据岩体中形成裂隙时产生的 AƆ 脉冲数量，进行基于 AƆ 的煤层突出危险性日常预测。

在根据 AƆ 进行日常预测的最初 3 个循环，根据本《细则》附录 24 中的程序进行探测观测。

18. 对于基于 AƆ 的日常预测，使用由地音探测器和地面技术设备组成的地震声学信号传输和记录装置。

19. 为了在回采区段进行基于 AƆ 的日常预测，地音探测器安装在长度不小于 2 m 的钻孔中，钻孔布置在圈定巷道中，距离圈定巷道与回采巷道连接处不小于 3 m，但不大于地音探测器作用半径的一半，或者安装在机械化支架组上。

20. 为了在准备巷道中进行基于 AƆ 的日常预测，地音探测器安装如下：

（1）利用打眼爆破方法掘进巷道时，安装在长度不小于 2 m、距离准备巷道工作面 5～20 m 的钻孔中。

（2）利用联合机方法掘进巷道时，距离准备巷道工作面 20～40 m。

地音探测器至准备巷道工作面的距离不大于地音探测器作用半径的一半。

21. 每次安装地音探测器时，确定地音探测器作用半径。地音探测器的作用半径等于地音探测器至信号激发源的距离。在该距离内，地音探测器感受到的信号振幅超过噪声水平的 2 倍以上。地音探测器作用半径的确定结果形成报告。

22. 由煤炭企业专业人员监听地震声学信号，确定每小时的 AƆ 活性 $N_{чi}$。

23. 在工艺终点，根据 $N_{чi}$ 计算时间间隔（以下简称平均值间隔）$t_ч$ 内的平均 AƆ 活性 N_{cp}。对于回采工作面，$t_ч = 30$ h；对于准备工作面，$t_ч = 10$ h。

N_{cp} 值根据下式计算：

$$N_{cp} = \frac{1}{t_ч} \left(\sum_{i=1}^{t_ч} N_{чi} \right)$$

计算 N_{cp} 值时，仅考虑矿山设备沿煤层工作面作业时记录的 $N_{чi}$ 值。

计算 N_{cp} 值时，每昼夜的平均值间隔相对于上一昼夜移动的小时数等于上一昼夜矿山设备沿煤层工作面作业的总时间。

24. 满足下列条件之一时，煤层工作面属于"危险"等级：

（1）平均 AƆ 活性的相对增长 $q_{AƆ}$ 超过平均 AƆ 活性的相对增长临界值 $q_{AƆпор}$。

（2）在记录间隔上的平均AЭ活性N_{cp}值大于或等于临界值$N_{кр}$。

AЭ活性的相对增长$q_{AЭ}$根据下式确定：

$$q_{AЭ} = \frac{N_{cpi} - N_{cp(i-1)}}{N_{cp(i-1)}} \times 100 \geqslant q_{AЭпор}$$

相对增长临界值$q_{AЭпор}$等于：

（1）当$N_{cpi} \geqslant 10$时，$q_{AЭпор} = 5\%$。

（2）当$2 < N_{cpi} < 10$时，$q_{AЭпор} = 10\%$。

（3）当$N_{cpi} < 2$时，只有在小时时间间隔上记录的$N_{чi}$大于临界值$N_{кр}$的情况下，煤层区段属于"危险"等级。

对于回采工作面，$N_{кр}$根据下式确定：

$$N_{кр} = P_{AЭ} N_{cpi}$$

式中　$P_{AЭ}$——AЭ活性临界系数。

当$N_{cpi} \geqslant 3.6$时，$P_{AЭ} = 4$。

当$N_{cpi} < 3.6$时，$P_{AЭ} = 4.5$。

对于准备工作面，$N_{кр}$根据下式确定：

$$N_{кр} = 4N_{cpi}$$

25. 对于采用AЭ进行日常预测查明为"危险"等级的煤层区段，在准备或者回采工作面离开储备带之后，第一次预测查明为"无危险"等级的条件下，煤层区域属于"无危险"等级，储备带取值不小于6 m。在储备带内进行作业时，采取煤与瓦斯突出预防措施。

26. 基于AЭ的日常预测是连续进行的，当由于技术原因，AЭ日常预测中断1 h及以上时，从AЭ日常预测恢复时开始确定$N_{чi}$的平均值。

27. 在突出危险煤层中，联合机方法掘进准备巷道时，工作面推进度不小于30 m，按本《细则》附录24中的程序进行探测观测，确定煤层的突出危险性。

28. 在回采工作面采用AЭ进行日常预测查明为"危险"等级的煤层区段，根据瓦斯涌出初速度g_2进行突出危险性预测。瓦斯涌出初速度g_2的测定程序见本《细则》附录23。在处于地音探测器作用范围内的煤层区段，施工瓦斯涌出初速度g_2的突出危险性预测钻孔，地音探测器记录超过临界水平的AЭ。

29. AЭ煤层突出危险性日常预测结果记入预测参数临界值计算和声发射活性记录簿中，推荐样表见本《细则》附录25。

根据人工声学信号参数进行煤层突出危险性日常预测

30. 进行基于人工声学信号参数的突出危险性日常预测，对矿山设备在岩体中产生的人工声学信号进行记录和自动处理。在对应于回采巷道工作面落煤循环和准备巷道工作面落煤或者落煤、落岩循环的时间间隔内连续处理人工声学信号。

由于技术原因，在几个连续循环内没有对人工声学信号进行自动处理的情况下，与最后一次确定为"无危险"等级工作面的距离不大于4 m的煤层区段属于"无危险"等级。

31. 用地音探测器记录人工声学信号。地音探测器数量在根据人工声学信号参数突出危险性预测文件中确定。

地音探测器安装在直径不小于 42 mm 及长度为 0.7 ~ 1.0 m 的钻孔中，以及巷道支架元件和（或者）回采工作面综合机械化支架部件上。

32. 在准备巷道中，1 个地音探测器安装在距离工作面不大于 50 m 的位置，在回采区段巷道中邻接回采工作面的每条巷道安装 1 个地音探测器，距离回采工作面不大于 50 m。

回采工作面综合机械化支架上的地音探测器距离回采工作面端头不大于 40 m。

33. 根据工作面每个推进循环人工声学信号频谱预报参数（以下简称预报参数）的当前值与其临界值的比较结果，进行人工声学信号参数预测。预测参数包括：

（1）人工声学信号频谱的低频分量 A_H，假定单位。

（2）人工声学信号频谱的高频分量 A_B，假定单位。

（3）对应于人工声学信号最大值 0.5 倍的人工声学信号频谱的下边频。

（4）对应于人工声学信号最大值 0.75 倍的人工声学信号频谱的下边频。

34. 根据在"无危险"等级的掘进巷道或者其他巷道区段得到的人工声学信号参数突出危险性日常预测结果，制定预测参数初步临界值。

预测参数初步临界值由煤炭企业技术负责人（总工程师）批准。

随着准备巷道或者回采巷道工作面的推进，根据矿山地质条件修正预测参数临界值。

准备巷道或者回采巷道工作面每推进不大于 300 m，重新批准预测参数临界值。

35. 对于"危险"等级的煤层区段，如果是在准备工作面或者回采工作面离开"无危险"等级的储备带之后进行的第一次预测，则该煤层区段属于"无危险"等级。储备带根据本附录第 25 条取值。

36. 在回采工作面，根据预测参数 A_B 和 A_H 的比值 $K_{o.H}$ 确定煤与瓦斯突出最危险煤层区段的位置，$K_{o.H}$ 根据下式计算：

$$K_{o.H} = \frac{A_B}{A_H}$$

煤与瓦斯突出最危险煤层区段对应于 $K_{o.H}$ 最大值时采煤机所处的位置。

37. 当煤层区段为"危险"等级时，将人工声学信号参数预测结果表示到纸质载体上，并记入预测结果记录簿中，推荐样表见本《细则》附录 25。

38. 在准备巷道掘进或者回采区段开采的整个周期内，电子形式的人工声学信号参数预测结果保存在电子载体上。

根据大气监控系统记录数据进行煤层突出危险性日常预测

39. 在陡直煤层中采用打眼爆破方法掘进下行准备巷道时，根据大气监控系统记录数据进行煤层突出危险性日常预测。

40. 为了完成该预测，需要连续自动地监测甲烷浓度和风量。监测甲烷浓度和风量（风速）传感器的安装位置至巷道工作面的最小距离应以保护好爆破作业时传感器的工作能力为准。

使用大气监控系统记录的以下数据进行预测：

（1）C_Φ，甲烷背景浓度，%；

（2）C_{max}，爆破作业后甲烷最大浓度，%；

（3）C_{15}，记录间隔终点的甲烷浓度，%；

（4）Q_{15}，记录间隔终点的风量，m^3/min。

确定甲烷背景浓度 C_{ϕ} 的时间间隔的持续时间不少于 2 h，在此时间间隔内不进行与煤层作用有关的作业。

记录间隔的持续时间为 15 min。

在每个间隔终点确定 Q_{15} 和 C_{15}。在煤层对工作面爆破作业的反应时间 t_p 内工作面甲烷浓度降低到 C_{ϕ}，但反应时间不大于 2 h。

41. 工作面突出危险性预测按以下程序进行。

根据下式计算爆破后甲烷的临界浓度 C_{nop}：

$$C_{nop} = 13.3\,\frac{S_{yr}b\gamma_{yr}}{Q_{cp}} + C_{\phi}$$

式中　S_{yr}——巷道工作面的煤层面积，m^2；

　　　b——工作面 1 个循环的推进度，m；

　　　γ_{yr}——煤的容重，MN/m^3；

　　　Q_{cp}——记录间隔终点的风量平均值，m^3/min。

Q_{cp}值根据下式计算：

$$Q_{cp} = \frac{\sum\limits_{i=1}^{n} Q_{15i}}{n}$$

当 $C_{max} < C_{nop}$ 时，工作面前方的煤层区段无突出危险。

当 $C_{max} \geq C_{nop}$ 时，为了确定突出危险性，根据下式计算煤层的有效瓦斯含量 X_{ϕ}：

$$X_{\phi} = \left(\frac{C_{max}}{2} + \sum_{i=1}^{n-1} C_{15i} + \frac{C_n}{2} - nC_{\phi}\right)\frac{0.01t_p Q_{cp}}{nS_{yr}b\gamma_{yr}}$$

当 $X_{\phi} \geq 4$ 时，巷道工作面前方的煤层区段属于煤与瓦斯突出危险区段；当 $X_{\phi} < 4$ 时，巷道工作面前方的煤层区段无突出危险。

42. 基于大气监控系统的煤层突出危险性日常预测结果记入突出危险性自动预测记录簿中，推荐样表见本《细则》附录25。

附录14　岩层突出危险性预测方法和程序

1. 对于顿涅茨克煤田的矿井，根据施工钻孔时得到的岩芯确定岩层的突出危险性。

准备巷道中的钻孔沿突出危险岩石分层向巷道掘进方向施工。

根据最小超前距相对于推进度不小于2 m的情况，确定岩层突出危险性预测钻孔的施工周期和钻孔长度。

2. 根据1 m岩芯上凸凹透镜状碎片的数量确定岩层的突出危险性。

（1）大于30个碎片——高突出危险性。

（2）7～30个碎片——中等突出危险性。

（3）小于7个碎片——低突出危险性。

当岩芯不分离成碎片时，岩层属于无突出危险。

3. 岩层突出危险性测定结果形成报告。

4. 实施突出预防措施或者采取震动爆破方式沿突出危险岩层掘进巷道。

附录15　巷道底板岩层动力破坏预测方法和程序

1. 沃尔库塔矿区的矿井，根据本附录内容进行巷道底板岩层动力破坏预测。

2. 巷道底板岩层动力破坏预测分两个阶段进行。

第一阶段，施工地质勘探钻孔并确定：

（1）巷道布置深度 $H_{г.в}$，m。

（2）煤层厚度 $m_{уг.пл}$，m。

（3）巷道大致宽度 a，m。

（4）深度不小于 $2a$ 底板岩层的厚度和物理力学性质。

（5）危险带（矿山压力升高带、前探巷道附近、地质破坏附近）边界。

地质钻孔的布置间距不大于 10 m。在前探巷道附近，按本附录附图 15－1 所示的方案施工地质勘探钻孔。钻孔布置参数的取值要考虑岩体的层理。

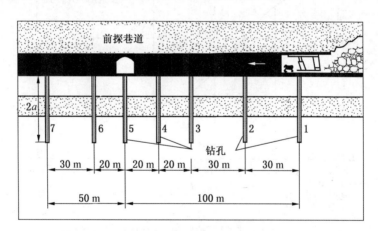

1~7—钻孔

附图 15－1　前探巷道附近地质勘探钻孔布置方案

根据施工地质勘探钻孔时获得的资料，查明准备巷道的潜在危险区段，在其范围的底板中赋存有厚度 $m_{сл.пор} \geqslant 0.5$ m、单轴压缩强度极限 $\sigma_{пор.сж} \geqslant 50$ MPa 潜在突出地压倾向的岩层。

危险岩层分层厚度 $m_{оп.сл.пор}$ 等于巷道底板中赋存的 $m_{сл.пор} \geqslant 0.5$ m 和 $\sigma_{пор.сж} \geqslant 50$ MPa 所有岩层分层的厚度总和。

巷道的假定宽度 $a_{усл}$ 根据下式确定：

$$a_{усл} = a + 2b_{разг}$$

式中 $b_{\text{разг}}$——巷道侧帮煤层卸压带的宽度，m。

巷道侧帮煤层卸压带的宽度 $b_{\text{разг}}$ 根据下式确定：

$$b_{\text{разг}} = \frac{m_{\text{уг. пл}}}{4}$$

满足下列条件的区段认为是潜在危险区段：

$$2 \leqslant \frac{a_{\text{усл}}}{m_{\text{оп. сл. пор}}} \leqslant 6$$

在潜在危险区段，赋存在巷道底板中的至巷道底板距离为 $m_{\text{оп. сл. пор}}$ 的全部岩层分层属于危险分层。

第二阶段，在潜在危险区段范围内分离出满足下列条件的危险区段：

$$\chi \gamma_{\text{пор}} H_{\text{г. в}} (\sigma_x + 1) \geqslant 0.8 \sigma_{\text{сж}}$$

式中 χ——考虑了矿山地质和矿山技术条件影响的加载系数；在回采巷道影响带 $\chi = 1.4$；

回采巷道接近前探巷道时，根据本附录附图 15-2 所示的诺模图确定 χ；

$\gamma_{\text{пор}}$——岩石容重，kN/m^3；

$\sigma_{\text{сж}}$——反映危险分层中压缩应力的系数；根据本附录附图 15-3 所示的诺模图确定 $\sigma_{\text{сж}}$。

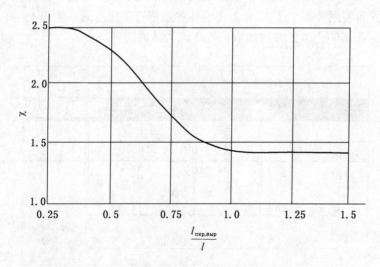

$l_{\text{пер. выр}}$—工作面至前探巷道的距离；l—支承压力带宽度，m

附图 15-2　确定 χ 的诺模图

根据本《细则》附图 9-2 所示的诺模图确定支承压力带宽度。

3. 在巷道底板赋存几个岩层分层的情况下，进行巷道底板动力破坏预测时，根据下式确定 $\sigma_{\text{пор. сж}}$、$E_{\text{сл}}$、$E_{\text{уп}}$ 的算术平均值：

$$\sigma_{\text{пор. сж}} = \frac{\sum\limits_{i=1}^{n} \sigma_{\text{пор. сжi}} m_{\text{слi}}}{\sum\limits_{i=1}^{n} m_{\text{слi}}}$$

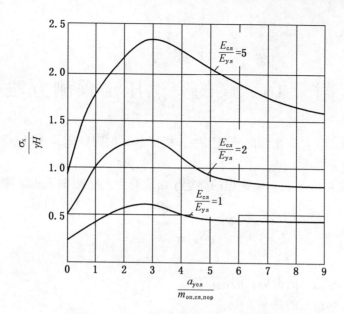

$E_{сл}$——危险分层的弹性模量，MPa；$E_{уп}$——赋存在煤层直接底板中岩层分层的弹性模量，MPa

附图 15 – 3　确定危险分层中 $\sigma_{сж}$ 的诺模图

$$E_{сл} = \frac{\sum\limits_{i=1}^{n} E_{слi} m_{слi}}{\sum\limits_{i=1}^{n} m_{слi}}$$

$$E_{уп} = \frac{\sum\limits_{i=1}^{n} E_{упi} m_{слi}}{\sum\limits_{i=1}^{n} m_{слi}}$$

4. 将查明的危险带标注到矿山图表文件上。

附录 16　煤的突然压出预测方法

1. 在具有煤的突然压出倾向的煤层中，根据本《细则》附录 13 记录的人工声学信号参数，预测煤的突然压出。

2. 根据系数 K_g（小数）确定煤的突然压出危险性，K_g 根据下式计算：

$$K_g = \frac{\sum\limits_{f=20}^{160} A_{ac}}{\sum\limits_{f=20}^{1500} A_{ac}}$$

式中　A_{ac}——声学信号的振幅，假定单位；

　　　f——声学信号的频率，Hz。

当 $K_g \geqslant 0.5$ 时，进行过煤的突然压出危险性测定区段的煤层属于"煤的突然压出危险"等级。

3. 将"煤的突然压出危险"等级下的预测结果记入预测结果记录簿中，推荐样表见本《细则》附录 25。

附录17　具有强烈瓦斯涌出的底板岩层动力破坏预测方法

1. 在具有强烈瓦斯涌出的底板中，预测底板岩层的动力破坏，根据本《细则》附录13 中的人工声学信号参数进行预测。预测带有强烈瓦斯涌出的动力破坏时，记录处于巷道和强烈瓦斯涌出源之间的岩层中产生的声学信号。

2. 根据系数 K_m（小数）确定带有强烈瓦斯涌出的底板岩层动力破坏危险性，K_m 根据下式确定：

$$K_m = \frac{A_{ac}}{\sum\limits_{f=20}^{1500} A_{ac} - A_{acp}}$$

式中　A_{acp}——声学信号的共振振幅，假定单位。

当 $K_m \geqslant 0.7$ 时，处于巷道和强烈瓦斯涌出源之间的岩层属于"带有强烈瓦斯涌出底板岩层动力破坏危险"等级（以下简称瓦斯喷出危险）。

3. 将"瓦斯喷出危险"等级下的底板岩层动力破坏预测结果记入预测结果记录簿中，推荐样表见本《细则》附录25。

附录18　岩体监测程序

1. 在开采冲击地压和（或者）突出危险煤层的矿井中，进行岩体监控。

2. 对于顿涅茨克煤田的矿井，从开采深度 $H_{\text{г.p}} > H_{\text{выб}}$ 开始，回采区段投产之前，在回采区段进行煤层地球物理和矿山地质研究。在回采区段内进行煤层地球物理和矿山地质研究时，要考虑掘进圈定巷道时获得的突出危险性预测结果、采用地球物理方法的岩体应力应变状态评价结果、岩体结构的不均匀性，以及岩体范围内可能发生突出的条带划分结果。

3. 进行岩体监测是为了评价岩体的地质动力状态和查明其中可能发生突出和（或者）突出的煤层区段。

4. 岩体监测程序由矿井建设、改造和技术设备更新的设计文件确定。

5. 为了检查岩体状态参数和（或者）评价岩体状态，进行岩体监测。

6. 岩体监测包括系统性和（或者）连续性观测。

7. 系统性观测包括：

（1）井田地质动力区划。

（2）在煤层冲击地压危险带查明地震和地质动力活性。

（3）进行工作时，将煤层和岩层列入动力现象威胁和倾向等级。

（4）按本《细则》规定的程序和方法进行动力现象预测。

（5）在突出危险煤层的回采区段，进行地球物理和矿山地质研究。采用地球物理方法进行岩体连续观测（以下简称地球物理监测）。

8. 根据机构设计人员研制的方法进行地球物理监测。

9. 根据机构设计人员研制的地球物理监测方法评价岩体的地质动力状态。

10. 根据每个开采矿井确定的参数进行岩体地质动力状态评价。

11. 岩体地质动力状态评价参数由煤炭企业技术负责人（总工程师）批准。

附录19　动力现象预防措施

1. 在"危险"等级的煤层区段，在特别突出危险的煤层区段及将煤柱转化为无冲击危险状态时，采取动力现象预防措施（一种或者几种）。瓦斯动力现象预防措施见附表19-1。

附表19-1　动力现象预防措施一览表

岩层、煤层等级	使用对象	类型	动力现象预防措施
具有动力现象倾向的煤层、岩层	井田、井田区段	区域	保护层开采
冲击地压危险煤层、煤层区段	煤层组、单个煤层		由准备巷道进行区域润湿
	准备开采的回采条带		煤层深部润湿
煤与瓦斯突出危险煤层、煤层区段	准备进行作业的井田区段		煤层低压润湿
			抽放煤层瓦斯
具有煤与瓦斯突出倾向的煤层、煤层区段	揭穿厚度0.3 m以上的煤层和夹层	局部	施工排放钻孔、架设骨架支架、煤层水力松动
	在井底车场以外的区域、石门和其他巷道揭穿煤层		施工排放钻孔、架设骨架支架、煤层注水
冲击地压、煤与瓦斯突出和煤突然压出"危险"等级的煤层区段	煤层中的回采巷道和准备巷道工作面、冲击危险煤层的煤柱		施工卸压钻孔、煤层水力松动
冲击地压"危险"等级的煤层区段	煤层中的回采巷道和准备巷道工作面、煤柱		煤层药壶爆破
底板岩层动力破坏"危险"等级的煤层区段	准备巷道		煤层底板掩护爆破
煤与瓦斯突出"危险"等级的煤层区段	回采巷道和准备巷道工作面		煤层内部爆破
			煤层低压浸润
			煤层低压润湿

2. 使用冲击地压局部预防措施时，如果在保护带区段内准备巷道或者回采巷道工作面的所有推进循环和离开保护带区段后的两个循环内，查明为"无危险"等级，则认为煤层已转化为无冲击危险状态。

附录20 动力现象预防措施效果检查程序和方法

动力现象预防措施效果检查方法

1. 动力现象预防措施效果检查方法见本附录附表20-1。

2. 动力现象局部预防措施评价为"无效"时，再次采取这些措施或者其他动力现象预防措施。

当不能有效地实施动力现象预防措施时，采用打眼爆破方法掘进巷道，而在突出危险煤层中采用震动爆破方式。

附表20-1 动力现象预防措施效果检查方法

预测类型	动力现象预防措施	煤层危险性等级	动力现象预防措施效果检查方法
区域	保护层开采	冲击地压倾向	在被保护带内不进行效果检查
		突出倾向	
	由回采工作面的准备巷道进行区域润湿	冲击地压倾向	根据潜在危险煤层分层的水分进行预测
		突出倾向	
	煤层深部润湿	冲击地压倾向	根据本《细则》附录8进行冲击危险性预测
		突出倾向	根据本《细则》附录13进行突出危险性预测
	回采工作面煤层低压润湿	冲击地压倾向	根据潜在危险煤层分层的水分进行预测
		突出倾向	
	抽放煤层瓦斯	突出倾向	根据瓦斯涌出初速度 g_2 和指标 n_g 进行预测
揭穿煤层	煤层水力松动	突出倾向	揭穿煤层前，根据本《细则》附录7进行预测；对于顿涅茨克煤田的矿井根据瓦斯涌出初速度 g_2 进行预测
局部	施工超前卸压钻孔	冲击地压倾向	根据本《细则》附录8进行预测；根据人工声学信号参数进行预测
		突出倾向	根据瓦斯涌出初速度 g_2 和指标 n_g 进行突出危险性日常预测；根据人工声学信号参数进行预测
	煤层水力松动	冲击地压倾向	根据本《细则》附录8进行预测；根据人工声学信号参数进行预测
		突出倾向	根据瓦斯涌出初速度 g_2 和指标 n_g 进行突出危险性日常预测；根据人工声学信号参数进行预测
	煤层药壶爆破、煤层底板药壶爆破	冲击地压倾向	根据本《细则》附录8进行预测
	煤层内部爆破	突出倾向	根据瓦斯涌出初速度 g_2 和指标 n_g 进行突出危险性日常预测
	煤层低压浸润	突出倾向	根据瓦斯涌出初速度 g_2 和指标 n_g 进行突出危险性日常预测
	煤层低压润湿	突出倾向	根据瓦斯涌出初速度 g_2 和指标 n_g 进行突出危险性日常预测
	在煤层中切缝	突出倾向	根据瓦斯涌出初速度 g_2 和指标 n_g 进行突出危险性日常预测
	在顿涅茨克煤田矿井中的动力现象局部预防措施	突出倾向	根据瓦斯涌出初速度动态进行预测；根据人工信号参数进行预测

动力现象区域预防措施效果检查

3. 采用动力现象预测方法进行动力现象区域预防措施效果检查：

（1）突出区域预防措施——采用本《细则》附录13中的突出预测方法和（或者）潜在危险煤层分层的水分进行检查。

（2）冲击地压区域预防措施——采用本《细则》附录8和11中的冲击地压预测方法进行检查。

揭穿煤层时突出预防措施效果检查

4. 揭穿煤层时，采用本《细则》附录7中的动力现象预测方法进行突出预防措施效果检查。

回采和准备工作面作业时动力现象局部预防措施效果检查

5. 回采和准备工作面作业时，动力现象预防措施完成之后，直接进行动力现象局部预防措施效果检查。措施完成之后至少经过30 min，进行水力松动应用效果检查。

6. 采用下列预测方法，进行突出局部预防措施效果检查：

（1）根据瓦斯涌出初速度 g_2。

（2）根据瓦斯涌出初速度 g_2 和钻屑量。

对于顿涅茨克煤田的矿井，当瓦斯涌出初速度超过4 L/min时，按本《细则》附录23中的程序进行效果检查。

采用钻屑量冲击危险性预测方法进行冲击地压局部预防措施效果检查。

7. 进行突出局部预防措施应用效果检查时，将本《细则》附录13第10条中的等于钻孔长度 $l_{\text{скв}}$ 的间隔减小为1.5 m。

进行冲击地压局部预防措施应用效果检查时，在曾被查明为"危险"等级的煤层区段，以及与其相邻的长度为 $0.2l$ 的煤层区段，将等于钻孔长度的间隔减小为 $0.7n$。

煤层润湿效果检查

8. 根据潜在突出危险煤层分层的水分，进行煤层润湿效果检查。按煤层试样的取样方法采集试样。在回采工作面，煤样的采集间隔不小于10 m。第一个落煤循环结束之后，进行第一次煤样采集，润湿作业完成之后进行下一次煤样采集。沿工作面推进方向，后续煤样采集间隔不超过润湿钻孔之间的距离。煤样采集之后，在1 d内测定煤样的水分。如果采集煤样的水分不小于6%，则认为煤层润湿有效。

根据人工声学信号参数进行动力现象预防措施效果检查
（卸压钻孔施工效果检查）

9. 由于打钻工具的作用，在岩体中形成人工声学信号；在卸压钻孔施工过程中，根据人工声学信号参数进行卸压钻孔施工效果检查。

10. 地音探测器的安装位置距离施工钻孔孔口5～10 m。

11. 在钻孔的每个施工间隔长度上处理人工声学信号，施工间隔长度等于钻孔长度。根据本《细则》附录 13 记录和处理声学信号。

12. 根据预测参数 P_E 进行卸压钻孔施工效果检查，P_E 根据下式确定：

$$P_E = \frac{E_{max}}{E_i}$$

式中　E_{max}——最初 3～4 个间隔记录的人工声学信号的最大能量；

　　　E_i——第 i 个间隔记录的人工声学信号的能量。

对于长度 $l_{ckb} < 20$ m 的钻孔，预测参数临界值 $P_E = 3$；对于长度 $l_{ckb} \geq 20$ m 的钻孔，预测参数临界值 $P_E = 3.5$。

如果全部钻孔都施工至设计文件规定的深度，每个钻孔施工时的参数 P_E 不超过临界值，并且 P_E 的平均值不超过 2，则认为卸压钻孔的施工有效。

根据人工声学参数进行煤层水力松动效果检查

13. 在煤层注水过程中，根据人工声学信号参数进行煤层水力松动效果检查。为了记录声学信号，地音探测器安装在距离煤柱注水钻孔孔口 5～10 m 处。

14. 在等于煤层注水过程的时间间隔内处理在高压力煤层注水作用下产生的人工声学信号。根据本《细则》附录 13 进行人工信号记录和处理。

15. 人工声学信号频谱的低频分量 A_H（假定单位）作为预测参数。在煤层注水过程中，如果 A_H 达到最大值之后下降 5% 以上，并且注水系统中的压力相比最大压力下降 30% 以上，则认为水力松动有效。

根据瓦斯涌出初速度动态进行突出预防措施效果检查

16. 根据钻孔瓦斯涌出初速度动态进行突出预防措施效果检查；钻孔长度为 4 m 以下时，布置在施工钻孔之间的煤层区段。

钻孔分间隔施工：在第一间隔为（1±0.05）m，后续所有间隔为（0.5±0.05）m。在每个钻孔施工间隔上，根据本《细则》附录 23 测量瓦斯涌出初速度 g_2。

每个间隔施工完成后不迟于 2 min 内测量的最大瓦斯涌出速度作为瓦斯涌出初速度 g_2。在某一间隔测量的 g_2 与上一个间隔测量的 g_2 相比降低 10% 以上，则停止测量 g_2。

17. 如果落煤安全深度 l_6 超过工作面循环推进度 b，则认为突出预防措施有效。

落煤安全深度 l_6 根据下式确定：

$$l_6 = l_p - 1.3$$

式中　l_p——煤层工作面附近卸压带深度，m。

18. 施工钻孔时，如果查明 g_2 降低 10%，则 l_p 等于由钻孔孔口到查明 g_2 降低间隔的距离；如果没有查明 g_2 降低，则 $l_p = 4.5$ m；如果在钻孔的全部间隔上 $g_2 < 0.8$ L/min，则 $l_p = 5.0$ m。

附录21　钻屑量测定程序

1. 沿最坚硬的煤层分层施工测定钻屑量的钻孔。

2. 按检查钻孔的每米施工间隔测定钻屑量。

3. 采用计量容器测定钻屑量，计量容器的精确度不小于 ±0.1 L，或者称重的精确度不小于 ±0.1 kg。

附录 22 煤的强度和普氏硬度系数的测定程序

煤的强度测定程序

1. 采用技术设备测定煤的强度 q_{yr}（假定单位），在技术设备中利用弹性机构的能量，将钢锥动力侵入煤体中（以下简称强度测定仪）。强度测定仪弹性机构的校准周期不大于 1 年。

2. 煤的强度测定程序：

（1）清理煤层的剥离。

（2）将钢锥侵入煤体不小于 5 次；每次侵入前，强度测定仪紧紧压住煤体；钢锥的后续侵入位置沿着煤层分层或者煤层挪动，距离上一次侵入位置不小于 10 cm。

每次侵入后，根据强度测定仪的刻度测量钢锥侵入煤体的深度 $l_{к}$，根据下式计算煤的强度 q_{yr}：

$$q_{yr} = 100 - l_{к}$$

根据测定结果计算煤层分层和（或者）煤层的平均强度 $q_{cp.\,yr}$（假定单位）。

3. 煤的平均强度 $q_{cp.\,yr}$ 根据下式计算：

$$q_{cp.\,yr} = \frac{\sum\limits_{i=1}^{n} q_{yri}}{n_{вн}}$$

式中 $n_{вн}$——钢锥侵入煤体的次数。

4. 由几个分层组成的煤层的强度根据下式计算：

$$q_{cp.\,yr} = \frac{\sum\limits_{i=1}^{n} q_{cp.\,yri} m_{yr.\,пачi}}{\sum\limits_{i=1}^{n} m_{yr.\,пачi}}$$

式中 $q_{cp.\,yri}$——第 i 个煤层分层的平均强度，假定单位；

$m_{yr.\,пачi}$——第 i 个煤层分层的硬度，m。

煤的普氏硬度系数测定程序

5. 煤的普氏硬度系数 f_{yr}（假定单位），采用煤样在标准条件下粉碎的方法测定（普氏硬度系数测定方法），在巷道中采用基于测试煤的切割阻力的技术设备。

根据测定结果，计算煤层分层或者煤层的平均普氏硬度系数 $f_{cp.\,yr}$（假定单位）。

6. 煤的平均普氏硬度系数 $f_{cp.\,yr}$ 根据下式计算：

$$f_{\text{cp. yr}} = \frac{\sum\limits_{i=1}^{n} f_{\text{yri}}}{n}$$

7. 由几个分层组成的煤层的普氏硬度系数根据下式计算：

$$f_{\text{cp. yr}} = \frac{\sum\limits_{i=1}^{n} f_{\text{cp. yri}} m_{\text{yr. пачi}}}{\sum\limits_{i=1}^{n} m_{\text{yr. пачi}}}$$

式中　$f_{\text{cp. yri}}$——第 i 个煤层分层的平均普氏硬度系数，假定单位。

附录 23　瓦斯涌出初速度的测定程序

1. 为了测定瓦斯涌出初速度 g_2，沿煤层施工直径为 42～44 mm 的钻孔。

2. 沿巷道工作面的推进方向施工钻孔。

3. 钻孔间隔施工：在第一间隔为 (1 ± 0.05) m，后续所有间隔为 (1 ± 0.05) m。第二间隔和后续全部间隔施工完成之后，测定瓦斯涌出初速度 g_2。

4. 瓦斯涌出初速度 g_2 的测定程序：

（1）每个间隔施工完成之后，从钻孔中抽出打钻工具，向钻孔内安装带瓦斯引排通道的封孔技术设备。

（2）利用压力表检查密封质量，封孔器气囊中的压力应不小于 0.1 MPa；当没有压力表时，根据阻力检查封孔器的安装质量。

（3）将技术设备接通封孔器的引排瓦斯通道，测量钻孔中的瓦斯涌出速度。

5. 钻孔密封到钻孔底部的距离：

（1）顿涅茨克煤田为 (0.5 ± 0.05) m。

（2）其他煤田为 (1 ± 0.05) m。

测定瓦斯涌出初速度 g_2 的动态时，封孔器安装在距离钻孔底部 (0.2 ± 0.05) m 处。

6. 钻孔施工完成后在 2 min 内测定的钻孔内最大瓦斯涌出速度作为瓦斯涌出初速度 g_2。

7. 位于库兹涅茨克煤田的矿井，根据瓦斯涌出初速度 g_2 和钻孔钻屑量进行日常预测和预防措施应用效果检查时，如果在 2 min 内瓦斯涌出初速度 g_2 超过 4 L/min，则再测量时间间隔 5 min 内的瓦斯涌出初速度 g_2，当前间隔施工完成后不迟于 7 min 内测量瓦斯涌出初速度 g_7。

在上述情况下，根据瓦斯涌出初速度变化指标 n_g（小数）确定煤层的突出危险性。

n_g 值由下式确定：

$$n_g = \frac{g_7}{g_2}$$

当 $n_g \leqslant 0.65$ 时，巷道工作面的煤层区段属于"危险"等级。

8. 采用经过审查批准型号的测量设备测量瓦斯涌出初速度 g_2 和 g_7。

附录 24　煤与瓦斯突出倾向煤层探测和检查观测的实施程序

探测观测实施程序

1. 为了查明准备巷道工作面煤层的突出危险性，在煤与瓦斯突出倾向煤层中进行探测观测（以下简称探测观测）。

2. 煤层揭穿巷道切口时，在突出危险性局部预测和日常预测时进行探测观测。

3. 在实施日常预测的准备巷道中，工作面推进不大于 300 m 及距离地质破坏法线不小于 25 m 时应进行探测观测。

4. 进行探测观测时测定：

（1）瓦斯涌出初速度 g_2。

（2）煤的平均强度 $q_{cp.yr}$（假定单位）和（或者）煤的平均普氏硬度系数 $f_{cp.yr}$（假定单位）。

（3）厚度大于 0.1 m 的煤层分层厚度 $m_{yr.пач}$ 或者煤层厚度 $m_{yr.пл}$。

对于所有厚度大于 0.03 m 的煤层分层测定瓦斯涌出初速度 g_2 和煤的平均强度 $q_{cp.yr}$。

根据本《细则》附录 23 中的程序测定瓦斯涌出初速度 g_2。

对于每个显露分层，根据本《细则》附录 22 中的程序测定平均强度 $q_{cp.yr}$ 和平均普氏硬度系数 $f_{cp.yr}$。

沿层理的法线测定煤层分层厚度 $m_{yr.пач}$ 和煤层厚度 $m_{yr.пл}$，精确度为 0.01 m。

5. 在距离准备巷道工作面侧帮 0.5~1m 的观测点，测定探测观测参数 g_2、$q_{cp.yr}$、$f_{cp.yr}$，以及厚度大于 0.1 m 的煤层分层厚度 $m_{yr.пач}$ 或者煤层厚度 $m_{yr.пл}$。

6. 在准备巷道工作面，巷道的 5 个掘进循环至少进行一次探测观测，且准备巷道工作面推进度不大于 2 m。

7. 首次测定探测观测参数时，要进行煤层地质调查。进行煤层地质调查时，查明地质破坏特征，确定煤层构造结构，分出其单个分层，并评价其突出危险性程度。

根据附表 24-1 确定煤层的构造结构。

附表 24-1

煤的破坏程度类型		构造结构	特　　征
符号	名称		
I	未破坏煤	层状弱裂隙	层理明显。煤在煤体中呈整块、稳定状态，不散落，可掰成由层理和裂隙限定的碎块
II	碎块煤	角砾状	层理和裂隙一般不明显。煤体由各种形状的煤块组成。煤块间可见粒状甚至土状细煤粉。煤在力的作用下稳定性弱，但散落困难

附表 24 – 1（续）

煤的破坏程度类型		构造结构	特 征
符号	名称		
Ⅲ	透镜状煤	透镜状（小透镜状）	层理和裂隙不明显。煤由一些透镜体组成。透镜体表面光滑磨光，上有沟槽和划痕。在力的作用下，有时会变成煤粉
Ⅳ	土粒状煤	土粒状	层理和裂隙不明显。煤体大部分由小煤粒组成，煤粒间有土状煤（煤面）。足够压实，手指压碎费力。煤的稳定性弱，有散落倾向
Ⅴ	土状煤	土状	层理和裂隙不明显。煤由细粉煤（煤面）组成。不稳定，散落严重。手指容易压碎

在确定煤层分层的突出危险性时，应考虑随着煤的构造结构由Ⅱ类变化为Ⅴ类，煤层分层突出危险性增大。根据分层的最大突出危险性评价煤层的突出危险性。

平均强度 $q_{cp.yr} \leqslant 75$ 假定单位和总厚度不小于 0.2 m 的单独分层或者邻近煤层分层认为是突出危险分层。位于伯朝拉煤田的矿井，突出危险煤层分层总厚度不小于 0.1 m。

8. 根据巷道中全部掘进循环完成的探测观测结果，采用数学统计方法计算下列指标，据此评价准备工作面或者回采工作面煤层的突出危险状态：

（1）最大瓦斯涌出速度 g_{max}。

（2）根据全部观测结果计算煤的平均强度 $q_{cp.yr}$，或者煤的平均普氏硬度系数 $f_{cp.yr}$。

（3）煤层的平均厚度 $m_{cp.пл}$。

（4）煤的强度变化系数 V_q，或者煤的普氏硬度系数的变化系数 V_f。

（5）煤层厚度变化系数 V_m。

9. 依据完成的测定，根据公式计算煤的平均强度 $q_{cp.yr}$：

$$q_{cp.yr} = \frac{\sum\limits_{i=1}^{n} q_{cp.yri}}{n}$$

式中 $q_{cp.yri}$——第 i 次测定的煤的平均强度。

10. 煤的平均普氏硬度系数 $f_{cp.yr}$ 根据下式计算：

$$f_{cp.yr} = \frac{\sum\limits_{i=1}^{n} f_{cp.yri}}{n}$$

式中 $f_{cp.yri}$——第 i 次测定的煤的平均普氏硬度系数。

11. 煤层的平均厚度 $m_{cp.пл}$ 根据下式计算：

$$m_{cp.пл} = \frac{\sum\limits_{i=1}^{n} m_i}{n}$$

12. 煤的强度变化系数 V_q 根据下式计算：

$$V_q = \frac{\delta_q}{q_{cp.yr}} \times 100$$

式中 δ_q——煤的强度 $q_{cp.yr}$ 的均方差，假定单位。

13. δ_q 根据下式计算:

$$\delta_q = \sqrt{\frac{\sum\limits_{i=1}^{n}(q_{cp.yr} - q_i)^2}{n}}$$

14. 煤的普氏硬度系数的变化系数 V_f 根据下式计算:

$$V_f = \frac{\delta_f}{f_{cp.yr}} \times 100$$

式中 δ_f——煤的普氏硬度系数 f_{yr} 的均方差,假定单位。

15. δ_f 根据下式计算:

$$f_q = \sqrt{\frac{\sum\limits_{i=1}^{n}(f_{cp.yr} - f_i)^2}{n}}$$

16. 煤层厚度变化系数 V_m 根据下式计算:

$$V_m = \frac{\delta_m}{m_{cp.пл}} \times 100$$

式中 δ_m——煤层厚度 $m_{cp.пл}$ 的均方差,m。

17. δ_m 根据下式计算:

$$\delta_m = \sqrt{\frac{\sum\limits_{i=1}^{n}(m_{cp.пл} - m_i)^2}{n}}$$

18. 如果用于评价工作面突出危险状态的指标满足下列条件:V_q 不大于 20%,V_m 不大于 10%,$f_{cp.yr}$ 不小于 0.6 假定单位,或者 $q_{cp.yr}$ 不小于 60 假定单位,且 $g_{max} < g_{кр}$,则煤层处于"无危险"等级。

当不满足上述条件之一时,煤层区段属于"危险"等级。

检查观测实施程序

19. 为了查明准备巷道工作面或者回采巷道工作面已不属于"危险"等级,在具有煤与瓦斯突出倾向的煤层中进行检查观测。

20. 进行检查观测时测定:

(1) 瓦斯涌出初速度 g_2。

(2) 煤的平均普氏硬度系数 $f_{cp.yr}$。

(3) 厚度大于 0.1 m 的煤层分层厚度 $m_{yr.пач}$ 或者煤层厚度 $m_{yr.пл}$。

21. 在观测点测定准备巷道工作面或者回采巷道工作面的煤层突出危险状态,观测点布置在:

(1) 在准备巷道工作面,距离巷道侧帮 0.5~1.0 m 处。

(2) 在回采巷道,沿回采巷道长度均匀布置不少于 5 个观测点。

检查观测的实施:

(1) 在准备巷道工作面不少于 5 个掘进循环,且工作面推进度不大于 2 m。

（2）在回采巷道不少于 5 个观测点，且不少于回采工作面的 2 个推进循环。

在回采工作面机窝，观测点距离机窝隅角 0.5~1.0 m。

22. 每次测定 $f_{\text{ср. уг}}$、$m_{\text{уг. пач}}$ 或者 $m_{\text{уг. пл}}$ 之后，计算煤的普氏硬度系数变化指标 K_f、煤层厚度变化指标 $K_{\text{mпл}}$，以及厚度大于 0.1 m 的煤层分层厚度变化指标 $K_{\text{уг. пач}}$。

23. K_f 根据下式计算：

$$K_f = \frac{f_{\text{ср. уг}} - f_{\text{ср. уг. к. наб}}}{f_{\text{ср. уг}}} \times 100$$

式中　　　$f_{\text{ср. уг}}$——煤的平均普氏硬度系数，假定单位；

$f_{\text{ср. уг. к. наб}}$——在进行检查观测的煤层区段，煤的平均普氏硬度系数。

24. $K_{\text{mпл}}$ 根据下式计算：

$$K_{\text{mпл}} = \frac{m_{\text{ср. пл}} - m_{\text{ср. пл. к. наб}}}{m_{\text{ср. пл}}} \times 100$$

式中　　　$m_{\text{ср. пл}}$——在"无危险"等级区段煤层的平均厚度；

$m_{\text{ср. пл. к. наб}}$——观测区段煤层的平均厚度。

25. 在 $V_m < 15\%$、$V_f \leqslant 20\%$ 或者 $V_q \leqslant 20\%$ 且 $g_2 < g_{\text{кр}}$ 的条件下，准备工作面或者回采工作面的巷道区段不属于"危险"等级。

26. 探测和检查观测结果记入探测和（或者）检查观测记录簿中，推荐样表见本《细则》附录 25。

当根据探测和（或者）检查观测结果查明为无煤与瓦斯突出危险煤层区段时，编制相关报告，推荐样表见本《细则》附录 25。

附录25 推 荐 表 格

批准

技术负责人（总工程师）

_____

20 ___年___月___日

煤炭企业_____

揭煤地点煤层突出危险性测定报告

在下面签名，大气安全区区长_____、生产区区长_____，以及动力现象预测部门负责人

_____，编制了本报告。

20 ___年___月___日，在揭煤地点_____，巷道_____，为了确定揭穿煤层的突出

危险性，进行了突出危险性预测并获得以下结果：

预 测 结 果	钻孔 1	钻孔 2
最大瓦斯压力 $P_{rmax}/(kg \cdot cm^{-2})$		
煤层分层的最小普氏硬度系数 f_{yrmin}，假定单位		
突出危险性指标 Π_B，假定单位		
瓦斯最大涌出速度 $g_{max}/(L \cdot min^{-1})$		
最大碘指标 $\Delta J/(mg \cdot g^{-1})$		

煤层_____在揭煤地点属于煤与瓦斯突出_____（危险或者无危险）。

煤层_____应_____（采用或者不采用）煤与瓦斯突出预防措施。

大气安全区区长_____（签名）

生产区区长_____（签名）

动力现象预测部门负责人_____（签名）

根据打钻时的钻屑量进行煤层区段冲击危险性预测和预防措施效果
检 查 的 记 录 簿

煤炭企业＿＿＿＿＿＿＿＿＿＿＿＿＿＿＿＿＿＿＿＿＿＿

巷道＿＿＿＿＿＿＿＿＿，煤层＿＿＿＿＿＿＿＿＿，水平＿＿＿＿＿＿＿＿＿

日期	工作面位置	钻孔编号	煤层厚度/m	钻屑量随钻孔每米的变化/L						冲击危险性等级	施工员签名	动力现象预测部门负责人签名
				1	2	3	4	5	…			
1	2	3	4	5	6	7	8	9	10	11	12	13

注：对本记录簿中的资料，大气安全区区长每天了解一次。

根据煤的自然水分变化进行煤层区段冲击危险性预测和预防措施效果
检 查 的 记 录 簿

煤炭企业＿＿＿＿＿＿＿＿＿＿＿＿＿＿＿＿＿＿＿＿＿＿

巷道＿＿＿＿＿＿＿＿＿，煤层＿＿＿＿＿＿＿＿＿，水平＿＿＿＿＿＿＿＿＿

日期	工作面位置	钻孔编号	煤层厚度/m	煤的水分 W 随钻孔深度的变化/%				$W_{\text{кр}}$/%	$W_{\max}$/%	X_1/m	冲击危险性等级	施工员签名	动力现象预测部门负责人签名
				1	2	3	…						
1	2	3	4	5	6	7	8	9	10	11	12	13	14

注：对本记录簿中的资料，大气安全区区长每天了解一次。

突出危险性局部预测测定结果
记 录 簿

煤炭企业 _____

巷道 _____ , 煤层 _____ , 水平 _____

日期	工作面位置	煤层厚度 $m_{yr.пл}$ 或者煤层分层厚度 $m_{yr.пaч}/m$	煤层强度			施工员签名	动力现象预测部门负责人签名
			煤层分层的平均强度 $q_{cp.yr}$ (假定单位)	煤层的平均强度 q_{np} (假定单位)	煤层的最小强度		
1	2	3	4	5	6	7	8

注：对本记录簿中的资料，大气安全区区长每天了解一次。

根据瓦斯涌出初速度 g_2 进行煤层突出危险性预测的
记 录 簿

煤炭企业 _____

巷道 _____ , 煤层 _____ , 水平 _____

日期	工作面位置	钻孔编号	煤层厚度/m	瓦斯涌出初速度 g_2 随钻孔深度的变化/$(L \cdot min^{-1})$						煤层区段突出危险性等级	施工员签名	动力现象预测部门负责人签名
				1	2	3	4	5	...			
1	2	3	4	5	6	7	8	9	10	11	12	13

注：对本记录簿中的资料，大气安全区区长每天了解一次。

瓦斯涌出初速度 g_2 和钻屑量日常预测结果
记 录 簿

煤炭企业_____

巷道_____，煤层_____，水平_____

日期	工作面位置	钻孔编号	煤层厚度/m	瓦斯涌出初速度 $g_2/(L \cdot min^{-1})$ 和钻屑量/L						瓦斯涌出初速度 $g_2/(L \cdot min^{-1})$	瓦斯最大涌出初速度 g_{max} 和最大钻屑量 P_{max}^v（假定单位）	施工员签名	动力现象预测部门负责人签名
				1	2	3	4	5	...				
1	2	3	4	5	6	7	8	9	10	11	12	13	14

注：对本记录簿中的资料，大气安全区区长每天了解一次。

预测参数临界值计算和声发射活性
记 录 簿

煤炭企业_____

巷道_____，煤层_____，水平_____

日期	声发射活性记录时间	声学活性			声学活性临界值/（脉冲·h⁻¹）	煤层区段突出危险性等级	施工员签名	动力现象预测部门负责人签名
		10 min 的活性/（脉冲·10 min⁻¹）	1 h 的活性/（脉冲·h⁻¹）	支承间隔上的活性/（脉冲·h⁻¹）				
1	2	3	4	5	6	7	8	9

注：对本记录簿中的资料，大气安全区区长每天了解一次。

人工声学信号参数预测结果
记 录 簿

煤炭企业＿＿＿＿＿＿＿＿＿＿＿＿＿＿＿＿＿＿＿＿＿＿＿＿

巷道＿＿＿＿＿＿＿＿，煤层＿＿＿＿＿＿＿＿，水平＿＿＿＿＿＿＿＿

日期	工作面位置	声学信号记录时间		采煤机在回采工作面的位置（支架组）*		最大相对应力系数 $K_в$	预测结果	施工员签名	动力现象预测部门负责人签名
		开始	结束	声学信号记录开始时	声学信号记录结束时				
1	2	3		4		5	6	7	8

注：对本记录簿中的资料，大气安全区区长每天了解一次。

＊在回采工作面预测动力现象时及预测结果为危险时填写。

采用大气监控系统的突出危险性自动预测
记 录 簿

巷道＿＿＿＿＿＿＿＿，煤层＿＿＿＿＿＿＿＿，水平＿＿＿＿＿＿＿＿

原始资料：

工作面掘进断面面积 $S_{пp}$＿＿＿＿＿＿＿＿ m²；

煤的容重 γ_{yr}＿＿＿＿＿＿＿＿ MN/m³；

煤层对工作面爆破作业的反应时间 t_p＿＿＿＿＿＿＿＿ min（$t_p \leq 120$ min）。

日期、工作面标准点	工作面断面煤分层特征（由下向上）			爆破作业时间 h/min	爆破后甲烷浓度测量结果/%			爆破后风量测量结果/（m³·min⁻¹）	在记录间隔终点测量的平均风量 Q_{cp}/（m³·min⁻¹）	工作面循环进尺 b/m	爆破时甲烷的临界浓度 $C_{пop}$/%	煤层有效瓦斯含量 $X_{эф}$/（m³·t⁻¹）	存在突出危险性的结论和施工员签名	动力现象预测部门负责人签名
	厚度 $m_{yr.naч}$/m	煤的平均强度 $q_{cp.yn}$/（假定单位）	突出危险分层厚度或分层总厚度 $m_{yr.naч}$/m		甲烷浓度 $C_ф$/%	爆破后甲烷最大浓度 C_{max}/%								
1	2	3	4	5	6	7	8	9	10	11	12	13	14	15

探测和（或者）检查观测结果
记　录　簿

煤炭企业＿＿＿＿＿＿＿＿＿＿＿＿＿＿＿＿＿＿

巷道＿＿＿＿＿＿＿＿，煤层＿＿＿＿＿＿＿，水平＿＿＿＿＿＿＿＿

日期	工作面位置	煤层厚度 $m_{\text{yr. пл}}$ 或者煤层分层厚度 $m_{\text{yr. пач}}$ /m	间隔上的瓦斯涌出初速度 g_2/(L·min^{-1})			煤层强度或者硬度系数	煤层结构	探测和（或者）检查观测结果	施工员签名	动力现象预测部门负责人签名
			1.5	2.5	3.5					
1	2	3	4	5	6	7	8	9	10	11

注：对本记录簿中的资料，大气安全区区长每天了解一次。

批准

技术负责人（总工程师）

20＿＿＿＿年＿＿月＿＿日

根据探测和（或者）检查观测结果查明无煤与瓦斯突出危险煤层区段的报告

巷道名称＿＿＿＿＿＿＿＿＿＿＿＿＿＿＿＿＿＿＿＿＿＿

煤层＿＿＿＿＿＿＿＿＿＿＿＿，水平＿＿＿＿＿＿＿＿＿＿＿

在下面签名，大气安全区区长＿＿＿＿＿＿＿＿、生产区区长＿＿＿＿＿＿＿＿＿，以及动力现象预测部门的负责人＿＿＿＿＿＿＿＿＿，编制了本报告。

20＿＿＿年＿＿月＿＿日至20＿＿＿年＿＿月＿＿日，在煤层区段＿＿＿＿＿＿＿＿＿，为了确定突出危险性，进行了探测和（或者）检查观测。

探测和（或者）检查观测结果记录在探测和（或者）检查观测记录簿中第＿＿＿＿＿页。

根据探测和（或者）检查观测结果，计算下列指标：

指　　标	数　值
煤层的平均强度 $q_{\text{cp. yr}}$（假定单位）	
煤层的平均硬度系数 $f_{\text{cp. yr}}$（假定单位）	
煤的强度变化系数 V_q/%	
煤的硬度系数的变化系数 V_f/%	
煤层厚度变化系数 V_m/%	
瓦斯最大涌出速度 g_{max}/(L·min^{-1})	

根据在巷道＿＿＿＿＿＿＿＿＿中完成的探测和（或者）检查观测结果，煤层区段＿＿＿＿＿＿＿＿＿＿属于煤与瓦斯突出无危险等级。

大气安全区区长＿＿＿＿＿＿＿＿＿＿＿＿＿＿（签名）

生产区区长＿＿＿＿＿＿＿＿＿＿＿＿＿＿＿＿（签名）

动力现象预测部门负责人＿＿＿＿＿＿＿＿＿＿（签名）

第二篇

在具有动力现象倾向煤层中安全作业的建议

俄罗斯联邦生态、技术及原子能监督局命令

2017 年 8 月 21 日   **№327**

为了推进工业安全规章的落实：

（1）批准所附的安全指南《在具有动力现象倾向煤层中安全作业的建议》。

（2）不应继续使用俄罗斯联邦矿山和工业监督机构 1999 年 11 月 29 日 87 号令批准的《在开采具有冲击地压倾向煤层的矿井中安全作业细则》（РД05－328－99）和俄罗斯联邦矿山和工业监督机构 2000 年 4 月 4 日№14 令批准的《在煤（岩）与瓦斯突出危险煤层中安全作业细则》（РД05－350－00）。

负责人：А. В. АЛЕШИН

1 总　　则

1.1　为了推进生态、技术及原子能监督局 2016 年 8 月 15 日 №339 令批准的《开采煤田时动力现象预测和岩体监测细则》在工业安全领域的落实，制定了安全指南《在具有动力现象倾向煤层中安全作业的建议》（又称《安全指南》）。

1.2　本《安全指南》供采用井下开采的煤炭企业的工作人员，科研机构和从事煤矿设计的工作人员，工业安全鉴定委员会，以及生态、技术及原子能监督局的工作人员使用。

1.3　本《安全指南》中，使用的约定符号见本《安全指南》附录 1。

1.4　本《安全指南》包含采用地下方法开采具有动力现象倾向煤层时保障工业安全的建议：

预防动力现象的工作组织；

开采具有动力现象倾向煤层时的设计文件；

在具有动力现象倾向煤层中的作业；

预防动力现象措施参数的确定；

预防动力现象的作业工艺；

开采具有动力现象倾向煤层时工作人员劳动安全条件的保证；

动力现象预防和预测新方法在矿井中的运用。

动力现象的调查和统计。

1.5　本《安全指南》中，包括预防动力现象的建议：

本《安全指南》附录 2 中的动力现象委员会的任务和职责；

本《安全指南》附录 3 中的动力现象预测部门的任务和职责；

本《安全指南》附录 4 中的动力现象预防和预测综合措施中的问题清单。

1.6　为了保证在具有动力现象倾向煤层中安全作业，煤炭企业可以使用《开采煤田时动力现象预测和岩体监测细则》和本《安全指南》中没有包含的动力现象预防和预测新方法。

动力现象预防和预测新方法在矿井中的运用程序见本《安全指南》附录 5。

1.7　作为对本《安全指南》的补充，工艺规程、国家标准、建设规范和规程、行业标准、企业标准和其他文件中的条款，不得与采用地下方法开采具有动力现象倾向煤层时的工业安全规章相抵触。

动力现象调查和统计的建议见本《安全指南》附录 6。

1.8　本《安全指南》不是标准的法律文件。

2 预防动力现象的工作组织

2.1 在煤田开采设计的章节中确定预防动力现象的技术方案，根据生态、技术及原子能监督局 2013 年 11 月 19 日 №550 令批准的工业安全领域的联邦规范和《煤矿安全规程》第 14 条的规定制定技术方案。

2.2 在具有动力现象倾向煤层中作业时，如果需要偏离工业安全领域的联邦法规和规程法定的工业安全规定，若这些规定不足和（或者）没有制定，负责准备建设、改造设计的人员根据 1997 年 7 月 21 日 №116 – Ф3 联邦法规《危险生产工程项目的工业安全》第 3 条第 4 部分制定有关规定。

在具有动力现象倾向煤层中安全作业的依据包括：计算、研究结果、类似条件下的作业经验。

2.3 制定有关设计文件和作业文件时，使用下列文件论证安全性：工业安全领域的联邦规范和规程，苏联国家标准，俄罗斯联邦国家标准，地质调查工作结果，矿体地球物理研究资料，科学研究工作报告，由地质单位和动力现象预防领域的专业机构完成的建议、结论和方法。

2.4 在开采具有动力现象倾向煤层的 3 个以上煤矿组成的煤炭企业中，成立预防煤矿动力现象措施实施与组织检查部门。煤炭企业技术负责人（总工程师）确定预防动力现象工程在煤矿的实施和组织检查程序。

2.5 在开采具有动力现象倾向煤层的煤炭企业中，成立煤矿动力现象预防和预测问题委员会（以下简称动力现象委员会）。煤炭企业负责人签署行政文件确定动力现象委员会成员，建议委派煤炭开采企业的技术负责人（总工程师）任动力现象委员会主席。除了煤炭企业的工作人员外，可以批准专业人员进入动力现象委员会工作。

2.6 动力现象委员会章程由煤炭企业负责人批准。

在动力现象委员会章程中，应指明动力现象委员会的任务和职责，以及工作程序。动力现象委员会的任务和职责见本《安全指南》附录 2。

2.7 根据煤炭企业技术负责人（总工程师）批准的年度计划组织开展动力现象委员会的工作。

在动力现象委员会会议上，研究煤层开采顺序、动力现象预测和预防等问题，并对这些问题提出提案。制定设计文件和作业文件时，使用动力现象委员会的提案。

动力现象委员会的会议要形成会议纪要，会议纪要由动力现象委员会负责人批准。

2.8 为了实施动力现象预测和预防效果检查工作，在煤炭企业或者其独立组织单位成立动力现象预测部门。

根据工时测定观测结果和（或者）相关使用文件，确定动力现象预测部门的人数。

动力现象预测部门的章程和其专家的职务细则由煤炭企业技术负责人（总工程师）批

准。章程中应指明动力现象预测部门的目的、职责、人员组成和业务程序。动力现象预测部门的任务和职责见本《安全指南》附录3。

2.9 建议委派在开采具有动力现象倾向煤层的煤矿中工作不少于2年的专业人员任动力现象预测部门的负责人。

动力现象预测部门的负责人和其专业人员在任命之前，根据训练大纲进行学习。

2.10 由煤炭企业技术负责人（总工程师）率领的委员会，对动力现象预测部门负责人和专业人员关于动力现象预测和预防的工业安全规章的知识进行检验，每年不少于1次。

动力现象预测和预防知识的检验结果要形成纪要。

2.11 根据动力现象预测和预防的工作量，以及它们实际实施的工时测定结果，确定动力现象预防部门专业人员的数量。

2.12 不建议吸收局外组织的专业人员来完成动力现象预测和预防效果检查。

2.13 动力现象预测部门实施的工程由地质矿山测量部门保障，地质矿山测量部门专业人员的行政任命文件由煤炭企业负责人签署。

2.14 为了实施动力现象预防措施，在煤炭企业中成立动力现象预防部门。

在经济不合理的情况下，动力现象预防工程由回采工区和（或者）准备巷道掘进工区的工作人员实施，这些人员要通过动力现象预防工程实施训练大纲的学习。

2.15 由动力现象预测部门专业人员完成的预测结果按技术负责人（总工程师）制定的程序传递给煤炭企业的专业人员。在查出"危险"等级煤层区段的情况下（以下简称危险等级），预测结果传递给在煤炭企业中执行作业指挥的专业人员（以下简称调度员）。

2.16 调度员接到"危险"等级后的行动程序在其职务细则中确定。

"危险"等级信息由调度员传递给煤炭企业技术负责人（总工程师）和"危险"等级巷道工区的负责人（其副职或者助手）。

2.17 当在巷道中查出"危险"等级时，停止这些巷道中与落煤有关的后续作业。

当查出"危险"等级时，停止与落煤有关作业的信息填入全矿井的派工簿中和"危险"等级工区的派工簿中。

2.18 当在巷道区段查出"危险"等级时，根据煤炭企业技术负责人（总工程师）的决定，局部或全面实施在设计文件或者作业文件中规定的动力现象预防措施。

2.19 动力现象预防措施实施之后，由动力现象预测部门进行措施效果检查。根据《开采煤田时动力现象预测和岩体监测细则》附录20对实施的动力现象预防措施进行效果检查。

效果检查结果报告给动力现象预测部门的负责人和调度员，并通过调度员向煤炭企业技术负责人（总工程师）汇报。

2.20 在巷道中实施动力现象预防措施和措施效果检查之后，根据在矿井派工簿和工区派工簿中记录的煤炭企业（总工程师）的书面指令，恢复与落煤有关的作业。

2.21 实施动力现象预测和预防措施效果检查之后，由动力现象预测部门的专业人员确定安全落煤深度。安全落煤深度要记录在：派工许可证中、工区派工簿中、现场动力现象预测牌板中。

2.22　预测牌板安装在回采巷道或者准备巷道进行动力现象预测和动力现象预防措施效果检查的工作地点。

在牌板上除了填写安全落煤深度之外，还要填写进行动力现象预测或者动力现象预防措施效果检查的日期和时间，以及完成这些工作的工作人员姓名和签名。

使用自动化方法进行动力现象预测和预防措施效果检查时，在派工许可证和牌板上不填写预测或者检查结果。

使用仪表方法进行动力现象预测和预防措施效果检查时，安全落煤深度由进行动力现象预测或者预防措施效果检查的专业人员传达给在准备或者回采工区的专业人员。

使用自动化方法进行动力现象预测和预防措施效果检查时，将动力"危险"等级区段的信息和无效的信息传达给在准备或者回采工区的专业人员和煤炭开采企业技术负责人（总工程师）。

2.23　进行动力现象预测和实施动力现象预防措施的派工许可证在煤炭企业中的保存期限不少于1年。它们的保存程序由煤炭企业技术负责人（总工程师）确定。

2.24　动力现象预测和预防措施效果检查结果填入相应的记录簿中，其推荐样式见《开采煤田时动力现象预测和岩体监测细则》附录15，以及包含回采工作面或者准备工作面推进草图的矿山图表测量文件中（以下简称平面图）。平面图的比例为1∶200或者1∶1000。在平面图上标注矿山测量坐标。平面图由动力现象预测部门、准备和回采工区负责管理。

根据人工声学信号参数进行动力现象预测和预防措施效果检查时，将人工声学信号参数填入预测结果记录簿中：在一个班内，证实岩体无危险状态的预测结果次数及查出"危险"等级的预测结果。

使用仪表方法进行动力现象预测和预防措施效果检查时，在准备和回采工区的平面图上标注每班起始工作面的位置，在动力现象预测部门的平面图上标注动力现象预测和预防措施效果检查时的工作面位置。

3 开采具有动力现象倾向煤层的矿井设计文件

3.1 井田开拓、开采方法，以及井田开采顺序的选择应考虑动力现象区域预测和煤田地质动力区划工作成果。

根据《开采煤田时动力现象预测和岩体监测细则》附录 3 和本《安全指南》附录 7 中的煤田地质动力区划建议，进行地下资源区域地质动力区划。

3.2 井田开拓和开采方法的选择应考虑整个井田范围内煤层的开采，其中包括无动力现象危险的煤层。

3.3 设计开采具有动力现象倾向煤层的矿井时，应规定首先开采保护层。每个矿井选择煤层组的开采顺序时，建议根据《矿井开采煤层组时岩体突出和冲击危险状态区域管理的远景地质力学简图》（列宁格拉德，全苏矿山地质力学和矿山测量科学研究所，1990）规定该矿井的煤层组开采顺序。

3.4 在开采具有动力现象倾向煤层矿井的设计文件中，应规定煤层开采不允许无根据地留设煤柱。

3.5 在具有动力现象倾向煤层的开拓和准备设计方案中，应规定：

最大限度地利用保护层的超前开采；

巷道横穿煤层的次数最少；

在未被保护的煤层中使用壁式开采法；

巷道无重新支护的最大使用周期。

根据矿山地质条件，在具有突出倾向的煤层中不能使用壁式开采法时，使用连续开采法或者混合开采法。在具有突出倾向的煤层中使用连续开采法或者混合开采法必须在开采具有动力现象倾向煤层矿井的设计文件中进行论证。

巷道断面和其支护参数应使巷道在整个服务期限内无须重新支护。

3.6 在具有动力现象倾向煤层的矿山压力升高带中，使用锚杆支架支护巷道的依据在开采动力现象倾向煤层矿井的设计文件中进行论证。

在冲击地压危险煤层的地质破坏影响带及矿山压力升高带中，使用所有类型的支架或者混合使用支架来支护巷道的依据在开采具有动力现象倾向煤层矿井的设计文件中进行论证。

3.7 开采具有冲击地压倾向的陡直煤层时，在开采具有动力现象倾向煤层矿井的设计文件中应规定：

回采单元使用下行开采顺序，前探巷道的数量最少；

要使用机械化综合机组、地盾或者地盾机组，以及回采工作面沿煤层倾斜推进。

3.8 开采突出危险煤层时，在开采具有动力现象倾向煤层矿井的设计文件中应规定：

使用连续开采方法时，输送机平巷工作面超前回采工作面的距离不小于 100 m；

井田使用分区通风方式；

回采区段采用对回采工作面回风流掺新风的通风方式；

准备巷道使用独立通风方式；

岩石巷道距离突出危险煤层不少于 5 m。

3.9　在具有冲击地压倾向的煤层中，在与巷道掘进、支护、维护和矿物开采有关的作业文件（以下简称《作业文件》）中应规定：

使用全部冒落法放顶时，保证岩石冒落步距最小的措施；

顶板充分拉紧；

在断裂的地质破坏面附近，安装补充支架。

4　动力现象预测和预防综合措施的制定和批准程序

4.1　依据井巷工程年度扩展计划制定动力现象预测和预防综合措施，井巷工程年度扩展计划根据国家矿山技术监督局1999年11月24日№85令批准的《井巷工程年度扩展计划编制细则》编制。

4.2　动力现象预测和预防综合措施由动力现象委员会审查，由煤炭企业技术负责人（总工程师）批准。

4.3　制定回采巷道和准备巷道的作业文件时，使用动力现象预测和预防综合措施。

4.4　动力现象预测和预防综合措施包含的问题见本《安全指南》附录4中的建议清单。

5　在具有动力现象倾向煤层中的作业

5.1　具有动力现象倾向煤层的揭露

5.1.1　具有冲击地压倾向煤层的揭露

1. 建议使用在被保护带中掘进的岩石巷道揭露具有冲击地压倾向的煤层。被保护带和矿山压力升高带的绘制方式见本《安全指南》附录8。

2. 在预测为"危险"等级的情况下，使用巷道揭露煤层时，将该巷道及其周边的煤层区段转化为无冲击危险状态，巷道轮廓周边的控制范围为保护带宽度 n。

根据《开采煤田时动力现象预测和岩体监测细则》附录8确定保护带宽度。

5.1.2　具有突出倾向煤层（或厚度大于0.3 m煤线）的揭露

3. 使用巷道揭露具有突出倾向的煤层或者厚度大于0.3 m的煤线时，必须实施：

（1）利用钻孔探测煤层相对于揭露巷道工作面的位置。

（2）揭露地点煤层突出危险性预测。

（3）在突出危险性指标为危险值的情况下，执行突出预防措施。

（4）突出预防措施效果检查。

（5）远距离控制掘进机。

（6）煤层揭露和穿过时的目视观察检查。

（7）在巷道与煤层交叉点修建强化支架。

（8）巷道离开煤层时的检查。

4. 在煤层揭露地点，经预测查明突出危险性指标为危险值的情况下，采取突出预防措施揭露突出威胁或者突出危险煤层。

突出预防措施和其效果检查实施之后，以震动爆破方式或者远距离控制掘进机揭露煤层。

在煤层揭露地点，经预测查明突出危险性指标为无危险值的情况下，实施突出预防措施之后，准许使用远距离控制的掘进机揭露突出煤层，或者使用俄罗斯技术监督局

2013年12月16日№605令批准的《爆破作业安全规程》规定的打眼爆破方法揭露突出煤层。

5. 揭露特别危险的煤层区段时，需要实施突出预防措施。

6. 借助于打眼爆破作业掘进的巷道揭露和穿过突出危险煤层时，当巷道工作面接近突出危险煤层法向距离不小于4 m时，应转换为震动爆破方式。当巷道工作面离开突出危险煤层法向距离不小于4 m时，停止执行震动爆破方式。

当揭露巷道与沿煤层已掘好的巷道贯通时，以及当揭露巷道接近突出威胁煤层时，从法向距离不小于2 m处开始执行震动爆破。

借助于掘进机掘进的巷道揭露突出危险或者突出威胁煤层时，在预测查明为"危险"等级的情况下，从巷道工作面至被揭露煤层的法向距离不小于 2 m 处开始远距离控制掘进机，直至揭露巷道工作面离开煤层的法向距离不小于 2 m 为止。

7. 根据《爆破作业安全规程》实施震动爆破。

8. 在煤线厚度不超过 0.3 m 的条件下，准许不进行突出危险性预测和执行突出预防措施，以震动爆破方式或者远距离控制掘进机揭露煤线。

9. 使用打眼爆破方法揭露突出威胁和突出危险煤层，以及穿过煤线时，在陡直煤层（煤线）的情况下，当揭露巷道至煤层（煤线）的法向距离不小于 2 m 时，在缓倾斜、倾斜和急倾斜煤层（煤线）的情况下，当揭露巷道至煤层（煤线）的法向距离不小于 1 m 时，一次爆破揭露突出威胁、突出危险煤层和穿过煤线。

10. 揭露煤层（煤线）之前，从至煤层（煤线）不同的法向距离实施突出预防措施：

对于倾角 55° 以下的煤层，法向距离不小于 2 m；

对于倾角 55° 以上的煤层，法向距离不小于 3 m。

在揭露煤层（煤线）之前实施的突出预防措施应保证被揭露煤层的控制范围不小于巷道轮廓周边 4 m。

11. 使用打眼爆破方法掘进的井筒揭露突出危险煤层时，在井筒全断面一次爆破穿过煤层全厚的情况下，在煤层揭露地点可以不执行突出危险性预测和突出预防措施。

12. 当揭露巷道至突出危险煤层的法向距离小于 4 m 时，建议将指派到该工作面进行作业的工人数量降到最少，能够保证掘进工艺循环即可。

从井筒工作面至突出危险煤层的法向距离小于 6 m 处开始，该工作面允许的工人数量由提升容器的容积限定。

5.1.3 立井揭露煤层时的突出预防措施

13. 在立井中，至煤层法向距离 10 m 时探测煤层的位置；至煤层法向距离不小于 3 m 时，预测揭露地点煤层的突出危险性。

14. 立井揭露煤层时，为了预防突出，采取以下措施：

（1）施工排放钻孔。

（2）煤层水力松动。

（3）修建骨架支架。

在复杂矿山地质条件下允许综合使用这些措施。

15. 钻凿法施工立井时，在地面遥控井筒掘进凿岩设备的条件下，准许不采取突出预防措施揭露突出危险煤层。

5.1.3.1 施工排放钻孔

16. 排放钻孔布置方式如本《安全指南》图 5 – 1 至图 5 – 4 所示。

从至煤层法向距离 2 m 处施工排放钻孔。

揭露煤层时，排放钻孔直径 80 ~ 100 mm；穿过厚度 4 m 及以上缓倾斜和倾斜煤层，以及任意厚度的陡直煤层时，排放钻孔直径 200 ~ 250 mm。

在工作面平面内，排放钻孔距离巷道轮廓不大于 0.75 m，钻孔之间的距离不大于 1.5 m。

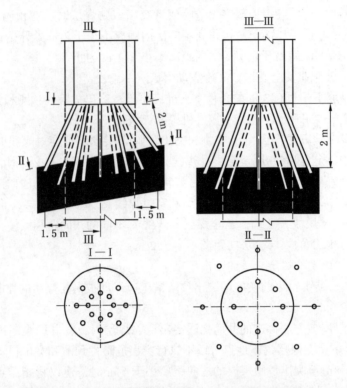

图 5-1　揭露倾斜和缓倾斜煤层时的排放钻孔布置方式

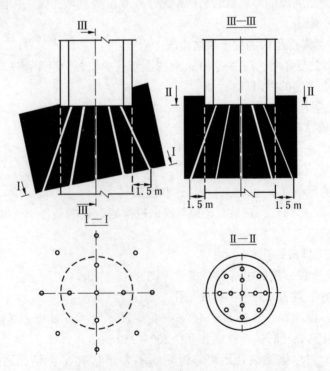

图 5-2　穿过厚度大于 4 m 倾斜和缓倾斜煤层时的排放钻孔布置方式

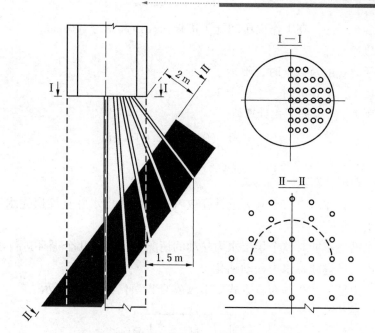

图 5-3 揭露陡直煤层时的排放钻孔布置方式

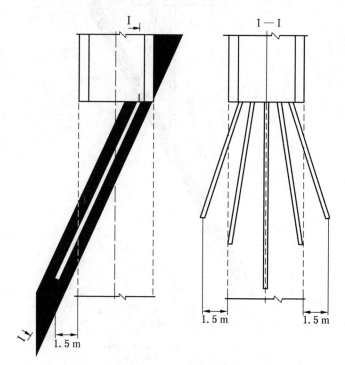

图 5-4 穿过陡直煤层时的排放钻孔布置方式

根据排放钻孔超前工作面不小于 2 m 确定排放钻孔长度。

5.1.3.2 煤层水力松动

17. 当立井工作面接近煤层法向距离不小于 3 m 时，进行煤层水力松动。

在立井工作面施工的钻孔：注水钻孔和煤层瓦斯压力测定钻孔沿着工作面的轮廓施

工，直径为 42~60 mm；在工作面中间施工检查钻孔，直径为 100 mm。

注水钻孔数量：

当立井直径为 6 m 及以上时，不少于 7 个；

当立井直径不大于 6 m 时，不少于 5 个。

煤层注水压力 $P_{\text{наг}}$ 根据下式计算：

$$P_{\text{наг}} = 10^{-2}(0.75 \sim 2.0)\gamma_{\text{пор}}H \qquad (5-1)$$

式中　$\gamma_{\text{пор}}$——岩石容重，t/m^3；

　　　H——煤层埋藏深度，m。

依次向每个钻孔注水，直至其邻近钻孔或者检查钻孔出水并且煤层注水压力 $P_{\text{наг}}$ 的下降值不小于 30% 为止。

在一个注水循环不能对整个煤层水力松动的情况下，采用几个循环进行水力松动。为此，随着工作面的推进施工水力松动钻孔。

陡直煤层水力松动钻孔的布置方式如本《安全指南》图 5–5 所示。

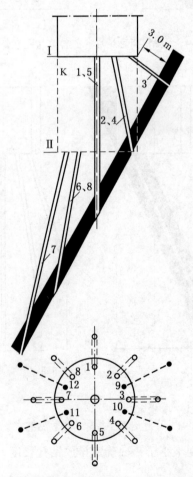

1~8—煤层水力松动钻孔；9~12—瓦斯压力测量钻孔；K—巷道轮廓；Ⅰ、Ⅱ—水力松动循环

图 5–5　陡直煤层水力松动钻孔的布置方式

5.1.3.3　修建骨架支架

18. 为了安装骨架支架，从距离被揭露煤层法向距离 2m 开始，在揭露巷道的轮廓之外，沿着井筒周长施工直径 60~80 mm 的钻孔。钻孔布置应保证在煤层顶板平面内钻孔之间的距离不大于 0.5 m。

沿煤层施工的钻孔相对于巷道轴线的角度，应保证立井轮廓至钻孔底部的距离不小于 1.5 m，而在揭露煤层的情况下，当目前掘进段的工作面处于煤层顶板岩石中时该距离不小于 1 m。

骨架支架采用直径 36~38 mm 的周期型剖面金属杆或者直径 40~50 mm 的金属管建造。金属杆（管）的一端插入钻孔中不少于 2 m，并用水泥浆固定。金属杆（管）的自由端固定在立井的永久支架上。

当安装金属杆（管）的钻孔穿过煤层底板的法向距离不小于 1 m 时，停止修建骨架支架。

使用立井揭露陡直煤层时，从距离被揭露煤层法向距离不小于 2 m 处开始安装骨架支架。

19. 骨架支架安装完成不少于 1 天之后，才能实施立井掘进作业。

5.1.4　石门或者其他岩石巷道揭露煤层时的突出预防措施

20. 构成独立通风之后，使用水平或者倾斜岩石巷道（以下简称岩石巷道）揭露井底车场范围之外的煤层。

21. 岩石巷道揭露煤层时，为了预防突出，采取以下措施：

（1）施工排放钻孔。

（2）煤层水力松动。

（3）煤层润湿。

（4）修建骨架支架。

（5）在复杂矿山地质条件下使用以上一种或者几种措施。

5.1.4.1　施工排放钻孔

22. 在煤层厚度小于 3 m 的情况下，施工直径 80~100 mm 的排放钻孔。应保证排放钻孔在煤层中的终点位置处于揭露巷道轮廓之外不小于 0.5 m 处，而排放钻孔孔口之间的距离不超过 1 m。

23. 在煤层厚度大于 3 m 的情况下，施工直径 10~250 mm 的排放钻孔。排放钻孔的数量应保证被揭露煤层的处理带处于煤层巷道轮廓中，并且扩展到巷道轮廓以外的法向距离不小于：

对于缓倾斜煤层，不小于 1.5 m；

对于陡直或者倾斜煤层，不小于 2 m。

24. 排放钻孔数量 $n_{\text{др}}$ 的确定：

揭露缓倾斜煤层时：

$$n_{\text{др}} = \frac{(a_1 + 2b_{\text{обр}})(h + b_{\text{обр}})}{6.8\sin\alpha} \qquad (5-2)$$

揭露陡直或者倾斜煤层时：

$$n_{\text{др}} = \frac{(a_1 + 2b_{\text{обр}})(h + b_{\text{обр}})}{5.2\sin\alpha} \tag{5-3}$$

式中　　a_1——巷道掘进原始宽度，m；

　　　　$b_{\text{обр}}$——巷道轮廓外沿煤层处理条带法向的宽度，m；

　　　　h——巷道掘进原始高度，m；

　　　　α——煤层倾角，（°）。

25. 在煤层厚度大于3.5 m或者煤层倾角小于18°的情况下，随着工作面的推进施工排放钻孔，施工间隔应保证煤层被处理带的最小超前距不小于5 m。从排放钻孔施工的第二个循环开始，在揭露巷道工作面紧靠煤岩体安装防护板。当出现突出前的事件时，停止排放钻孔施工，时间不少于5 min。

5.1.4.2　煤层水力松动

26. 煤层水力松动钻孔直径为45~60 mm。

揭露陡直煤层时，煤层水力松动钻孔的布置方式如本《安全指南》图5-6所示。

揭露缓倾斜、倾斜和急倾斜煤层时，煤层水力松动钻孔的布置方式如本《安全指南》图5-7所示。

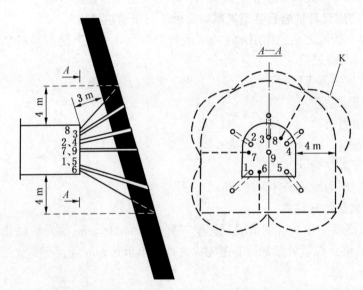

1~5—煤层水力松动钻孔；6~8—瓦斯压力测量钻孔；9—检查钻孔；K—被处理煤体的轮廓

图5-6　揭露陡直煤层时水力松动钻孔布置方式

揭露缓倾斜、倾斜和急倾斜的薄及中厚煤层时，随着工作面的推进施工水力松动钻孔，施工间隔应保证煤层被处理带的最小超前距不小于4 m。

27. 依次向每个钻孔注水，直至其邻近钻孔或者检查钻孔出水并且煤层注水压力$P_{\text{наг}}$的下降值不小于30%为止。

5.1.4.3　煤层润湿

28. 煤层润湿钻孔直径为40~100 mm。

对于陡直厚煤层的润湿，由揭露巷道施工1个水平钻孔，穿过煤层全厚。

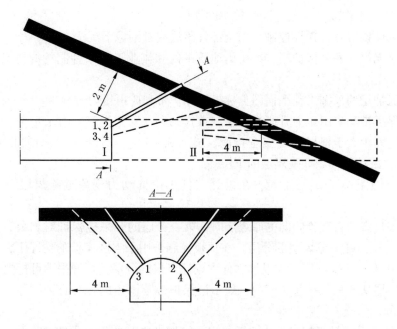

1~2—煤层水力松动钻孔；3~4—瓦斯压力测量钻孔；Ⅰ、Ⅱ—煤层处理循环

图 5-7　揭露缓倾斜、倾斜和急倾斜煤层时水力松动钻孔布置方式

对于缓倾斜和倾斜厚煤层的润湿，施工不少于 2 个钻孔。在距揭露巷道侧边最小距离处施工煤层润湿的边缘钻孔。

29. 每个钻孔的注水量按照每处理 1 t 煤注入 0.04 m³ 的标准计算。

5.1.4.4　修建骨架支架

30. 揭露以松软、松散煤层和软岩为代表的陡直和急倾斜薄及中厚煤层时，为了预防揭露过程中的煤岩冒落，施工排放钻孔和进行水力松动时需要修建骨架支架。

31. 在揭露巷道工作面施工直径 40~60 mm 的钻孔时安装骨架支架，骨架支架的排距不大于 0.3 m。钻孔穿过煤层之后，向岩石中的施工深度不小于 0.5 m。

32. 在钻孔中安装直径不小于 32 mm 的周期型剖面金属杆或者直径 40~50 mm 的金属管。在金属杆（管）的伸出端下方架设钢筋混凝土支架或者金属支架，并与金属杆（管）连接起来，用 5~6 个长度不小于 1.5 m 的锚杆固定在岩体中。

33. 在复杂地质条件下，通过安装第二排支架减小骨架支架之间的距离。

34. 揭露不稳定围岩中的煤层时，钻孔充满胶合剂，而骨架支架的伸出端与其下方安装的支架一起用厚度不小于 0.3 m、宽度不小于 2 m 的混凝土层覆盖。

35. 骨架支架不得拆除。

5.2　煤层组的开采顺序

36. 煤层组采用下行、上行或者混合顺序开采。

37. 在煤层组中首先开采无危险的保护层。如果煤层组中所有煤层都是动力现象威胁或者危险煤层，则先开采危险性较小的煤层。根据《开采煤田时动力现象预测和岩体监测细则》确定煤层组中动力现象危险性较小的煤层。

38. 开采保护层时，顶板控制采用全部冒落法或者平稳下沉法。

39. 建议无煤柱开采保护层。在矿山地质条件和作业工艺条件制约的情况下，在保护层中开采可以留设煤柱。

40. 在保护层的采掘工程平面图上标出被保护带和矿山压力升高带。

41. 被保护带和矿山压力升高带的绘制方式见本《安全指南》附录8。

42. 当层间距大于根据本《安全指南》式（5-4）、式（5-5）计算的最小层间距 $h_{\text{м. пл. min}}$ 时，先采动力现象危险煤层的下层。

43. 当层间距小于 $h_{\text{м. пл. min}}$ 时，在设计文件中论证动力现象危险煤层下层先采的可行性。

44. 开采具有动力现象倾向的厚煤层时，第一分层的开采应保证对剩余分层的保护作用。采用下行顺序开采厚煤层的分层。在顶板控制采用采空区充填的情况下，厚煤层分层开采可以采用上行开采顺序。在设计文件中论证厚煤层分层上行开采的可行性。

45. 保护层从开采之日起5年内，处于被保护带范围内的、具有冲击地压倾向的煤层视为无冲击地压危险。

保护层从开采之日起超过5年之后，以及在期满之前处于地质破坏带中，其中包括侵入岩，在冲击危险煤层开采之前，在设计文件中评价保护作用效果，并论证其按无冲击危险煤层开采的可行性。

46. 在冲击危险煤层顶板中赋存有厚度10 m并且强度大于250 MPa的层状侵入体的情况下，在被保护层中被保护带的发育距离超过层间距厚度的2倍。

5.3　具有动力现象倾向煤层的井田开拓和准备

47. 开拓和准备具有动力现象倾向煤层的井田时，应考虑煤田地质动力区划结果：查明的构造块段和存在的地质破坏。

5.3.1　具有冲击地压倾向煤层的井田开拓和准备

48. 在矿山压力升高带之外揭露具有冲击地压倾向的煤层。

49. 为了维护主要的煤层巷道，需要留设煤柱（以下简称保护煤柱）。保护煤柱的宽度 $l_{\text{охр. цел}}$ 根据本《安全指南》附录9确定。

50. 为了维护沿具有冲击地压倾向煤层掘进的准备巷道，采取混合维护方法，包括留设可让压煤柱和修建防护条带。

沿巷道两帮、距离煤柱不小于1 m修建防护条带，煤柱宽度等于3 m，但不小于3 m。

51. 准备巷道混合维护方法的参数在设计文件中论证。

52. 在无冲击地压倾向的煤层中掘进和修建服务期限大于5年的硐室。

在具有冲击地压倾向的煤层中掘进服务期限小于5年的硐室，其前提条件是将煤层区段转化为无冲击危险状态，区段控制范围超过硐室两侧不少于 $2n$。

5.3.2　具有突出倾向煤层的井田开拓和准备

53. 选择揭煤工艺、采掘作业方法、煤与瓦斯突出预防措施，以及为实现该目的必需的装备时，建议使用《煤与瓦斯突出危险煤层工艺方案》和《在突出危险的厚及中厚煤层中使用掘进机掘进准备巷道时，煤与瓦斯突出预测和预防方案与工艺》（克麦罗沃，东部煤炭工业安全工作科学研究所，1989）。

5.4 巷道掘进

5.4.1 具有冲击地压倾向煤层的巷道掘进

54. 冲击地压危险煤层中准备巷道的掘进应在回采工作面支承压力影响带之外进行。

在回采工作面支承压力带 l，准备巷道应采用打眼爆破方法或者遥控距离不小于 15 m 的掘进机掘进。在这些巷道中，风镐应在"无危险"等级的区段使用。

55. 当巷道工作面出现冲击地压前的事件时，进行冲击危险性局部预测，在查明为"危险"等级的情况下，采取措施将煤层转化为无冲击危险状态。

56. 具有冲击地压倾向陡直煤层中的倾斜准备巷道应沿煤层倾向掘进。

57. 当 2 条相向掘进的巷道贯通时，在其中的 1 个工作面进行作业，另 1 个工作面停止作业。

当 2 条相向掘进的巷道贯通时，或者准备巷道与现有巷道贯通时，从距离不小于 $0.3l$ 处开始，工作面每推进不大于 3 m，进行 1 次冲击危险性预测。

在确定为"危险"等级的情况下，当巷道之间的距离为 $0.3l \sim 0.2l$ 时，采取冲击地压局部预防措施，当巷道之间的距离为 $0.2l$ 并小于煤柱宽度时，在掘进巷道前方实施冲击地压预防措施，1 个循环将全部区域内的煤层转化为无冲击危险状态。

当根据工作面每推进不大于 3 m 的预测结果确定为"无危险"等级时，该煤柱无须转化为无冲击危险状态。

58. 当埋藏深度大于 800 m 时，沿冲击危险岩层掘进巷道之间的距离不小于大断面巷道宽度的 4 倍。这些巷道与联络巷之间的角度不小于 70°。

59. 在回采工作面前方，巷道重新支护应在回采工作面支承压力影响带 l 之外进行。

60. 在被保护带之外的巷道交叉地点，为了支护具有冲击地压倾向煤层中的巷道，采用可压缩金属支架，并与巷道的顶板和侧帮完全贴紧并充填，或者与其他类型的支架组合使用。

61. 沿具有冲击地压倾向煤层掘进的巷道，重新支护区段之间的距离应不小于 20 m。

62. 作业地点之间的距离满足下列条件的情况下，在同一个工作班可以进行巷道重新支护和卸压钻孔施工：在"无危险"等级的情况下，不小于 20 m；在确定为"危险"等级的情况下，不小于 l。

63. 在具有冲击地压倾向的煤层中，从掘进巷道的两侧将煤柱转化为无冲击危险状态。在"危险"等级的情况下，煤柱宽度为 $0.1l \sim 0.4l$ 时，煤柱全部转化为无冲击危险状态。当煤柱宽度大于 $0.4l$ 时，将煤柱边缘宽度不小于 $1.5n$ 的区域转化为无冲击危险状态。

64. 在具有冲击地压倾向的煤层中开采煤柱时，预防冲击地压的措施见本《安全指南》附录 10。

65. 在岩石侵入体蔓延区域掘进巷道时，制定预防煤和岩石弹射的措施。

预防煤和岩石弹射的措施由动力现象委员会审查。

在冲击地压危险煤层中，在其直接顶板或者底板中赋存有厚度 5 m 以上的层状侵入体时，不要凿穿掘进巷道底板或者侧帮中的侵入体。

各种用途的硐室和车道应在侵入体之外掘进和布置。

开切眼（安装硐室）应在挥发分 V^{daf} 最小的煤层区段掘进，而回采作业应向远离侵入体影响带的方向进行。

在侵入体影响带中，开切眼（安装硐室）的布置方式如本《安全指南》图 5 - 8 所示。

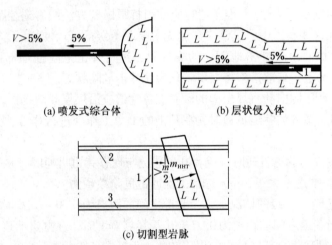

(a) 喷发式综合体　　　　　　　(b) 层状侵入体

(c) 切割型岩脉

1—开切眼；2—通风平巷；3—运输平巷；$m_{инт}$—切割型侵入体的厚度

图 5 - 8　侵入体影响带中开切眼（安装硐室）的布置方式

66. 在具有冲击地压倾向的煤层中，地质破坏影响带中的作业根据本《安全指南》附录 11 进行。

5.4.2　具有突出倾向煤层的巷道掘进

67. 在开采突出危险煤层的矿井中，岩石巷道至突出危险煤层的法向距离不得小于 5 m。

68. 突出危险煤层中的倾角大于 10°的准备巷道应由上向下掘进。

在突出威胁煤层中，倾角为 25°以上的准备巷道应由上向下掘进。该巷道由下向上的掘进方案应在设计文件中论证。

69. 在突出威胁并且不易冒落的陡直煤层中，暗井由下向上掘进的方案应在设计文件中论证。

70. 在具有突出倾向煤层的被保护带中由下向上掘进准备巷道时，根据俄罗斯国家技术监督局 2011 年 12 月 1 日 №678 令批准的《煤矿大气瓦斯检查条例》进行大气瓦斯检查。

71. 在具有突出倾向煤层的地质破坏带中，巷道掘进作业根据本《安全指南》附录 11 进行。

5.5　回采作业

5.5.1　具有冲击地压倾向煤层的回采作业

72. 在具有冲击地压倾向的煤层中，采取以下顶板控制方法：在采空区中岩层全部冒落或者局部冒落，或者采空区充填。在难冒落顶板悬挂的情况下，采取顶板强制冒落措施。在该煤层中其他顶板控制方法的应用由动力现象委员会会议审查。

73. 开采具有冲击地压倾向的煤层时，采取保证回采工作面平直度的措施。

在刨煤机回采煤层的情况下，回采工作面向煤体方向内凹。

74. 在陡直和急倾斜煤层的倒台阶回采工作面，在最大可能高度的情况下，建议台阶之间的距离不大于 3 m。

75. 在距离回采工作面小于 l 的巷道中，当查出巷道为"危险"等级时，将回采工作面前方长度为 l 的区段转化为无冲击危险状态。而且，回采工作面前方 $0.5l$ 范围内煤层区段的转化作业在回采工作面停工的条件下进行。

76. 在具有冲击地压倾向的煤层中，回采工作面接近前探巷道至 $0.7l$ 之前，将前探巷道中两侧的煤层转化为无冲击危险状态，其中向着回采工作面侧的控制范围不小于 $0.4l$，另一侧的控制范围不小于 l。

77. 在不执行上述措施的情况下，在回采工作面进行作业时，前探巷道不得有人。

78. 当预测查明为"危险"等级时，煤层边缘部分转化为无冲击危险状态煤层区段的宽度根据下式计算：

$$l_{защ} = n + b \qquad\qquad (5-4)$$

式中　n——煤层边缘部分防护带宽度，m；

　　　b——工作面循环推进度，m。

79. 在具有冲击地压倾向的煤层中，因矿山地质和矿山工艺条件限制不能采用其他开采方法的井田采区，采用房柱式开采方法。采用房柱式开采方法时，回采作业要保留尺寸不大于 $0.1l$ 的可压缩煤柱和能够保持基本顶（基本顶长度为其极限跨度的 0.8 倍时）稳定挠度的支承煤柱，并且连续监测煤柱的应力应变状态。

80. 转化为无冲击危险状态的煤层边缘部分宽度 $l_{защ}$ 的取值：

在刨煤机落煤和截深宽度不大于 0.8 m 的采煤机落煤的情况下，不小于 $0.7n$；

在使用打眼爆破方法或者风镐落煤的情况下，以及截深宽度大于 0.8 m 的采煤机落煤的情况下，为 n；

在打眼爆破的情况下，为 $1.3n$。

81. 背斜和向斜褶皱转折部的煤层开采根据本《安全指南》附录 11 进行。

82. 在断裂破坏处或者内角 $20° < \beta < 130°$ 的褶皱处，回采作业根据本《安全指南》附录 11 进行。

83. 在沿断裂破坏或者褶皱轴由上向下掘进的前探倾斜巷道中，在巷道侧帮宽度不小于 $1.3n$ 的条件下，不采取动力现象预防措施。

84. 倒台阶回采工作面根据本《安全指南》图 5 - 9 所示的方式通过陡直煤层的断裂破坏。

倒台阶回采工作面通过落差 5 m 以下的断裂破坏的前提条件是，位于这些破坏上方的台阶超前于下部台阶不小于 8 m。

85. 应使用无煤柱连续工作面通过落差小于 1 m 的断裂破坏，而且禁止采掉破坏地点的台阶角煤。

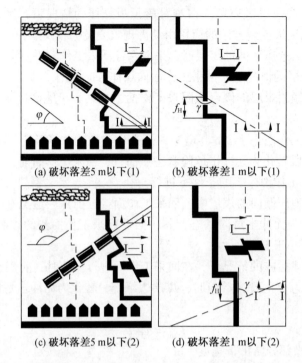

（a）破坏落差5 m以下（1）　　（b）破坏落差1 m以下（1）

（c）破坏落差5 m以下（2）　　（d）破坏落差1 m以下（2）

图5-9　倒台阶回采工作面通过方式

当破坏向工作面方向倾斜时，如果台阶底部到破坏移动平面的距离在 $25° < \gamma < 50°$ 的条件下不小于 20 m，在 $50° \leqslant \gamma < 75°$ 的条件下不小于 10 m，则每个台阶与上部台阶成双出现。

当破坏向远离工作面方向倾斜时，如果台阶底部到破坏移动平面的距离在 $25° < \gamma < 50°$ 的条件下不小于 12 m，在 $50° \leqslant \gamma < 75°$ 的条件下不小于 10 m，则每个台阶与上部台阶成双出现。

86. 在断层两翼错距超过 10 m 并且破坏落差超过煤层厚度的条件下，顺着同向逆断层和同向正断层翼部的回采作业可以同时在两个方向进行。

87. 在具有冲击地压倾向的陡直和急倾斜煤层中，其顶板能够在采空区大面积悬挂时，将回采区段划分为 2 个亚阶段。上部亚阶段使用短采面开采，下部亚阶段使用留煤柱采面开采。

88. 亚阶段的参数由动力现象委员会会议审查。

5.5.2　具有突出倾向煤层的回采作业

89. 在具有突出倾向的陡直煤层中，落煤作业通过使用掩护式机组的倾向采面、远距离控制采煤机或者风镐落煤的走向采面进行。

在回采工作面为倒台阶形状的情况下，对于厚度 1 m 以下的煤层，建议台阶之间的距离不大于 3 m；对于厚度 1 m 以上的煤层，建议台阶之间的距离不大于 4 m。

90. 在突出危险煤层中，使用采空区全部冒落法或者全部充填法管理回采工作面顶板。

91. 在下列情况下，在厚度小于 0.8 m 的煤层中使用刨煤机落煤，而沿采面不采取突出预防措施：

在采面无人及从回风流至掺新风之间的巷道段中无人的情况下，沿采面全长进行落煤；

矿井矿山测量部门每月不少于 2 次检查采面的平直度。

92. 在具有突出倾向、顶板不稳定的煤层中，在装备有刨煤机的回采工作面，落煤作业可以分区段进行的条件是：单个区段长度不大于 80 m，截深深度不超过 0.8 m。建议这些区段长度不超过 25 m，而区段之间的过渡段长度不超过 16 m。

93. 在特别突出危险的煤层区段，通过控制台控制刨煤机，控制台位于新鲜风流中，距离采面不小于 15 ~ 25 m。

在连续开采的情况下，保证超前平巷中无人。

94. 在煤层厚度大于 0.8 m 的装备有刨煤机的采面进行落煤作业时，要进行突出危险性日常预测，并在查明为"危险"等级区段采取突出预防措施。

5.6　具有突然散落倾向的陡直和急倾斜煤层的作业

95. 在本《安全指南》中，下列现象被理解为突然散落：

（1）在煤层中形成的沿煤层倾斜线方向的孔洞。

（2）破碎的煤以自然边坡角在巷道中分布。

（3）在巷道中出现短时间的瓦斯涌出量增大。

96. 在具有突然散落倾向的陡直和急倾斜煤层中，当预测为"危险"等级时，煤层边缘部分转化为无冲击危险状态的宽度 $l_{\text{зап}} \geqslant 0.7n$。

97. 在具有突然散落倾向的陡直和急倾斜煤层的倒台阶回采工作面，采取突然散落预防措施：

（1）加强悬垂煤体的支护，特别是台阶的煤柱角煤。

（2）保持回采工作面向煤体方向的最大倾斜度。

98. 在具有突然散落倾向的陡直和急倾斜煤层中，准备巷道由上向下掘进。

5.7　动力现象预防措施

99. 动力现象预防措施分为：区域措施、局部措施。

（1）区域措施包括：

①保护层超前开采，其中包括保护层局部开采。

②煤层水力化处理。

③煤层瓦斯抽放。

（2）局部措施包括：

①施工卸压钻孔。

②煤层水力化处理。

③药壶爆破。

可以采用单个措施或者组合措施来预防动力现象。

5.7.1　动力现象预防区域措施

5.7.1.1　保护层超前开采

100. 超前开采能够保证在被保护煤层中作业时，无动力现象的煤层是保护层。

101. 煤层组中煤层的开采顺序应保证动力现象危险和（或者）威胁最多的煤层得到有效保护。

102. 通过以下开采顺序，使整个阶段的煤层得到保护：

（1）在上部水平保护层采完的条件下，危险和（或者）威胁煤层上层先采。

（2）在下部水平保护层采完并且超前 1 个及以上阶段的条件下，危险和（或者）威胁煤层下层先采。

能够保证整个阶段煤层得到保护的保护层和被保护层开采方案如本《安全指南》图 5 – 10a、图 5 – 10b 所示。

不能保证整个阶段煤层得到保护的保护层和被保护层开采方案如本《安全指南》图 5 – 10c、图 5 – 10d 所示。

剩下未被保护的被保护层区段具有增高的动力现象危险性。

103. 在陡直煤层中局部保护的情况下，在阶段下部未被保护区域中进行作业的条件：

（1）在危险区域采用沿煤层倾向壁式开采方法。

（2）采面按无留矿房方式工作，回采巷道通向运输平巷的安全出口构筑在采空区中，而采煤机落煤时回采巷道工作面不得有人。

104. 突出危险煤层下层先采时，保护层与被保护层之间的最小容许层间距 $h_{\text{м. пл. min}}$ 根据下式确定：

当 $\alpha_{\text{защ. пл}} < 60°$ 时

$$h_{\text{м. пл. min}} \geq K_{\text{под}} m_{\text{защ. пл}} \cos\alpha_{\text{защ. пл}}$$

当 $\alpha_{\text{защ. пл}} \geq 60°$ 时

$$h_{\text{м. пл. min}} \geq K_{\text{под}} \sin\frac{\alpha_{\text{защ. пл}}}{2}$$

式中　　$m_{\text{защ. пл}}$——保护层厚度，m；

$\alpha_{\text{защ. пл}}$——保护层倾角，(°)；

$K_{\text{под}}$——考虑了保护层开采的矿山地质和矿山技术条件的系数；

$K_{\text{под}} = 4$——采空区充填开采保护层时；

$K_{\text{под}} = 6$——顶板全部冒落法开采薄及中厚煤层时；

$K_{\text{под}} = 8$——采用掩护支架采煤法、顶板垮落法开采厚煤层，当上部水平的岩石冒落到采空区时；

$K_{\text{под}} = 10$——采用走向长壁开采法或顶板垮落的掩护支架采煤法开采厚煤层时。

当 $h_{\text{м. пл. min}} < 5$ m 时，与突出危险煤层下层先采有关的安全作业由动力现象委员会会议审查。

105. 在巷道进入未保护带和（或者）危险带之前不少于 1 个月，由煤炭企业技术负责人（总工程师）批准在未保护带和（或者）危险带范围内进行作业的矿山测量文件。

矿山测量文件包括在未保护带和（或者）危险带范围内进行作业的矿山测量护航措施。在这些带中进行作业的组织部门负责人要熟悉矿山测量文件，并签名。

在巷道进入未保护带和（或者）危险带边界前不少于 20 m，矿山测量部门至少提前 3 d 向在这些带中作业的组织部门负责人发出矿山测量文件，在这些文件中指出进入和离

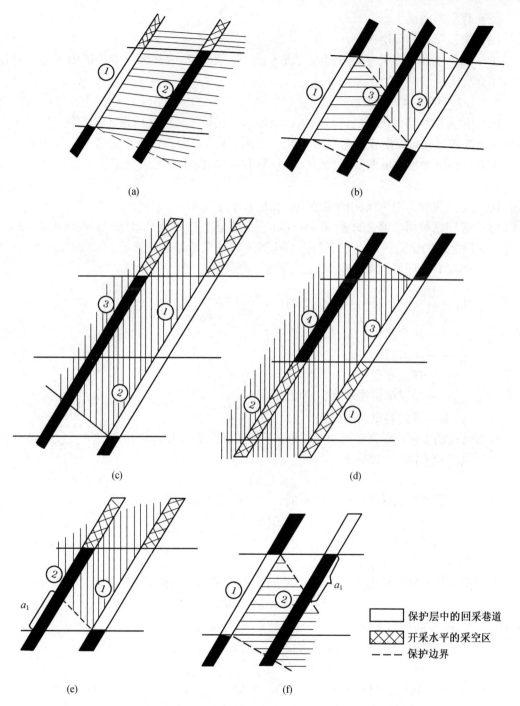

a_1—未被保护区段；①~④—煤层和阶段的开采顺序

图5-10 保护层和被保护层的开采方案

开未保护带和（或者）矿山压力升高带的边界，以及这些带到矿山测量点的距离。

106. 保护层局部开采用来保护：

（1）准备巷道。

（2）煤层揭露地点。

（3）未被保护的煤层区段。

107. 保护层局部回采参数根据本《安全指南》附录 8 中被保护带和矿山压力升高带的绘制方法确定。

5.7.1.2　煤层水力化处理

108. 作为预防动力现象的区域措施，煤层水力化处理规定在回采区段或者采区范围内以润湿煤层的方式向煤层或者煤层组注水。煤层注水通过沿其他煤层或者围岩掘进的巷道施工钻孔（以下简称区域润湿），或者通过沿润湿煤层掘进的准备巷道施工钻孔（以下简称深孔润湿）。

109. 在具有冲击地压倾向的煤层中，在尺寸小于 $0.4l$ 的煤柱中不进行注水。

110. 煤层区域润湿通过直径 $56 \sim 90 \, \text{mm}$ 的钻孔进行。钻孔孔口密封深度不小于 $10 \, \text{m}$。在密封区段之后的钻孔区段（以下简称钻孔渗流区）采用带孔的管子。

111. 煤层有效区域润湿半径 $R_{\text{эфф. увл}}$ 根据下式确定：

$$R_{\text{эфф. увл}} = 31.6 \sqrt{\frac{q_{\text{нагн}} t_{\text{нагн}}}{\pi m_{\text{уг. пл}} q_{\text{уд}} \gamma_{\text{уг}}}}$$

式中　　$q_{\text{нагн}}$——注水速度，m^3/h；

$\quad\quad\quad t_{\text{нагн}}$——注水时间，h；

$\quad\quad m_{\text{уг. пл}}$——煤层厚度，m；

$\quad\quad\quad q_{\text{уд}}$——煤层单位注水量，L/t；

$\quad\quad\quad \gamma_{\text{уг}}$——煤的容重，$\text{t/m}^3$。

注水钻孔的布置应保证钻孔渗流段和采空区之间的沿煤层的距离超过 $R_{\text{эфф. увл}}$。钻孔孔口之间的距离 $C_{\text{скв}}$ 根据下式确定：

$$C_{\text{скв}} < 1.5 R_{\text{эфф. увл}}$$

当润湿煤层的埋藏深度小于 $400 \, \text{m}$ 时，区域润湿的 $q_{\text{уд}}$ 根据下式确定：

$$q_{\text{уд}} = 10(W_{\text{п}} - W_{\text{e}})$$

式中　　$W_{\text{п}}$——煤的最大含水量，%；

$\quad\quad\quad W_{\text{e}}$——煤的全水分，%。

当润湿煤层的埋藏深度大于 $400 \, \text{m}$ 时，区域润湿的 $q_{\text{уд}}$ 根据下式确定：

$$q_{\text{уд}} = 10(W^{\text{ги}} - W_{\text{e}})$$

式中　　$W^{\text{ги}}$——煤的吸湿水分，%。

煤层区域润湿时，单个钻孔的注水量 $Q_{\text{наг}}$ 根据下式确定：

$$Q_{\text{наг}} = 10^{-3} q_{\text{уд}} m_{\text{уг. пл}} C_{\text{скв1}} C_{\text{скв2}} \gamma_{\text{уг}}$$

式中　　$C_{\text{скв1}}$——沿煤层倾向施工的钻孔孔口之间的距离，m；

$\quad\quad\quad C_{\text{скв2}}$——沿煤层走向施工的钻孔孔口之间的距离，m。

对煤层组进行区域润湿时，必需的注水量根据每个煤层的注水量 $Q_{\text{наг}}$ 之和确定。

煤层区域润湿的压力 $P_{\text{наг}}$ 根据下式确定：

$$P_{\text{наг}} = 10^{-2}(0.6 \sim 0.7)\gamma_{\text{пор}} H$$

式中　　$\gamma_{\text{пор}}$——岩石容重，t/m^3；

H——煤层埋藏深度，m。

为了提高煤的可润性，向注入煤层的液体中添加表面活性剂（以下简称ΠAB）。

根据表5-1添加表面活性剂。

表5-1 表面活性剂的种类和浓度 %

表面活性剂种类	根据煤的种类确定表面活性物的浓度					
	气煤	肥煤	主焦煤	黏结性贫煤	瘦煤	无烟煤
Сульфанол	0.1~0.2	0.2~0.3	0.3~0.4	0.1~0.5	0.1~0.5	—
ДБ	0.2~0.3	0.2~0.4	—	—	—	—

若使用表5-1中未列出的表面活性剂应在设计文件中论证。

112. 在回采工作面前方，由圈定回采区段的巷道进行深孔润湿的超前距离$L_{оп}$根据下式确定：

$$L_{оп} \geqslant (t_6 + t_r + t_н + 30)V_{под.\,заб} + l$$

式中　　$L_{оп}$——回采工作面至深部润湿煤层区段的距离，m；

　　　　t_6——钻孔施工持续时间，d；

　　　　t_r——钻孔装备持续时间，d；

　　　　$t_н$——钻孔注水持续时间，d；

　　$V_{под.\,заб}$——回采工作面推进速度，m/d。

113. 回采工作面前方煤层深孔润湿方案如本《安全指南》图5-11所示。

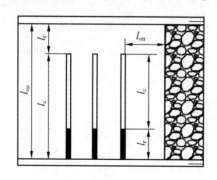

图5-11 回采工作面前方煤层深孔润湿方案

114. 深孔润湿的钻孔长度$l_{скв}$根据下式确定：

$$l_{скв} = l_{оч} + l_r \tag{5-5}$$

式中　$l_{оч}$——回采工作面长度，m；

　　　l_r——钻孔密封深度，m。

深孔润湿钻孔的密封深度不小于n。

115. 由于矿山地质或者矿山技术条件的限制，不能施工本《安全指南》式（5-5）计算长度的钻孔，在圈定回采区段的2条巷道中施工煤层钻孔进行深孔润湿。

钻孔孔口之间的距离$C_{скв}$取值不大于$2l_r$。

煤层深孔润湿时的单孔注水量$Q_{наг}$根据下式确定：

$$Q_{\text{наг}} = 10^{-3} q_{\text{уд}} m_{\text{уг. пл}} C_{\text{скв}} \gamma_{\text{уг}} \tag{5-6}$$

在揉皱煤的煤层区段不进行深孔润湿。

116. 煤层注水的推荐工艺见本《安全指南》附录 12。

5.7.1.3 煤层瓦斯抽放

117. 为了预防采掘工作面煤与瓦斯突出，对突出危险煤层进行瓦斯抽放。

煤层瓦斯抽放根据俄罗斯技术监督局 2011 年 12 月 1 日 №679 令批准的《煤矿瓦斯抽放细则》进行。

118. 瓦斯抽放作为突出预防措施，其应用效果根据在准备和回采巷道中作业时完成的突出危险性日常预测结果进行评价。

5.7.2 动力现象预防局部措施

5.7.2.1 施工卸压钻孔

119. 施工卸压钻孔用来预防动力现象，适用于任意厚度的准备和回采巷道。沿最坚固的煤层分层施工预防动力现象的卸压钻孔。

120. 卸压钻孔的布置应保证巷道前方及其侧帮的煤层卸压。

施工预防冲击地压的卸压钻孔

121. 在准备巷道工作面，为了预防冲击地压，卸压钻孔沿煤层的施工顺序如下：

首先施工 1 个沿巷道轴线的钻孔和 2 个与巷道轴线成一定角度、底部位于巷道轮廓线外不少于 2 m 的钻孔；

垂直于巷道轴线，每经过不大于 $C_{\text{скв}}$ 的距离，向巷道每侧施工不少于 4 个卸压钻孔。$C_{\text{скв}}$ 根据下式确定：

$$C_{\text{скв}} = K_1 K_2 K_3$$

式中 K_1——反映冲击危险性等级的系数；

K_2——反映卸压钻孔直径的系数；

K_3——反映煤层厚度的系数。

系数 K_1、K_2、K_3 的取值见表 5-2 至表 5-4。

表 5-2 系数 K_1 的取值

冲击危险性等级	无危险	危险
K_1	1.3	1.7

表 5-3 系数 K_2 的取值

卸压钻孔直径/mm	100	150	200	300	400	500	600
K_2	0.6	0.7	0.8	1.0	1.3	1.6	1.8

表 5-4 系数 K_3 的取值

煤层厚度/m	0.5~0.8	0.9~1.4	1.5~2.0	2.1~3	>3
K_3	0.8	0.9	1.0	1.1	1.2

对于无烟煤煤层，$C_{\text{скв}}$ 的计算如下：

卸压钻孔直径小于 200 mm 时

$$C_{\text{скв}} \leqslant 0.5n$$

卸压钻孔直径大于或等于 200 mm，小于 300 mm 时

$$C_{\text{скв}} \leqslant 0.7n$$

卸压钻孔直径大于或等于 300 mm 时

$$C_{\text{скв}} \leqslant n$$

巷道工作面至在巷道侧帮施工的最近卸压钻孔的距离不大于 5 m。

卸压钻孔长度 $l_{\text{скв}}$ 的确定：

沿巷道工作面推进方向施工的卸压钻孔长度根据下式计算：

$$l_{\text{скв}} \geqslant 0.7n + b_{\text{под}}$$

向巷道侧帮施工的卸压钻孔长度根据下式计算：

$$l_{\text{скв}} \geqslant (0.7 \sim 1.0)n$$

式中　$b_{\text{под}}$——1 个或者几个循环内工作面的允许推进度，m。

预防准备巷道工作面冲击地压的卸压钻孔的施工方案和参数如本《安全指南》图 5 - 12 所示。

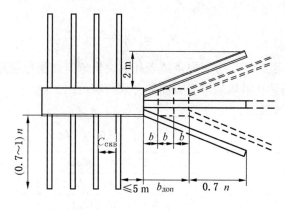

图 5 - 12　施工方案和参数

在倾斜、急倾斜和陡直煤层中，沿巷道上帮和下帮施工卸压钻孔，深度不小于 $0.7n$。

122. 如果实施无冲击危险状态转化措施之后，在长度为 $0.7n + b$ 的煤层区段内准备巷道工作面的全部推进循环及该区段之后的 2 个循环内，通过动力现象预测为"无危险"等级，则认为该煤层区段已转化为无冲击危险状态。

123. 在圈定回采区段的巷道中，施工卸压钻孔预防冲击地压的预先作业应在回采工作面前方 $0.5l$ 以远进行。

回采巷道中的卸压钻孔长度不小于 $n + b$。在紧靠回采巷道的巷道中，卸压钻孔向巷道两帮施工，长度不小于 n。

在回采巷道中及紧靠回采巷道的巷道中施工的卸压钻孔间距根据本《安全指南》式（5 - 6）确定。

124. 为了改善巷道的支护状况，卸压钻孔施工之后，用木棒塞住钻孔孔口，木棒直径

不小于钻孔直径的 0.8 倍，堵塞深度不小于 4 m。

125. 具有冲击地压倾向煤层卸压钻孔的施工工艺见本《安全指南》附录 12。

施工预防突出的卸压钻孔

126. 为了预防突出，卸压钻孔长度不得小于 10 m。卸压钻孔直径为 80 ~ 250 mm。

在瓦斯强烈涌出的情况下，分阶段施工卸压钻孔，初期卸压钻孔直径为 40 ~ 80 mm，然后将钻孔扩孔到设计文件规定的直径。

127. 卸压钻孔的施工应保证巷道工作面前方及其轮廓外 4 m 内的煤层得到卸压和排放瓦斯。

卸压钻孔的施工长度应保证将煤层转化为无突出危险状态的最小超前距不小于 5 m。

准备巷道工作面的卸压钻孔应在 1 个或者几个平行于煤层产状平面的扇形平面内布置。

128. 1 个扇形平面内的卸压钻孔数量按下式确定：

$$N_{\text{скв. веер}} = \frac{a + 8}{l_{\text{н}}}$$

式中　$l_{\text{н}}$——卸压钻孔在煤层平面内的有效影响范围，m。

卸压钻孔的扇面数量根据下式确定：

$$N_{\text{веер}} = \frac{m_{\text{уг. пач}}}{l_{\text{к}}}$$

式中　$m_{\text{уг. пач}}$——突出危险煤层分层厚度或者相邻突出危险煤层分层总厚度，m；

　　　$l_{\text{к}}$——卸压钻孔沿煤层厚度方向的有效影响范围，m。

$l_{\text{н}}$、$l_{\text{к}}$ 根据表 5 - 5 取值。

表 5 - 5　$l_{\text{н}}$、$l_{\text{к}}$ 的取值

巷道掘进条件	钻孔直径不大于 130mm		钻孔直径大于 130 mm	
	$l_{\text{н}}$	$l_{\text{к}}$	$l_{\text{н}}$	$l_{\text{к}}$
沿缓倾斜煤层掘进的水平巷道	1.7	1.4	2.6	1.4
与煤层赋存倾角无关的倾斜巷道	1.3	0.9	2.0	0.9

129. 在预测为"危险"等级的突出威胁煤层区段及在突出危险煤层中，直径 80 mm 以上的卸压钻孔施工之前，在施工地点紧贴煤岩体安装护板。护板框架固定在煤岩体中，彼此之间连接固定。

施工直径 80 mm 以上的卸压钻孔要使用远距离控制的钻机。

130. 在回采工作面查出"危险"等级的煤层区段，当该区段的边界到圈定回采区段巷道的最远距离不大于 30 m 时，由圈定回采区段的巷道施工卸压钻孔。

131. 在上述情况下，卸压钻孔的长度根据下式确定：

$$l_{\text{скв}} = l_{\text{уч. оп}} + l_{\text{уч. неоп}} + 4$$

式中　$l_{\text{уч. оп}}$——"危险"等级的煤层区段长度，m；

　　　$l_{\text{уч. неоп}}$——巷道施工地点至"无危险"等级区段的长度，m。

卸压钻孔沿着煤的构造破坏分层的层理按扇形成排布置。扇形平面内的钻孔数量按下式计算：

$$N_{\text{скв. веер}} = \frac{b_{\text{под}} + 10}{l_{\text{н}}}$$

在施工卸压钻孔的巷道区段，安装补充支架。

132. 具有突出倾向煤层卸压钻孔的施工工艺见本《安全指南》附录 12。

5.7.2.2　在沃尔库塔煤田特罗伊诺伊煤层的矿山压力升高带中掘进准备巷道时的动力现象预防措施

133. 在沃尔库塔煤田特罗伊诺伊煤层的矿山压力升高带中掘进准备巷道时，动力现象预防措施见本《安全指南》附录 13。

5.7.2.3　在卸压钻孔施工过程中根据人工声学信号参数进行冲击危险性和（或者）突出危险性预测，以及评价动力现象预防措施效果的卸压钻孔参数

134. 在卸压钻孔施工过程中，根据打钻设备在煤体中产生的人工声学信号，进行冲击危险性和（或者）突出危险性预测，以及评价动力现象预防措施效果的卸压钻孔的参数：

（1）当煤层厚度 $m_{\text{уг. пл}} \leqslant 3$ m 时，卸压钻孔长度 $l_{\text{скв}} \geqslant 30$ m；当煤层厚度 $m_{\text{уг. пл}} > 3$ m 时，卸压钻孔长度 $l_{\text{скв}} > 10 \ m_{\text{пл}}$。

（2）卸压钻孔直径不大于 80 mm。

（3）卸压钻孔在煤层平面内扇形布置；沿煤层开采分层厚度每 2 m 施工 1 排扇形卸压钻孔；在每个扇面内施工不少于 5 个卸压钻孔。

（4）卸压钻孔长度应保证最小超前距不小于 10 m，同时不小于到支承压力最大值的距离。

135. 在每个扇面内，首先施工沿巷道轴线的中心卸压钻孔。中心卸压钻孔施工完成之后，施工距其最近的侧边钻孔。扇面最边缘的侧边钻孔与巷道轴线的角度应保证钻孔施工完成之后，钻孔底部位于巷道轮廓线外不小于 4 m。卸压钻孔沿准备巷道工作面均匀布置。

136. 当准备巷道工作面接近位移落差小于 5 m 的断裂破坏或者煤层赋存倾角变化小于 45°的褶皱破坏时，在最小超前距内补充施工不少于 3 个卸压钻孔，揭露地质破坏范围以外的煤层。

137. 在复杂结构的煤层中，沿最坚硬的煤层分层施工卸压钻孔。

138. 施工卸压钻孔时，如果根据人工声学信号参数确定为"危险"等级，则停止该卸压钻孔的施工，开始施工设计文件规定的邻近卸压钻孔或者它们之间需要的钻孔。扇面内的所有钻孔必须施工到设计文件规定的深度。

5.7.2.4　煤层水力化处理

139. 煤层水力化处理作为预防动力现象的局部措施，规定以水力松动或者润湿的方式向煤层压注液体。

在复杂结构的煤层中，沿最坚硬的煤层分层施工注水钻孔。当煤层中存在将煤层分离为 2 个煤层分层的岩石夹层时，沿最后的煤层分层或者 2 个煤层分层施工煤层注水钻孔。复杂结构煤层必须的注水量根据其煤层分层总厚度确定。

140. 煤层注水钻孔直径为 40 ~ 65 mm。

141. 煤层注水结果填到煤层注水作业检查和统计记录簿中，推荐样表见本《安全指南》附录 14。

具有冲击地压倾向煤层的水力松动

142. 煤层注水的最大压力 $P_{\text{нагmax}}$ 根据下式确定：

$$P_{\text{нагmax}} \leqslant 10^{-2}(0.8 \sim 0.9)\gamma H$$

煤层注水压力由初始压力开始分阶段逐步增大至 $P_{\text{нагmax}}$。

143. 水力松动钻孔长度 $l_{\text{скв}}$ 根据下式确定：

$$n + b_{\text{под}} \leqslant l_{\text{скв}} < 12$$

144. 水力松动钻孔密封深度 $l_{\text{г}}$ 根据下式确定：

$$l_{\text{г}} = (4 \sim 6)\sqrt{m_{\text{уг. пл}}}$$

注水钻孔的密封应保证钻孔渗流段长度为 1.5 ~ 2.5 m。

145. 钻孔孔口间距 $C_{\text{скв}}$ 根据下式确定：

$$C_{\text{скв}} < 2l_{\text{г}}$$

水力松动时，煤层的单位注水量 $q_{\text{уд}}$ 根据下式确定：

$$q_{\text{уд}} = 10W^{\text{ги}}$$

146. 准许根据个别煤层分层物理化学性质研究结果，对复杂结构煤层的 $q_{\text{уд}}$ 进行修正。

147. 煤层水力松动时，单个钻孔注水量 $Q_{\text{наг}}$ 的确定。

(1) 对于在回采工作面和准备巷道侧帮施工的钻孔，其注水量 $Q_{\text{наг}}$ 根据下式确定：

$$Q_{\text{наг}} = k_{\text{скв}}10^{-3}q_{\text{уд}}m_{\text{уг. пл}}l_{\text{скв}}\gamma_{\text{уг}}C_{\text{скв}} \tag{5-7}$$

(2) 对于在准备巷道工作面施工的钻孔：

通过单个钻孔注水时根据下式计算：

$$Q_{\text{наг}} = k_{\text{скв}}10^{-3}q_{\text{уд}}m_{\text{уг. пл}}l_{\text{скв}}\gamma_{\text{уг}}C_{\text{скв}}(2n+a) \tag{5-8}$$

通过 2 个及以上钻孔注水时根据下式计算：

$$Q_{\text{наг}} = k_{\text{скв}}10^{-3}q_{\text{уд}}m_{\text{уг. пл}}l_{\text{скв}}\gamma_{\text{уг}}C_{\text{ф}} \tag{5-9}$$

式中　$k_{\text{скв}}$——考虑了煤层水力松动钻孔长度的系数，当 $l_{\text{скв}} > 6$ m 时，$k_{\text{скв}} = 1$，当 $l_{\text{скв}} \leqslant 6$ m 时，$k_{\text{скв}} = 1.25 \sim 1.3$；

　　　　$C_{\text{ф}}$——钻孔渗流段之间的距离，m。

148. 在直线形状的回采工作面，水力松动钻孔施工在上一个水力松动循环施工的钻孔之间。

149. 水力松动持续进行至煤层的注水量达到本《安全指南》式（5-7）至式（5-9）所计算的注水量。

煤层注水压力由注水时的最大值下降 30% 之后，停止水力松动。如果煤层注水量达到本《安全指南》式（5-7）至式（5-9）所计算的注水量之后，注水压力稳定在 5 MPa 以上，但小于该煤层水力压裂的压力，注水继续进行 10 ~ 15 min。

具有突出倾向煤层的水力松动

150. 在具有突出倾向的煤层中，水力松动钻孔参数如下：

（1）钻孔长度 $l_{\text{скв}} = (6 \sim 9)\,\text{m}$。

（2）钻孔密封深度 $l_{\text{r}} = (4 \sim 7)\,\text{m}$。

（3）钻孔渗流段长度不小于 $2\,\text{m}$。

由于矿山地质和矿山工艺条件的限制，不能按上述参数施工和密封水力松动钻孔时，水力松动钻孔的长度减小到 $4 \sim 6\,\text{m}$，密封深度减小到 $3 \sim 5\,\text{m}$。

151. 水力松动钻孔孔口间距根据下式计算：

$$C_{\text{скв}} \leqslant 2R_{\text{эфф. рых}}$$

式中　$R_{\text{эфф. рых}}$——煤层有效水力松动半径，m；

煤层有效水力松动半径根据下式确定：

$$R_{\text{эфф. рых}} = 0.8 l_{\text{r}} \tag{5-10}$$

152. 水力松动时，1 个钻孔的注水量 $Q_{\text{наг}}$ 根据下式计算：

$$Q_{\text{наг}} = 10^{-3} 2R_{\text{эфф. рых}} m_{\text{уг. пл}} q_{\text{уд}} \gamma_{\text{уг}} l_{\text{скв}}$$

式中　$\gamma_{\text{уг}}$——煤容重，t/m^3。

煤层单位注水量 $q_{\text{уд}}$ 取值不小于 $20\,\text{L/t}$。为了修正 $q_{\text{уд}}$，需进行注水试验。

153. 煤层注水压力根据下式确定：

$$P_{\text{наг}} = 10^{-2}(0.75 \sim 2.0)\gamma_{\text{пор}} H$$

煤层注水时，注水压力 $P_{\text{наг}}$ 平稳增大，在 $3 \sim 5\,\text{min}$ 内达到最大值。

154. 在准备巷道中进行水力松动时，注水钻孔不少于 2 个。边缘钻孔布置在准备巷道工作面距离巷道侧帮不大于 1 m 处，在煤层平面内以 $5° \sim 7°$ 转角向两侧施工。每个钻孔单独注水。

在陡直和急倾斜煤层的准备巷道工作面，1 个钻孔距离角煤不大于 1 m，与煤层平面呈 $5° \sim 7°$ 仰角施工，其余钻孔水平施工，距离准备巷道底板不大于 0.5 m。

在陡直和急倾斜煤层的联络眼（小平巷）中，按上述参数在每个隅角施工水力松动钻孔。

155. 在回采工作面，水力松动钻孔布置在上一个水力松动循环施工的钻孔之间，垂直于工作面施工。

在缓倾斜煤层的采煤机机窝，水力松动钻孔距离隅角不大于 1 m，在煤层平面内以 $5° \sim 7°$ 转角向两侧施工。这些钻孔的布置间距不大于 $2R_{\text{эфф. рых}}$。

156. 在陡直和急倾斜煤层的倒台阶回采工作面，至隅角最近的水力松动钻孔的距离不大于 1 m，其余钻孔沿整个台阶垂直于工作面线施工，钻孔间距不超过 $2R_{\text{эфф. рых}}$。钻孔相对于煤层平面以 $5° \sim 7°$ 仰角施工。

157. 同时满足下列 2 个条件，则认为水力松动过程已完成，停止煤层注水：

（1）水力松动钻孔的注水量已达到本《安全指南》式（5-6）计算的注水量。

（2）注水压力 $P_{\text{наг}}$ 与该钻孔注水时达到的最大压力相比，下降30% 以上。

如果根据《开采煤田时动力现象预测和岩体监测细则》附录20 第13 ~ 15 条规定，证明水力松动措施有效，则不论钻孔实际注水量多少，当钻孔注水压力 $P_{\text{наг}}$ 与该钻孔注水时达到的最大压力相比下降30% 以上时，终止煤层水力松动。

如果注水结束之前，钻孔发生溃决，则终止该钻孔的注水，通过施工补充钻孔进行煤层水力松动，补充钻孔距离溃决钻孔不大于 2 m。将溃决钻孔密封。

158. 在陡直和急倾斜煤层中，对松软散粒煤组成的煤层进行水力松动时，采取排除煤层冒落的措施。

具有动力现象倾向煤层的润湿

159. 掘进准备巷道时，对具有动力现象倾向的煤层进行润湿。

160. 煤层润湿钻孔的直径为 45 ~ 60 mm，其长度应保证工作面前方煤层润湿区段最小超前距不小于 5 m。

161. 煤层润湿钻孔的密封深度不小于 5 m。

162. 通过向准备巷道轮廓内施工的钻孔（以下简称前探钻孔）和向巷道轮廓外施工的钻孔（以下简称壁垒钻孔）进行煤层润湿。

煤层润湿钻孔施工方案如图 5 – 13 所示。

163. 煤层润湿钻孔的注水量 $Q_{\text{наг}}$ 根据下式确定：

$$Q_{\text{наг}} = 10^{-3} 2 R_{\text{увл}} l_{\text{скв}} m_{\text{уг. пл}} \gamma_{\text{уг}} q_{\text{уд}}$$

式中　$R_{\text{увл}}$——顺层理方向煤层的润湿半径，m。

通过壁垒钻孔润湿煤层时，$R_{\text{увл}}$ 根据下式确定：

$$R_{\text{увл}} = \frac{a}{2} + b_{\text{скв}} + 1$$

式中　$b_{\text{скв}}$——巷道侧帮到壁垒钻孔的距离，m。

煤层润湿时的单位注水量 $q_{\text{уд}}$ 根据下式确定：

当煤层埋藏深度小于 600 m 时

$$q_{\text{уд}} = 0.01(6 - W_e) + 0.01$$

当煤层埋藏深度等于或大于 600 m 时

$$q_{\text{уд}} = 0.01(W_{\text{п}} - W_e) + 0.01$$

164. 煤层润湿时的注水压力不得超过：

$$P_{\text{нагmax}} < 10^{-2} 0.75 \gamma H$$

煤层的低压浸润

165. 煤层的低压浸润通过直径 40 ~ 60 mm 的钻孔进行。

166. 在复杂结构的煤层中，低压浸润钻孔沿着未破坏的煤层分层施工，距离破坏分层不小于 0.5 m。如果未破坏分层的厚度小于 1 m，在其中央部位施工低压浸润钻孔。如果煤层由破坏煤的分层组成，则低压浸润钻孔布置在煤层中间区域，平行于层理方向施工。

167. 进行煤层低压浸润时，煤层注水压力满足：

$$P_{\text{нагmax}} < 10^{-2} 0.75 \gamma H$$

掘进巷道煤层的低压浸润

168. 掘进巷道煤层低压浸润时，通过距离巷道侧帮 0.5 m 的 2 个侧边钻孔或者通过 1 个中央钻孔向煤层注水。

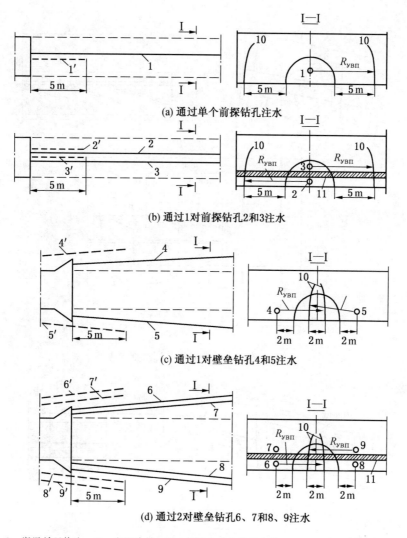

(a) 通过单个前探钻孔注水

(b) 通过1对前探钻孔2和3注水

(c) 通过1对壁垒钻孔4和5注水

(d) 通过2对壁垒钻孔6、7和8、9注水

1~9—润湿循环钻孔；10—润湿边界；11—低渗水性的岩石夹层；1′~9′—上一润湿循环钻孔

图5-13　煤层润湿钻孔施工方案

通过2个侧边钻孔对煤层进行低压浸润的方案如本《安全指南》图5-14所示。

通过1个中央钻孔对煤层进行低压浸润的方案如本《安全指南》图5-15所示。

169. 在厚度3.5 m以下的煤层中，低压浸润钻孔长度不小于5.5 m；在厚度3.5 m及以上的煤层中，低压浸润钻孔长度不小于6.5 m。

长度6.5 m以下的低压浸润钻孔的密封深度不小于2.5 m，长度6.5 m及以上的低压浸润钻孔的密封深度不小于3.5 m。

170. 掘进巷道煤层低压浸润时，应保证：

（1）掘进巷道工作面前方的最小超前距不小于3 m。

（2）巷道轮廓外的煤层处理深度不小于4 m。

171. 低压浸润时，煤层的注水量根据下式确定：

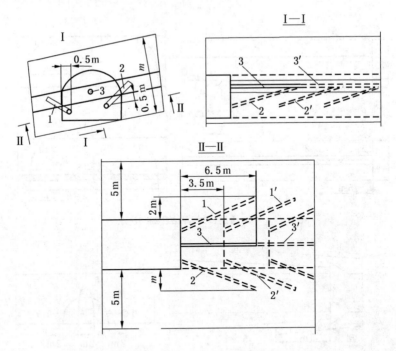

图 5 – 14　通过 2 个侧边钻孔对煤层进行低压浸润的方案

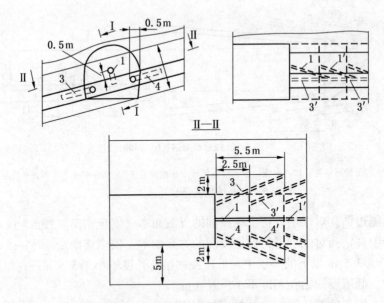

图 5 – 15　通过 1 个中央钻孔对煤层进行低压浸润的方案

$$Q_{\text{наг}} = (a+8) l_{\text{скв}} m_{\text{уг. пл}} \gamma_{\text{уг}} q_{\text{уд}}$$

回采巷道煤层的低压浸润

172. 在回采工作面，厚度 2.5 m 以下煤层低压浸润的钻孔长度不小于 6.5 m，厚度 2.5 m 及以上煤层低压浸润的钻孔长度不小于 8.5 m。

173. 长度 8.5 m 以下煤层低压浸润钻孔的密封深度不小于 4.5 m，长度 8.5 m 及以上煤层低压浸润钻孔的密封深度不小于 6.5 m。

钻孔布置间距：

（1）长度 8.5 m 以下的钻孔，间距不大于 5 m。

（2）长度 8.5 m 及以上的钻孔，间距不大于 7 m。

174. 在回采工作面进行煤层低压浸润时，要求最小超前距为：

（1）在厚度 2.5 m 以下的煤层中，不小于 3.5 m。

（2）在厚度 2.5 m 及以上的煤层中，不小于 5.5 m。

175. 钻孔的注水量根据下式确定：

$$Q_{\text{наг}} = C_{\text{скв}} l_{\text{скв}} m_{\text{уг. пл}} \gamma_{\text{уг}} q_{\text{уд}}$$

5.7.2.5 药壶爆破

176. 根据《爆破作业安全规程》进行药壶爆破。

177. 药壶爆破用于将具有冲击地压倾向的煤层区段转化为无冲击危险状态。

178. 在烟煤煤层，药壶爆破钻孔孔口间距 $C_{\text{скв}}$ 的确定：

使用黏土炮泥时

$$C_{\text{скв}} \leqslant 0.8 \tag{5-11}$$

使用水炮泥时根据本《安全指南》表 5-6 确定。

表 5-6 烟煤煤层使用水炮泥时的钻孔间距

比值 $P_{\text{ср}}^V / P_{\text{расч}}$	$1 < P_{\text{ср}}^V / P_{\text{расч}} \leqslant 1.5$	$1.5 < P_{\text{ср}}^V / P_{\text{расч}} \leqslant 2.5$	$2.5 < P_{\text{ср}}^V / P_{\text{расч}} \leqslant 5$
$C_{\text{скв}}/\text{m}$	0.8	1.2	1.5

注：$P_{\text{ср}}^V$ 为 1 m 钻孔的平均钻屑量，L/m；$P_{\text{расч}}$ 为 1 m 钻孔的计算钻屑量，L/m。

179. 1m 钻孔的平均钻屑量 $P_{\text{ср}}^V$ 根据下式确定：

$$P_{\text{ср}}^V = \frac{\sum\limits_{i=1}^{n} P_i^V}{n}$$

1 m 钻孔的计算钻屑量 $P_{\text{расч}}$ 根据下式确定：

$$P_{\text{расч}} = 1.05 \frac{\pi d_{\text{скв}}^2}{4}$$

式中　$d_{\text{скв}}$——钻孔直径，mm。

180. 在褐煤煤层，药壶爆破钻孔孔口间距 $C_{\text{скв}}$ 的确定：

使用黏土炮泥时，根据本《安全指南》式（5-7）确定；

使用水炮泥时根据本《安全指南》表 5-7 确定。

表 5-7 褐煤煤层使用水炮泥时的钻孔间距

比值 $W_e / W_{0.85}$	$0.75 < W_e / W_{0.85} \leqslant 0.8$	$0.8 < W_e / W_{0.85} \leqslant 0.95$	$0.95 < W_e / W_{0.85}$
$C_{\text{скв}}/\text{m}$	1.5	1.2	0.8

注：$W_{0.85}$ 为含水量为最大含水量 0.85 倍时煤的水分，%。

181. 在无烟煤煤层中使用黏土炮泥时，药壶爆破钻孔孔口间距 $C_{\text{скв}}$ 不大于 3 m。

5.7.3　关于限制工艺过程与突出预防措施并进的建议

182. 在突出危险煤层和突出威胁煤层中的突出危险带及"危险"等级的区段中进行作业时，应根据本《安全指南》附录 15 中的建议，规定限制工艺过程与突出预防措施同时进行。

6 根据地球物理观测监测岩体

根据地球物理观测监测岩体包括：

（1）根据连续地震观测监测岩体。

（2）根据人工声学信号监测岩体。

6.1 根据连续地震观测监测岩体

6.1.1 为了根据连续地震观测（以下简称地震监测）监测岩体，在矿井巷道中需要建立由地震站、安装在地震信号观测点（以下简称观测点）的地震接收器、设备、通信线路组成的空间分布网路。

6.1.2 地震站对来自于地震接收器的信号进行处理和分析，并确定：

（1）地震事件的坐标。

（2）地震事件的能量 E_{co6}。

（3）地震事件发生的时间 T_{co6}（日期和时间）。

（4）岩体的总相对变形 D_t。

（5）能量大于 10000 J 的地震事件数量。

岩体监测的基础是单元地震活性的数值在井田范围内的分布：

（1）单元内地震事件的密度 N_{co6}。

（2）单元内地震事件的能量密度 $\sum E_{co6}$。

（3）岩体的总相对变形 D_t。

（4）依照能量等级的地震事件数量分布的系数 $\beta_{сейсм}$ж。

（5）能量大于 10000 J 的地震事件数量。

6.1.3 为了分出地质力学过程活化带，将岩体分成线性尺寸为 $L_{6л}$、位移为 $0.5L_{6л}$ 的等量单元。将描述地震活性的数值标上单元中心坐标。

根据参数 $F_{6л}$ 评价单元的地震活性，其计算公式如下：

$$F_{6л} = N_{Tper.\,6л} + D_{T6л}$$

式中　$N_{Tper.\,6л}$——记录时间 $T_{per.\,6л}$ 内单元中的地震事件活性；

$D_{T6л}$——地震事件记录时间 $T_{per.\,6л}$ 内单元的总变形，d。

6.1.4 单元中地震事件活性的取值等于记录时间 $T_{per.\,6л}$ 内单元中发生的地震事件总和。

$D_{6л}$ 根据下式确定：

$$D_{6л} = \sum_{t=0}^{T_{per.\,6л}} \sqrt{\frac{E_{6л}}{E_к}}$$

式中　$T_{per.\,6л}$——单元中地震事件的记录时间，d；

$E_{6л}$——单元中发生的地震事件总日常能量，J；

$E_к$——井田范围内地震事件的背景能量值，J。

6.1.5　单元中发生的地震事件总日常能量 $E_{6л}$ 根据下式确定：

$$E_{6л} = \sum_{i=1}^{N_T} E_{текi}$$

式中　$E_{текi}$——单元中发生的第 i 个地震事件的日常能量，J。

6.1.6　单元中发生的第 i 个地震事件的日常能量 $E_{тек}$ 根据下式确定：

$$E_{тек} = e^{-0.1t}\left(E_{co6} - t_{per}\frac{E_{co6}}{31}\right)$$

式中　E_{co6}——地震事件能量，J；

t_{per}——由地震事件记录时间开始至确定其日常能量所经历的时间，d。

6.1.7　确定单元中地震事件日常能量总和 $E_{6л}$ 时，取日常能量 $E_{тек} > 70$ J 的地震事件的能量之和。

6.1.8　确定 $E_{6л}$ 时，将 $T_{per.6л} \leqslant 90$ d 发生的地震事件日常能量相加。

6.1.9　为了确定地质力学活性带的运移趋势，每天都要揭示岩体中的地质力学活性带。

6.1.10　为了监测岩体，将单元的地震活性划分成几个水平。

对于回采区段：

背景水平：$F_{6л} < 10$，并且 30 d 内单元没有出现 $E_{тек} > 1000$ J 的地震事件；

第一水平：$10 \leqslant F_{6л} < 100$，或者在单元中记录了 $E_{тек} > 1000$ J 的地震事件；

第二水平：$100 \leqslant F_{6л} < 200$，或者在单元中记录了 $E_{тек} > 5000$ J 的地震事件；

第三水平：$200 \leqslant F_{6л} < 400$，或者在单元中记录了 $E_{тек} > 10000$ J 的地震事件；

第四水平：$400 \leqslant F_{6л} < 800$，或者在单元中记录了 $E_{тек} > 15000$J 的地震事件。

在地震活性为第一水平的情况下，岩体状态评价为无危险状态；在第二水平和第三水平的情况下，岩体状态评价为应力紧张状态，但无危险；在第四水平的情况下，岩体状态评价为危险状态。

6.1.11　对于准备巷道，根据最近 7 d 记录的能量 $E_{тек} > 10$ J 的地震事件进行活性评价：

第一水平：$2 \leqslant N_T < 5$；

第二水平：$5 \leqslant N_T < 10$；

第三水平：$10 \leqslant N_T$。

在地震活性为第一水平的情况下，岩体状态评价为无危险状态；在第二水平的情况下，岩体状态评价为应力紧张状态，但无危险；在第三水平的情况下，岩体状态评价为危险状态。

6.1.12　根据地震监测结果岩体状态评价为危险状态时，煤炭企业技术负责人（总工程师）安排按照《开采煤田时动力现象预测和岩体监测细则》进行冲击危险性预测。

6.1.13　地震事件影响带尺寸 R_e 根据下式确定：

$$R_e = 1.5E_{тек}^{0.33} + 15$$

6.2 根据人工声学信号参数监测岩体

6.2.1 在准备巷道的回采巷道中，根据人工声学信号参数（以下简称ИAC）进行岩体监测。

人工声学信号参数监测用于：

（1）预测地质勘探工作未查明的地质破坏，以及评价这些地质破坏揭露时的危险性（以下简称地质破坏预测）。

（2）评价工作面附近岩体的矿山压力（以下简称矿山压力升高带预测）。

（3）评价工作面附近岩体应力状态的变化（以下简称工作面状态恶化预测）。

（4）确定工作面附近岩体应力应变状态的参数。

（5）检查卸压钻孔施工的安全性。

6.2.2 根据《开采煤田时动力现象预测和岩体监测细则》附录13实施动力现象日常预测时，进行地质破坏预测、矿山压力升高带预测和工作面状态恶化预测。

6.2.3 利用参数 P_g 进行动力破坏预测，参数 P_g 根据下式确定：

$$P_g = \frac{K_{о.н}}{K_{о.н.фон}} + \frac{F_p}{F_{р.фон}}$$

式中　　　P_g——用于地质破坏预测的参数；

$K_{о.н}$——相对应力系数的日常值；

$K_{о.н.фон}$——相对应力系数的背景值；

F_p——人工声学信号频谱最大频率的日常值，Hz；

$F_{р.фон}$——人工声学信号频谱最大频率的背景值，Hz。

$K_{о.н}$根据下式确定：

$$K_{о.н} = \frac{A_в}{A_н}$$

式中　$A_в$——人工声学信号频谱的高频分量；

$A_н$——人工声学信号频谱的低频分量。

根据参数 $K_{о.н}$ 和 F_p 计算 P_g。

当 $P_g \geqslant 7$ 时，预报为地质破坏。对于具有更大 P_g 值的厚度4 m以上的煤层，在这种情况下预报为地质破坏，需要根据作业过程中的勘查结果进行修正。

6.2.4 为了预测巷道工作面附近的矿山压力升高带，需要使用下列参数：

$f_н$ 为振幅等于人工声学信号最大振幅0.5倍的人工声学信号频率的下部界线，单位为Hz；

$f_{н1}$ 为振幅等于人工声学信号最大振幅0.75倍的人工声学信号频率的下部界线，单位为Hz。

如果在处理人工声学信号参数最近2个循环内，$f_н = f_{н1} \leqslant 60$ Hz，则预测为在准备巷道或者回采巷道工作面附近矿山压力升高带。

6.2.5 为了预测巷道工作面状态，需要使用相对应力系数日常值 $K_{о.н}$。当满足下式时，工作面状态：

$$K_{\text{о.н}i} > K_{\text{о.н}(i-1)} > 2K_{\text{о.н.фон}}$$

式中　　　$K_{\text{о.н}i}$——在人工声学信号处理的第 i 个循环内相对应力系数日常值；

$K_{\text{о.н}(i-1)}$——在人工声学信号处理的第 $i-1$ 个循环内相对应力系数日常值。

6.2.6　地音探测器用来记录打钻工具作用于岩体时产生的人工声学信号，其安装在沿煤层施工的钻孔中，或者安装在巷道支架的元件上：

（1）在准备工作面安装在巷道两侧，距离施工钻孔孔口 3～5 m。

（2）在回采工作面安装在巷道两侧，距离施工钻孔孔口 5～10 m。

施工钻孔时，分段记录和处理人工声学信号。人工声学信号的记录时间间隔等于钻孔等量间隔的施工时间。根据钻孔间隔施工的开始时间、结束时间和间隔长度进行人工声学信号处理。

使用参数 P_{E} 检查钻孔施工的安全性，P_{E} 值根据下式确定：

$$P_{\text{E}} = \frac{E_{\max}}{E_i}$$

式中　$E_{\max}$——施工钻孔 2～4 间隔时记录的人工声学信号能量最大值；

E_i——施工钻孔下一个间隔时记录的人工声学信号能量值。

当 $P_{\text{E}} > 3$ 时，停止钻孔施工，开始施工邻近钻孔。如果 2 个相邻钻孔停止施工是由于 $P_{\text{E}} > 3$ 造成的，则在这 2 个相邻钻孔中间开始施工补充钻孔。

6.2.7　用钻孔分段施工时的人工声学信号处理结果确定卸压带尺寸。

确定卸压带尺寸时，记录人工声学信号的地音探测器安装在距离钻孔孔口 3～5 m 的范围内。

确定卸压带尺寸时，分段记录和处理人工声学信号。人工声学信号的记录时间间隔等于钻杆的施工时间。

根据钻孔间隔施工的开始时间、结束时间和间隔长度处理人工声学信号。

6.2.8　根据每个钻孔施工时确定的人工声学信号的相对能量评价工作面附近岩体的压力应变状态。为了提高工作面附近岩体应力应变状态评价的可靠性，处理人工声学信号参数时，将人工声学信号的记录间隔划分为几个持续时间相等的亚间隔。

6.2.9　处理人工声学信号时，要确定下列参数：

（1）工作面附近岩体的卸压带尺寸，在卸压带中不具备形成动力现象的条件。

（2）煤层压出带尺寸。

（3）煤层表面到煤层最大矿山压力点的距离。

（4）在最大矿山压力点煤层的相对应力系数。

附录1 约 定 符 号

$A_{\text{в}}$——人工声学信号频谱的高频分量。

$A_{\text{н}}$——人工声学信号频谱的低频分量。

$A_{\text{эм}}$——电磁信号的振幅，V。

Π——转化为无冲击危险状态的防护煤柱的区段宽度，m。

$B_{\text{см}}$——低强度煤的煤层区段宽度，m。

$C_{\text{скв}}$——钻孔孔口之间的距离，m。

$C_{\text{скв1}}$——沿煤层倾向施工的钻孔孔口之间的距离，m。

$C_{\text{скв2}}$——沿煤层走向施工的钻孔孔口之间的距离，m。

$C_{\text{ф}}$——钻孔渗流段之间的距离，m。

$D_{\text{бл}}$——地震事件记录时间 $T_{\text{рег. бл}}$ 内单元的总应变。

E_{i}——施工钻孔下一个间隔时记录的人工声学信号能量值。

E_{max}——施工钻孔 2~4 间隔时记录的人工声学信号能量最大值。

$E_{\text{бл}}$——单元中发生的地震事件总日常能量，J。

$E_{\text{к}}$——井田范围内地震事件的背景能量值，J。

$E_{\text{соб}}$——地震事件能量，J。

$E_{\text{текi}}$——单元中发生的第 i 个地震事件的日常能量，J。

$F_{\text{бл}}$——单元地震活性的评价参数。

$F_{\text{р}}$——人工声学信号频谱最大频率的日常值，Hz。

$F_{\text{р. фон}}$——人工声学信号频谱最大频率的背景值，Hz。

G_{kn}——煤层顶板中矿山压力升高带沿煤层倾斜方向的位移向量。

G_{kv}——煤层顶板中矿山压力升高带沿煤层仰斜方向的位移向量。

G_{pn}——煤层底板中矿山压力升高带沿煤层倾斜方向的位移向量。

G_{pv}——煤层底板中矿山压力升高带沿煤层仰斜方向的位移向量。

H——煤层埋藏深度，m。

$K_{\text{о. н}}$——相对应力系数的日常值。

$K_{\text{о. нi}}$——在人工声学信号处理的第 i 个循环内相对应力系数日常值。

$K_{\text{о. н(i-1)}}$——在人工声学信号处理的第 $i-1$ 个循环内相对应力系数日常值。

$K_{\text{под}}$——考虑了保护层开采的矿山地质和矿山技术条件的系数。

$K_{\text{о. н. фон}}$——相对应力系数的背景值。

L——煤柱宽度，m。

$L_{\text{бл}}$——区域地震监测单元的线性尺寸，m。

$L_{\text{оп}}$——回采工作面至深部润湿煤层区段的距离，m。

L_1——在被保护层中被保护带沿仰斜方向的尺寸，m。

L_2——在被保护层中被保护带沿倾斜方向的尺寸，m。

L_3——在被保护层中被保护带沿走向方向的尺寸，m。

N——断裂破坏移动的法向断距，m。

$N_{\text{скв. веер}}$——1 个扇面内的卸压钻孔数量，个。

$N_{\text{веер}}$——卸压钻孔的扇面数量，个。

N_{T}——井田区段地震事件的活性。

$N_{\text{Tрег. бл}}$——记录时间 $T_{\text{рег. бл}}$ 内单元中的地震事件活性。

P_{g}——用于地质破坏预测的参数。

$P_{\text{наг}}$——煤层注水压力，MPa。

$P_{\text{наг max}}$——煤层注水最大压力，MPa。

$P_{\text{ср}}^{V}$——1 m 钻孔的平均钻屑量，L/m。

$Q_{\text{наг}}$——钻孔的注水量，m^3。

$R_{\text{эфф. рых}}$——煤层有效水力松动半径，m。

$R_{\text{эфф. увл}}$——煤层有效区域润湿半径，m。

R_{e}——地震事件影响带的尺寸，m。

S_1——保护层顶板方向被保护带的尺寸，m。

S_2——保护层底板方向被保护带的尺寸，m。

$T_{\text{рег. бл}}$——单元中地震事件的记录时间，d。

$V_{\text{под. заб}}$——回采工作面推进速度，m/d。

V^{daf}——挥发分，%。

$W_{\text{п}}$——煤的最大含水量，%。

$W^{\text{ги}}$——煤的吸湿水分，%。

W_{e}——煤的全水分，%。

$W_{0.85}$——含水量为最大含水量 0.85 倍时煤的水分，%。

a_1——巷道掘进原始宽度，m。

$a_{\text{выр. пр}}$——保护层中回采工作面采空区沿煤层倾斜方向的尺寸，m。

$a_{\text{minвыр. пр}}$——采空区沿煤层倾向尺寸 $a_{\text{выр. пр}}$ 和沿煤层走向尺寸 $b_{\text{выр. пр}}$ 的最小值，m。

b——工作面循环推进度，m。

$b_{\text{выр. пр}}$——保护层中回采工作面采空区沿煤层走向方向的尺寸，m。

$b_{\text{под}}$——1 个或者几个循环内工作面的允许推进度，m。

$b_{\text{обр}}$——巷道轮廓外沿煤层处理条带法向的宽度，m。

b_1——由保护层中已采区域边界到下部被采动煤层中危险载荷恢复区域边界的距离，m。

b_2——由保护层中已采区域边界到上部被采动煤层中危险载荷恢复区域边界的距离，m。

b_1'——由保护层中已采区域边界到下部被采动煤层中被保护带边界的最小距离，m。

b_2'——由保护层中已采区域边界到上部被采动煤层中被保护带边界的最小距离，m。

$d_{\text{скв}}$——钻孔直径，mm。

d_1——矿山压力升高带在煤层顶板方向的尺寸，m。

d_2——矿山压力升高带在煤层底板方向的尺寸，m。

$f_{\text{н}}$——振幅等于人工声学信号最大振幅0.5倍时人工声学信号频率的下部界线，Hz。

$f_{\text{н1}}$——振幅等于人工声学信号最大振幅0.75倍时人工声学信号频率的下部界线，Hz。

h——巷道掘进原始高度，m。

$h_{\text{м. плmin}}$——最小层间距，m。

h_1——保护层到下部被采动煤层的距离，m。

h_2——保护层到上部被采动煤层的距离，m。

$k_{\text{скв}}$——考虑了煤层水力松动钻孔长度的系数。

l——支承压力带宽度，m。

$l_{\text{г}}$——钻孔密封深度，m。

$l_{\text{скв}}$——钻孔长度，m。

$l_{\text{защ}}$——无冲击危险状态煤层区段的宽度，m。

$l_{\text{к}}$——卸压钻孔沿煤层厚度方向的有效影响范围，m。

$l_{\text{н}}$——卸压钻孔在煤层平面内的有效影响范围，m。

$l_{\text{охр. цел}}$——防护煤柱宽度，m。

$l_{\text{оч}}$——回采工作面长度，m。

$l_{\text{под. ц}}$——可压缩煤柱宽度，m。

$l_{\text{уч. оп}}$——"危险"等级的煤层区段长度，m。

$l_{\text{уч. неоп}}$——巷道施工地点"无危险"等级区段的长度，m。

$m_{\text{вын. сл}}$——开采分层厚度，m。

$m_{\text{защ. пл}}$——保护层厚度，m。

$m_{\text{инт}}$——切割型侵入体厚度，m。

$m_{\text{уг. пач}}$——突出危险煤层分层厚度或者相邻突出危险煤层分层总厚度，m。

$m_{\text{уг. пл}}$——煤层开采厚度或其分层开采厚度，m。

$m_{\text{эфф}}$——煤层有效厚度，m。

m_0——保护层临界厚度，m。

n——煤层边缘部分防护带宽度，m。

$n_{\text{др}}$——排放钻孔数量，m。

$q_{\text{нагн}}$——注水速度，m^3/h。

$q_{\text{уд}}$——煤层单位注水量，L/t。

t_6——钻孔施工持续时间，d。

$t_{\text{г}}$——钻孔装备持续时间，d。

$t_{\text{н}}$——钻孔注水持续时间，d。

$t_{\text{нагн}}$——注水时间，h。

$t_{\text{рег}}$——由地震事件记录时间开始至确定其日常能量所经历的时间，d。

α——煤层倾角，(°)。

$\alpha_{\text{защ. пл}}$——保护层倾角，（°）。

β——构造破坏褶皱内角，（°）。

$\beta_{\text{см}}$——煤层平面与断层裂缝平面之间的双棱角，（°）。

β_1——考虑了煤层有效厚度的系数。

β_2——考虑了层间距岩层中砂岩含量的系数。

γ——断裂破坏的倾角，（°）。

$\gamma_{\text{пор}}$——岩石容重，t/m^3。

$\gamma_{\text{уг}}$——煤容重，t/m^3。

$\vec{\gamma}$——回采工作面推进方向与断裂破坏轴线之间的夹角，（°）。

δ_1、δ_2——保护层顶板中被保护带边界的角度，（°）。

δ_3、δ_4——保护层底板中被保护带边界的角度，（°）。

φ_1、φ_2、φ_3——保护层顶板中危险载荷恢复带边界的角度，（°）。

附录2　动力现象委员会的任务和职责

任　　务

对煤炭企业矿井动力现象的预防措施效果进行检查，对动力现象预测经验进行分析和总结。

在动力现象预测和动力现象预防措施效果检查方面制定统一的技术政策。

在联邦法规和规程，以及本《安全指南》没有规定的工业安全领域进行作业时，保证工业安全。

职　　责

审查将煤层或者其个别区段列为动力现象威胁和危险的资料。

审查动力现象预测和预防的新方法及评价依据，确定新方法在煤炭企业矿井推行的程序。

参与动力预测或者预防新方法的试验，审查试验结果，对该方法试验时所依据的使用手册和其他技术文件进行修改。

准备关于工业安全领域的联邦法规和规程，以及标准法律文件。

就动力现象预测和预防措施实施问题，对矿井技术人员给予业务帮助。

附录3 动力现象预测部门的任务和职责

任 务

在作业巷道及时查明属于冲击地压和突出"危险"等级的煤层区段。

检查动力现象预防措施效果。

定期检查生产巷道的冲击危险性。

职 责

在回采工作面和准备工作面定期预测冲击危险性和突出危险性，在作业文件规定的区域内预测冲击危险性和突出危险性。

考查动力现象预防措施参数。

进行动力现象预测或者预防措施效果检查时，在查明为"危险"等级的情况下，禁止作业。

向煤炭企业技术负责人（总工程师）通报冲击危险性和突出危险性预测结果及动力现象预防措施效果检查结果。

将已完成的动力现象预测和预防工程的信息填入煤炭企业制定的表格和牌板中。

参与动力现象预测方法和预防措施制定。

检查作业文件中是否有动力现象预测程序和动力现象预防措施实施程序，以及是否符合联邦法规和规程规定。

确定实施动力现象预测和预防的材料、装备、设备、仪表的需求量。

附录4　动力现象预防和预测综合措施中的问题清单

1. 在动力现象综合措施中包含：

煤层动力现象危险性等级结果；

动力现象预测周期和方法；

动力现象预防措施及其效果检查；

回采工作面和准备工作面降低动力现象的作业工艺；

揭露煤层时动力现象预测和预防措施；

实施动力现象预测和预防工程时，保证工业安全的措施。

2. 在动力现象综合措施中不包含：煤层揭露及回采巷道和准备巷道中的作业是在被保护带中进行的，并且不实施动力现象预测和预防措施。

3. 开采未被保护的突出危险煤层时，在动力现象综合措施中规定以下措施：

爆破作业以震动爆破的方式进行；

构建回采工作面回风流掺新风的稳定工作面通风（连续式开采法除外）；

在危险带和突出"危险"等级的煤层区段中作业时，详细规定工艺过程和煤与瓦斯突出预防措施的实施细则；

回采工作面和准备工作面的甲烷浓度远距离监测，包括煤层和半煤岩工作面的震动爆破。

自救器转换站和人员集体救护站安装地点，设置电话通信及机器和机械装置远距离控制。

4. 在危险带和突出"危险"等级的煤层区段中实施工艺过程和突出预防措施，应考虑本《安全指南》附录15中的工艺过程与突出预防措施平行作业的限制。

附录 5 在矿井中推行动力现象预测或者 预防新方法的程序

1. 动力现象预测或者预防新方法由动力现象预防领域的专业机构研究制定。

2. 动力现象预测或者预防新方法所使用的技术设备必须进行工业安全性鉴定。

3. 动力现象预测或者预防新方法的研究机构需要：

准备新方法研制已完成的总结报告，在报告中基于作业矿山地质条件的分析，论证新方法推行的可能性，并确定在井下进行试验的要求和条件；

制定新方法试验必须的应用指南和技术文件，其中包括在井下进行试验的技术文件。

4. 动力现象委员会审查动力现象预测或者预防新方法。动力现象委员会评价动力现象预测或者预防新方法的论证充分性，并确定新方法在煤炭企业矿井中推行的程序。

5. 动力现象预测或者预防新方法的研究机构制定在井下进行试验的计划和方法，提交这些计划和方法，并在动力现象委员会会议上进行审查。

动力现象预测或者预防新方法在井下进行试验的计划和方法由煤炭企业技术负责人（总工程师）批准。

6. 为了进行动力现象预测或者预防新方法试验，由煤炭企业负责人签署行政文件成立试验委员会。试验委员会成员包括煤炭企业的技术人员、动力现象预测或者预防新方法设计机构的技术人员，以及动力现象预防领域其他专业机构的技术人员。为了检查监督试验时是否遵守工业安全规章，经同意，试验委员会成员包括俄罗斯技术监督局的工作人员。

7. 试验结束后，试验委员会要完成试验报告和试验记录。

试验报告可以是任意形式。

试验记录作为试验报告的附录。

试验附录中包括：

试验对象的资料、用途、技术特征和应用范围；

试验的目的和任务；

试验规模的依据；

矿山地质条件和矿山技术条件的资料；

得到的数据；

试验对象的技术条件与工业安全规章相符合的资料；

试验时查出的缺陷描述；

试验委员会的结论和建议。

8. 根据试验结果，动力现象预测或者预防新方法的研究机构对应用指南和技术文件进行修正。

9. 试验委员会向动力现象委员会提交试验报告和试验记录。试验结果在动力现象委员会会议上审查。试验报告和应用指南由煤炭企业技术负责人（总工程师）批准。

10. 技术改建文件应通过工业安全性鉴定，并由矿井技术负责人（总工程师）批准。技术改建文件批准之后，矿井技术负责人（总工程师）对作业文件进行相应改变。

11. 进行动力现象预测或者预防新方法试验时，设计机构或者其他专业机构参加。

12. 动力现象预测或者预防新方法试验结束后，新方法设计机构准备试验的全部汇总文件，包括：

进行新方法试验的应用指南和技术文件；

矿井地质条件下，推行动力现象预测或者预防新方法可行性的依据；

在动力现象预测或者预防新方法中所使用的技术设备工业安全性鉴定；

动力现象预测或者预防新方法的试验计划和试验方法；

动力现象委员会审查动力现象预测或者预防新方法的会议纪要；

设计机构和（或者）动力现象预防领域的其他专业机构在进行动力现象预测或者预防新方法试验时完成的科学研究工作总结。

动力现象预防领域的其他专业机构未参加试验但参与动力现象预测和预防新方法研究的技术人员的意见。

附录6　动力现象调查和统计程序

1. 所有已发生的动力现象均应调查和统计。

2. 调查已发生的动力现象原因时，遵循俄罗斯技术监督局 2011 年 8 月 19 日 №480 令批准的《受生态、技术及原子能监督局监管的工程项目的事故、事件原因及工业用途爆炸材料损失情况的技术调查程序》。

3. 参加已发生动力现象原因调查鉴定工作的技术人员遵循俄罗斯技术监督局 2011 年 12 月 20 日 №743 令批准的《煤矿事故技术原因调查时鉴定工作的方法建议》。

4. 动力现象预防领域专业机构的技术人员列为动力现象调查委员会成员。

5. 调查突出和冲击地压时，使用大气瓦斯监控系统（以下简称 АГК）的数据确定井巷瓦斯涌出量。

为了确定动力现象时的甲烷涌出量，首先使用距离动力现象发生地点最近的大气瓦斯监控系统传感器的读数。当不能根据这些读数确定甲烷涌出量时，使用安装在矿井、翼部、水平回风流巷道中的大气瓦斯监控系统传感器的读数。

确定动力现象之后甲烷涌出量的时间段为传感器安装地点的甲烷浓度降低至动力现象发生之前的甲烷平均浓度这一时间段。

6. 动力现象之前的事件（动力预兆）首次显现时，应在 1 天内进行调查。事件调查由矿井技术负责人（总工程师）组织，并吸收动力现象委员会成员参与。调查结果形成报告，由动力现象委员会负责人批准。

7. 冲击地压资料记入本《安全指南》附录 14 中的冲击地压卡片。

突出和煤的压出资料记入本《安全指南》附录 14 中的突出（煤的压出）调查报告。

8. 动力现象资料记入矿山测量文件和本《安全指南》附录 14 中的动力现象统计簿。

9. 已发生的动力现象资料发送到动力现象预防领域的专业机构。

附录7　煤田地质动力区划的建议

1. 地下资源区段地质动力区划是为了查明岩体的单元结构，评价和预测岩体的应力和动力状态，评价和监测活性地质动力带。

2. 矿井建设和（或者）改建之前，如果其所处位置未进行过地下资源区段地质动力区划，则需进行地质动力区划。

3. 地质动力区划的目的是为了得到矿井建设和（或者）改建设计文件所要使用的资料。

4. 进行地质动力区划时需要做如下工作：

分析在整个煤田或者煤田区段进行地质、地球物理、地球化学、地质动力和第一绘制工作时得到的现有资料（以下简称储备资料）；

判读航空航天照片，分辨直线和（或者）弧形构造单元，测量分析地表形态，勘测工程地质。

5. 进行地质动力区划时，分辨岩体的单元结构、地质断裂和它们的交叉节点，以及单元内部的大地构造结构。

6. 根据形态测量结果确定：

岩层的不整合赋存区域；

隐伏的残余地貌区域；

地区性背斜和向斜构造；

地表抬升和下降区域；

在已查明的单元内，岩层赋存的拐点区段；

将上述结果填入地下资源区段的地形测量图上。

7. 绘制地图时：

将构造板块和形态测量分析结果与储备资料数据进行对比；

准确确定已查明的单元结构、构造断裂和不同阶次的构造及其运动；

选出潜在的动力显现危险带：活性断裂、活性断裂的交叉节点、活性地区性构造和构造运动应力带；

查明单元相互作用的情况，复原岩体主应力。

8. 准确确定潜在的地质动力危险带边界和根据地质动力活性程度细分危险带的资料，进行大地测量、地球物理和地球化学研究。

9. 将描述煤层和岩层物理力学和工程性质的资料填到地形测量图上。

10. 根据岩体数学模拟运算结果，评价岩体的应力状态及其动态。

11. 对于矿井改建而进行的动力区划，要使用在动力区划过的煤田区段作业时得到的资料。

12. 将煤田裁切为井田和（或者）优化布置井田相对于应力带的位置，以及选择井田最佳裁切方案和开采方法时，要使用地质动力区划结果。

13. 将重新查明的地质动力危险带及地质动力和地震过程活性带填到地质动力区划文件、矿山测量文件和作业文件中。

将重新查明的地质动力危险带边界坐标记入坐标目录中。

地质动力危险带的边界要与矿山测量控制网的测点连测。

14. 对于重新查明的地质动力危险带，要确定它们的活性和潜在的危险性程度。

附录8 被保护带简图和矿山压力升高带简图

1. 根据本附录附图8-1和附图8-2所示的简图绘制被保护带。

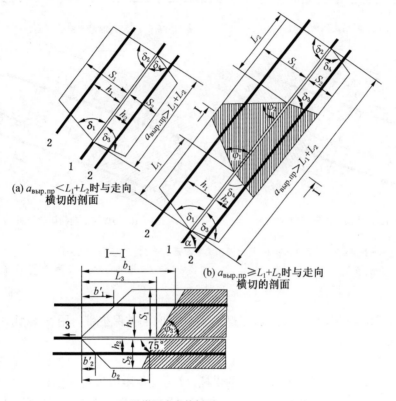

(a) $a_{вырп}<L_1+L_2$时与走向
横切的剖面

(b) $a_{вырп}\geq L_1+L_2$时与走向
横切的剖面

I—I

(c) 沿煤层走向的剖面

1—保护层；2—被保护层；3—保护层回采工作面推进方向；☐—被保护带；▨—危险载荷恢复区域（亚带1）；
α—煤层倾角，(°)；δ_1、δ_2—保护层顶板中被保护带的边界角度，(°)；δ_3、δ_4—保护层底板中被保护带的边界角度，(°)；
φ_1、φ_2、φ_3—保护层顶板中危险载荷恢复带边界的角度，(°)；
$a_{вырпр}$—保护层中回采巷道采空区沿倾向的尺寸，m；b_1—保护层中已采区域的边界到下部被采煤层中
危险载荷恢复区域边界的距离，m；b_2—保护层中已采区域的边界到上部被采煤层中危险载荷恢复区域边界的距离，m；
b'_1—保护层中已采区域的边界到下部被采煤层中危险载荷恢复区域边界的最小距离，m；
b'_2—保护层中已采区域的边界到上部被采煤层中危险载荷恢复区域边界的最小距离，m；
h_1—保护层到下部被采动煤层的距离，m；h_2—保护层到上部被采动煤层的距离，m；
S_1—保护层顶板中被保护带的尺寸，m；S_2—保护层底板中被保护带的尺寸，m；
L_1—被保护带在保护层中沿仰斜方向的尺寸，m；
L_2—被保护带在保护层中沿倾斜方向的尺寸，m；L_3—被保护带在保护层中沿走向方向的尺寸，m

附图8-1 走向长壁法开采保护层时被保护带简图

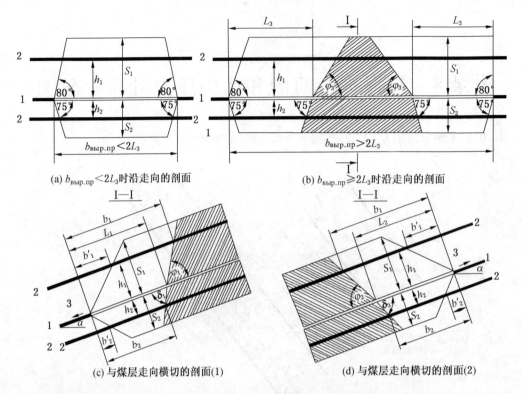

1—保护层；2—被保护层；3—保护层回采工作面推进方向；▭—被保护带；
▨—危险载荷恢复区域（亚带1）；$b_{\text{выр.пр}}$—保护层中回采巷道采空区沿走向的尺寸，m

附图8-2 倾斜长壁法开采保护层时被保护带简图

为了绘制附图8-2所示的沿仰斜方向开采保护层时的被保护带，用δ_3取代δ_4，φ_2取代φ_1，L_2取代L_1。

计算被保护带时，在厚度小于4 m的煤层中不考虑尺寸小于$0.1l$的煤柱，在厚度大于或等于4 m的煤层中不考虑尺寸小于8 m的煤柱（l为支承压力带宽度，m）。

在采空区留设上述尺寸的煤柱时，$a_{\text{выр.пр}}$和（或者）$b_{\text{выр.пр}}$的取值等于采空区沿倾向和（或者）走向的总宽度。

当厚度小于4 m的煤层中煤柱尺寸大于$0.1l$及厚度大于或等于4 m的煤层中煤柱尺寸大于8 m时，$a_{\text{выр.пр}}$和（或者）$b_{\text{выр.пр}}$的取值取决于煤柱一侧和煤层另一侧所限定的采空区宽度。

2. 保护层顶板中被保护带尺寸S_1根据下式确定：

$$S_1 = \beta_1\beta_2 S_1' \qquad (\text{附}8-1)$$

式中 β_1——考虑了煤层有效厚度的系数；

β_2——考虑了层间距岩层中砂岩含量的系数；

S_1'——被保护层的下层先采时，考虑了采空区尺寸和保护层开采深度的参数，m。

当$m_{\text{эфф}} < m_0$时，根据下式确定β_1：

$$\beta_1 = \frac{m_{\text{эфф}}}{m_0} \qquad (\text{附}8-2)$$

式中 $m_{эфф}$——煤层有效厚度，m；

　　　m_0——保护层临界厚度，m。

当 $m_{эфф} \geq m_0$ 时，β_1 取1。

保护层临界厚度 m_0 是保护作用有效的最小保护层厚度。

保护层临界厚度 m_0 根据本附录附图8-3所示的诺模图确定。

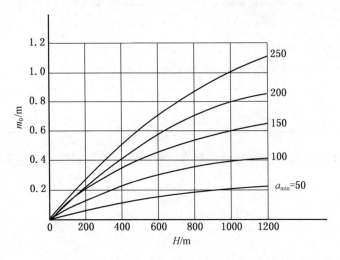

附图8-3 确定保护层临界厚度 m_0 的诺模图

β_2 根据下式确定：

$$\beta_2 = 1 - 0.004\eta \qquad (\text{附}8-3)$$

式中 η——层间距岩石中砂岩含量，%。

保护层底板中被保护带尺寸 S_2 根据下式确定：

$$S_2 = \beta_1\beta_2 S_2' \qquad (\text{附}8-4)$$

式中 S_2'——被保护层的上层先采时，考虑了采空区尺寸和保护层开采深度的参数，m。

S_1' 和 S_2' 的取值见本附录附表8-1。

附表8-1 S_1' 和 S_2' 的取值　　　　　　　　　　　　　　m

保护层开采深度 H	S_1'							
	保护层中回采巷道采空区沿倾向的尺寸 $a_{выр.\,пр}$ 或者沿走向的尺寸 $b_{выр.\,пр}$ 的最小值							
	50	75	100	125	150	175	200	≥250
300	70	100	125	148	172	190	205	220
400	58	85	112	134	155	170	182	194
500	50	75	100	120	142	154	164	174
600	45	67	90	109	126	138	146	155
800	33	54	73	90	103	117	127	135
1000	27	41	57	71	88	100	114	122
1200	24	37	50	63	80	92	104	113

附表 8 - 1（续） m

保护层开采深度 H	S_2'						
	保护层中回采巷道采空区沿倾向的尺寸 $a_{\text{выр. пр}}$ 或者沿走向的尺寸 $b_{\text{выр. пр}}$ 的最小值						
	50	75	100	125	150	200	≥250
300	62	74	84	92	97	102	102
400	44	56	64	73	79	84	84
500	32	43	54	62	69	75	75
600	27	38	48	56	61	68	68
800	23	32	40	45	50	56	56
1000	20	28	35	40	45	50	50
1200	18	25	31	36	41	44	45

3. 保护层顶板和底板中危险载荷恢复带边界的绘制按下列煤层赋存参数进行：

下层先采时：

$$S_1 > h_1 \qquad\qquad (附 8-5)$$

上层先采时：

$$S_2 > h_2 \qquad\qquad (附 8-6)$$

为了绘制危险载荷恢复带的边界，保护层顶板中的角度 φ_1、φ_2、φ_3，以及底板中的角度 δ_1、δ_2、δ_3、δ_4 的取值见本附录附表 8-2。

附表 8 - 2 δ_1、δ_2、δ_3、δ_4 的取值 （°）

保护层倾角 α	角 度						
	δ_1	δ_2	δ_3	δ_4	φ_1	φ_2	φ_3
0	80	80	75	75	64	64	64
10	77	83	75	75	62	63	63
20	73	87	75	75	60	60	61
30	69	90	77	70	59	59	59
40	65	90	80	70	58	56	57
50	70	90	80	70	56	54	55
60	72	90	80	70	54	52	53
70	72	90	80	72	54	48	52
80	73	90	78	75	54	46	50
90	75	80	75	80	54	43	48

根据伯绍拉矿区的矿山地质条件，下层先采时保护层顶板中的层间距 $h_1 \leq 25$ m 或者上层先采时保护层底板中的层间距 $h_1 \leq 25$ m，$\alpha \leq 30°$，$m \geq 1.3$ m，取 $\delta_1 = \delta_2 = \delta_3 = \delta_4 = 90°$。

4. 被保护层中的危险载荷恢复区域在下列条件下形成：

$$a \geq L_1 + L_2 \quad 和 \quad b \geq 2L_3 \qquad\qquad (附 8-7)$$

L_1、L_2 和 L_3 的取值根据本附录附图 8－4 所示的诺模图确定。

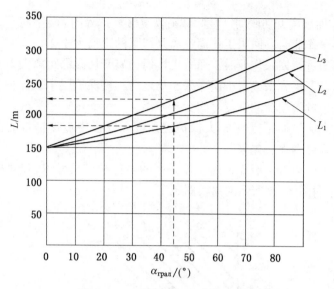

附图 8－4　确定 L_1、L_2 和 L_3 的诺模图

5. 保护层回采工作面超前于被保护层作业的距离（最小超前距和最大超前距）的确定：

由保护层已采区域边界到下部被采动煤层的被保护带边界的最小距离（下层先采时的最小超前距）b_1' 根据下式确定：

$$b_1' = 0.6h_1 \qquad\qquad (附8-8)$$

由保护层已采区域边界到上部被采动煤层的被保护带边界的最小距离（上层先采时的最小超前距）b_2' 根据下式确定：

$$b_2' = h_2 \qquad\qquad (附8-9)$$

由保护层已采区域边界到下部被采动煤层的危险载荷恢复区域的距离（在危险载荷恢复区域范围（亚带 1）内进行作业时的准许超前距）b_1 根据下式确定：

沿走向进行回采作业时：

$$b_1 = L_3 + h_1\cot\varphi_3 \qquad\qquad (附8-10)$$

沿倾斜进行回采作业时：

$$b_1 = L_1 + h_1\cot\varphi_1 \qquad\qquad (附8-11)$$

沿仰斜进行回采作业时：

$$b_1 = L_2 + h_1\cot\varphi_2 \qquad\qquad (附8-12)$$

由保护层已采区域边界到上部被采动煤层的危险载荷恢复区域的距离（在危险载荷恢复区域范围（亚带 1）内进行作业时的准许超前距）b_2 根据下式确定：

沿走向进行回采作业时：

$$b_2 = L_3 - 0.3h_2 \qquad\qquad (附8-13)$$

沿倾斜进行回采作业时：

$$b_2 = L_1 - 0.3h_2 \qquad\qquad (附8-14)$$

沿仰斜进行回采作业时：

$$b_2 = L_2 - 0.3h_2 \qquad\qquad （附 8 - 15）$$

6. 当回采工作面远离开切眼时，危险载荷恢复区域边界的确定：

沿走向进行回采作业时，回采工作面远离开切眼的距离大于 $2L_3$；

沿倾斜或者仰斜进行回采作业时，回采工作面远离开切眼的距离大于 $L_1 + L_2$。

采用保护层进行下层先采或者上层先采 5 年之后，被保护层中被保护带的危险载荷得到恢复，而亚带 1 中危险载荷的恢复时间少于 5 年。

7. 开采薄煤层煤层组时，为了扩大保护层顶板和底板中被保护带的范围，再次进行被保护层的上层先采或者下层先采。

再次进行上层先采或者下层先采时，顶板中的被保护带尺寸 $S_{к1}$ 和底板中的被保护带尺寸 $S_{к2}$ 根据本附录附图 8 - 5 所示的诺模图确定。

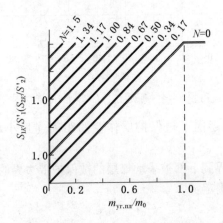

$m_{\text{уг. пл}}$—煤层厚度，m；N—考虑了下层先采或者上层先采对被保护层影响程度的系数

附图 8 - 5　顶板中的被保护带尺寸 $S_{к1}$ 和底板中的被保护带尺寸 $S_{к2}$ 的诺模图

系数 N 根据下式确定：

上层先采时：

$$N = \left(1.67 - 0.67\frac{h_1}{S_1}\right)\frac{m_{\text{уг. пл}}}{m_0} \qquad\qquad （附 8 - 16）$$

下层先采时：

$$N = \left(1.67 - 0.67\frac{h_2}{S_2}\right)\frac{m_{\text{уг. пл}}}{m_0} \qquad\qquad （附 8 - 17）$$

根据本附录附图 8 - 5 所示的诺模图确定 $S_{к1}$ 和 $S_{к2}$ 时，S_1' 和 S_2' 按本附录附表 8 - 1 取值，$m_{\text{уг. пл}}$ 等于对应于 $S_{к1}$ 和 $S_{к2}$ 的保护层厚度。

被保护层再次上层先采时被保护带简图如本附录附图 8 - 6 所示。

被保护层再次上层先采或者下层先采时，绘制距其最近的保护层的保护带。

8. 上层先采时，根据本附录附图 8 - 7 所示的简图确定保护层局部开采参数。

下层先采时，根据与本附录附图 8 - 6 所示的类似简图确定保护层局部开采参数，用 h_2 和 h_2' 替代 h_1 和 h_1'。

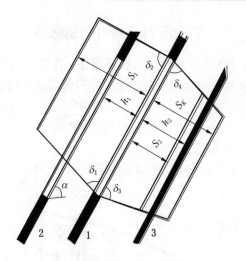

1、2—保护层；3—被保护层

附图8-6 被保护层再次上层先采时被保护带简图

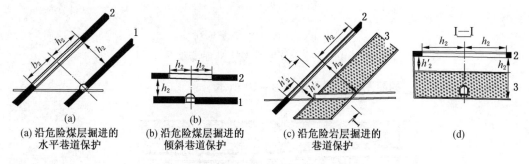

(a)
(a) 沿危险煤层掘进的
水平巷道保护

(b)
(b) 沿危险煤层掘进的
倾斜巷道保护

(c)
(c) 沿危险岩层掘进的
巷道保护

(d)

1—危险煤层；2—保护层；3—危险岩层

附图8-7 确定保护层局部开采参数的简图

9. 下层先采时，被保护层中的切割巷道布置在距离煤柱边界基准线不小于$0.3h_1$的被保护带范围内；上层先采时，被保护层中的切割巷道布置在距离煤柱边界基准线不小于$0.3h_2$的被保护带范围内。下层先采时，被保护层中的切割巷道距离回采工作面不小于$0.7h_1$；上层先采时，被保护层中的切割巷道距离回采工作面不小于$0.7h_2$。

被保护层中切割巷道的布置如本附录附图8-8所示。

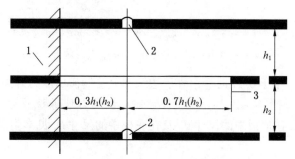

1—保护层中留设煤柱的边界基准线；2—切割巷道；3—回采作业方向

附图8-8 被保护层中切割巷道的布置简图

矿山压力升高带绘制简图

10. 对于形成矿山压力升高带的煤层边缘和煤柱，绘制矿山压力升高带。

11. 由采空区和（或者）巷道相对立的两侧圈定的煤层区段，如果其宽度 L 满足下列条件，则认为是煤柱：

$$0.1l \leqslant L \leqslant (K_1 + K_2)l \qquad （附8-18）$$

式中　K_1、K_2——取决于煤柱宽度 L 的系数。

根据本附录附图8-9所示的诺模图或者附表8-6中的公式确定系数 K_1、K_2。

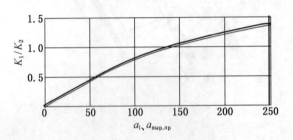

a_1 和 $a_{выр.пр}$——相对立的两侧宽度，m

附图8-9　确定系数 K_1、K_2 的诺模图

确定 a_1 和 $a_{выр.пр}$ 的简图如本附录附图8-10所示。

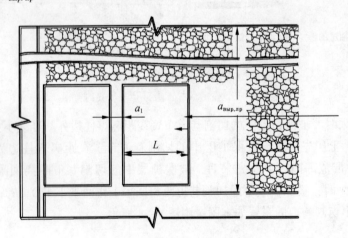

a_1——巷道毛断面宽度，m；$a_{выр.пр}$——采空区宽度，m；L—煤柱宽度，m

附图8-10　确定 a_1 和 $a_{выр.пр}$ 的简图

当 a_1 或者 $a_{выр.пр}$ 小于 $0.1l$ 时，由煤层边缘部分绘制矿山压力升高带。

12. 根据本附录附图8-11所示的简图绘制矿山压力升高带。

矿山压力升高带在顶板中的尺寸 d_1 及在底板中的尺寸 d_2 见本附录附表8-3。

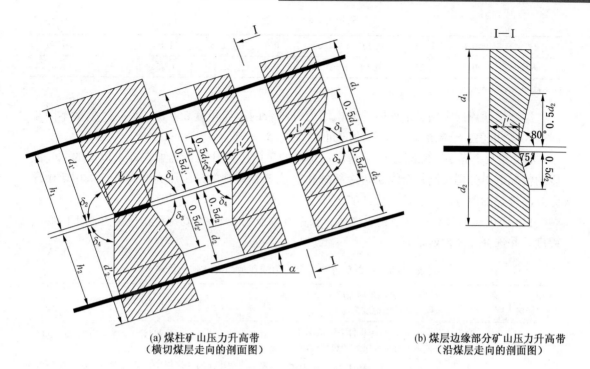

(a) 煤柱矿山压力升高带　　　　　　　　　　(b) 煤层边缘部分矿山压力升高带
（横切煤层走向的剖面图）　　　　　　　　　　（沿煤层走向的剖面图）

附图 8 - 11　矿山压力升高带简图

附表 8 - 3　矿山压力升高带在顶板中的尺寸 d_1 及在底板中的尺寸 d_2 m

煤柱下边缘到地表的最大距离 H_{max}	d_1					d_2				
	$a_{выр. пр}$									
	100	125	150	200	250	100	125	150	200	250
300	92	98	105	110	115	80	92	104	109	110
400	105	113	120	122	125	93	105	115	118	120
500	115	125	130	132	135	105	115	125	128	130
600	120	130	135	138	140	117	127	135	138	140
800	135	145	150	155	157	125	133	140	145	146
1000	145	155	160	165	168	132	140	148	150	153
1200	155	165	173	177	180	140	148	155	158	160

确定 d_1 和 d_2 时，H_{max} 和 $a_{выр. пр}$ 的实际数值增大到本附录附表 8 - 3 最临近的数值。

当 $a_{выр. пр} < 100$ m 时，d_1 和 d_2 的取值等于 $a_{выр. пр} = 100$ m 时的数值；当 $a_{выр. пр} > 250$ m 时，d_1 和 d_2 的取值等于 $a_{выр. пр} = 250$ m 时的数值。

确定煤柱的矿山压力升高带尺寸时，根据本附录附表 8 - 3 确定 d_1 和 d_2 的数值，并用 K_L 进行修正。

系数 K_L 见本附录附表 8 - 4。

附表 8-4　系　数　K_L

L/l	≤0.1	0.15	0.20	0.25	0.35	0.5	1.0	1.5	≥2.0
K_L	0	0.25	0.5	0.75	1.0	1.13	1.25	1.13	1.0

注：l—支承压力带宽度，m。

绘制横切煤层走向的剖面时，矿山压力升高带的边界角度 δ_1、δ_2、δ_3、δ_4 根据本附录附表 8-2 取值；绘制沿煤层走向的剖面时，$\delta_1 = \delta_2 = 80°$，$\delta_3 = \delta_4 = 75°$。

13. 在几个煤层边缘部分和（或者）煤柱的矿山压力升高带叠加在开采煤层的同一区段的情况下，分别绘制每个煤层边缘部分和（或者）煤柱的矿山压力升高带，采用矿山压力升高带叠加的方法绘制该区段的矿山压力升高带。

14. 矿山压力升高带绘制完成之后，根据本附录附表 8-5 确定矿山压力升高带的影响程度，并选择安全作业措施。

附表 8-5　矿山压力升高带的影响程度和安全作业措施

矿山压力升高带的影响程度	矿山压力升高带内煤层赋存的矿山地质条件	安全作业措施
I	在 $h_1 \le 0.5d_1$ 或者 $h_2 \le 0.5d_2$ 的情况下，矿山压力升高带没被地质破坏的煤层区段	在具有冲击地压倾向的煤层中：煤层边缘部分的防护带宽度等于 $1.3n$
	在 $h_1 \le d_1$ 或者 $h_2 \le d_2$ 的情况下，矿山压力升高带被地质破坏的煤层区段	在具有突出倾向的煤层中：突出预防措施和措施效果检查
II	$0.5d_1 < h_1 \le 0.8d_1$ 或者 $0.5d_2 < h_1 \le 0.8d_2$	在具有冲击地压倾向的煤层中：煤层边缘部分防护带宽度等于矿山压力升高带进口和出口区段的 $1.3n$ 在具有突出倾向的煤层中：突出日常预测
III	在 $0.8d_1 < h_1 \le d_1$ 或者 $0.8d_2 < h_1 \le d_2$ 的情况下，矿山压力升高带没被地质破坏的煤层区段	在具有冲击地压倾向的煤层中：煤层边缘部分的防护带宽度等于 n 在具有突出倾向的煤层中：突出日常预测

冲击地压最危险的情况是回采工作面向采空区方向推进。作业规划应保证矿山压力升高带基准线是由被保护带向矿山压力升高带方向推进的。在矿山压力升高带中的作业情况及冲击地压预防措施的运用由动力现象委员会审查。

矿山压力升高带的进入区段和离开区段根据本附录附图 8-12 所示的简图确定。

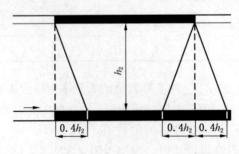

附图 8-12　进入区段和离开区段简图

15. 矿山压力升高带下层先采或者上层先采之后，在顶板中的尺寸 d_1'、在底板中的尺

寸 d_2'，以及支承压力带宽度 l' 根据下式确定：

$$d_1' = d_1 k_{эфф} \qquad （附8-19）$$

$$d_2' = d_2 k_{эфф} \qquad （附8-20）$$

$$l' = l k_{эфф} \qquad （附8-21）$$

式中 $k_{эфф}$——下层先采或者上层先采的效果系数。

下层先采或者上层先采的效果系数 $k_{эфф}$ 根据本附录附图8-13所示的诺模图确定。

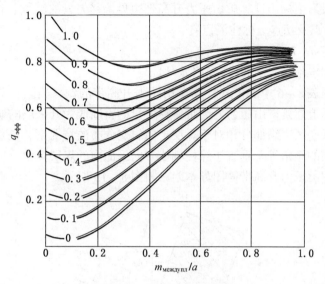

$q_{эфф}$—考虑了煤柱上层先采或者下层先采的系数；$m_{междупл}$—保护层与被保护层之间的岩层厚度

附图8-13 效果系数的诺模图

$q_{эфф}$ 根据下式确定：

当 $a \leqslant 250$ m 时：

$$q_{эфф} = \min\left(\frac{a}{H_{max}},\ 1\right) \qquad （附8-22）$$

当 $a > 250$ m 时：

$$q_{эфф} = \min\left(\frac{250}{H_{max}},\ 1\right) \qquad （附8-23）$$

矿山压力升高带下层先采时的简图如本附录附图8-14所示。

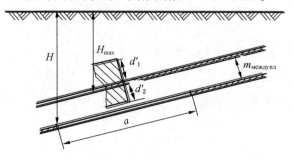

附图8-14 矿山压力升高带下层先采时的简图

矢量法绘制矿山压力升高带

16. 矢量法绘制矿山压力升高带时，需要计算矿山压力升高带边界相对于已采煤层的煤柱或者采空区边缘部分投影的偏移量。

矢量法绘制矿山压力升高带时按下列程序进行：

在开采层工程平面图上绘制已采煤层的煤柱或者采空区边缘部分的投影；

在绘制好的投影上标出计算矿山压力升高带边界偏移矢量的测点。在投影直线上每隔不大于 100 m、角点及拐点上标注测点；

每个测点确定 a、H、$m_{\text{уг. пл}}$、$m_{\text{между пл}}$；

每个测点根据本附录附表 8-3 确定 d_1 和 d_2；

根据本附录附表 8-6 中的公式计算矿山压力升高带的偏移矢量，并标注在工程平面图上。工程平面图上连接矿山压力升高带偏移矢量的直线成为开采层的矿山压力升高带。

在煤柱或者采空区边缘部分相对于煤层走向斜交分布的情况下，矢量法绘制矿山压力升高带时，开采层的倾角等于垂直于煤柱轴线方向平面内的煤层倾角。

矢量法绘制矿山压力升高带简图如本附录附图 8-15 所示。

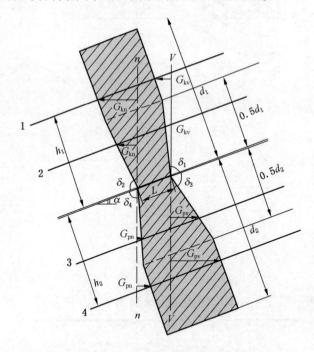

1、2—保护层顶板中的煤层；3、4—保护层底板中的煤层

附图 8-15　矢量法绘制矿山压力升高带简图

矿山压力升高带边界偏移矢量值 G_{kn}、G_{kv} 及底板中的矢量值 G_{pn}、G_{pv} 根据本附录附表 8-6 中的公式确定。

附表8-6　矢量法绘制矿山压力升高带边界的公式

煤层赋存条件	矢量法绘制矿山压力升高带边界的公式
	绘制保护层底板方向矿山压力升高带边界的公式
$h_2 \leqslant 0.5d_2$	$G_{pn} = h_2 \dfrac{\cos(\delta_4 + \alpha)}{\sin\delta_4}$
	$G_{pv} = h_2 \dfrac{\cos(\delta_3 - \alpha)}{\sin\delta_3}$
$0.5d_2 \leqslant h_2 \leqslant d_2$	$G_{pn} = d_2 \dfrac{\cos(\delta_4 + \alpha)}{2\sin\delta_4} - (h_2 - 0.5d_2)\sin\alpha$
	$G_{pv} = d_2 \dfrac{\cos(\delta_4 + \alpha)}{2\sin\delta_4} + (h_2 - 0.5d_2)\sin\alpha$
	绘制保护层顶板方向矿山压力升高带边界的公式
$h_1 \leqslant 0.5d_1$	$G_{kn} = h_1 \dfrac{\cos(\delta_2 - \alpha)}{\sin\delta_2}$
	$G_{kv} = h_1 \dfrac{\cos(\delta_1 + \alpha)}{\sin\delta_1}$
$0.5d_1 \leqslant h_1 \leqslant d_1$	$G_{kn} = d_1 \dfrac{\cos(\delta_2 - \alpha)}{2\sin\delta_2} + (h_1 - 0.5d_1)\sin\alpha$
	$G_{kv} = d_1 \dfrac{\cos(\delta_1 + \alpha)}{2\sin\delta_1} - (h_1 - 0.5d_1)\sin\alpha$

矢量法绘制矿山压力升高带时，准许使用电子计算机。

绘制被保护带和矿山压力升高带的计算公式

17. 保护层临界厚度 m_0 根据下式计算：

$$m_0 = 0.04 \frac{H}{100}\left(1 + \frac{a_{\min}}{100} - \frac{H}{1000}\right) \qquad (附8-24)$$

以图示形式确定保护层临界厚度 m_0 的诺模图如本附录附图8-3所示。

18. S_1'、S_2' 值根据下式计算：

$$S_1' = 486a_{\text{minвыр.пр}}^2 (a_{\text{minвыр.пр}} + 50)^{-2.6}\left[\ln H - 4.3(a_{\text{minвыр.пр}} + 50)^{0.15}\right]^2 \quad (附8-25)$$

$$S_2' = \frac{1.52a_{\text{minвыр.пр}} - 25}{(H + 2a_{\text{minвыр.пр}} - 53^2)} + 14.3\ln\frac{a_{\text{minвыр.пр}}}{19} \qquad (附8-26)$$

式中　$a_{\text{minвыр.пр}}$——采空区沿煤层倾向尺寸 $a_{\text{выр}}$ 和沿煤层走向尺寸 $b_{\text{выр}}$ 的最小值，m。

以表格形式确定的 S_1'、S_2' 值见本附录附表8-1。

19. 角度 δ_1、δ_2、δ_3、δ_4 根据下式计算：

$$\delta_1 = 0.0875(780 - \alpha) + 0.2875|\alpha - 40| \qquad (附8-27)$$

$$\delta_2 = 0.333(375 - \alpha) - 0.1666|\alpha - 30| - 0.5|\alpha - 80| \qquad (附8-28)$$

$$\delta_3 = 0.125(690 - \alpha) + 0.125|\alpha - 20| - 0.125|\alpha - 40| - 0.125|\alpha - 70|$$

（附 8 - 29）

$$\delta_4 = 0.1667(375 - \alpha) - 0.25|\alpha - 20| + 0.25|\alpha - 30| + 0.1667|\alpha - 60|$$

（附 8 - 30）

以表格形式确定角度 δ_1、δ_2、δ_3、δ_4 的数据见本附录附表 8 - 2。

20. L_1、L_2、L_3 值根据下式计算：

$$L_1 = 150 + 0.00595\alpha(76 + \alpha) \qquad （附 8 - 31）$$

$$L_2 = 150 + 0.00525\alpha(176 + \alpha) \qquad （附 8 - 32）$$

$$L_3 = 150 + 0.00331\alpha(454 + \alpha) \qquad （附 8 - 33）$$

以图示形式确定 L_1、L_2、L_3 值的诺模图如本附录附图 8 - 4 所示。

21. 系数 K_1、K_2 根据下式计算：

$$K_1(K_2) = 0.64\ln\left(\frac{a_{\text{выр. пр}}}{30} + 1\right) \qquad （附 8 - 34）$$

以表格形式确定系数 K_1、K_2 的诺模图如本附录附图 8 - 9 所示。

22. 矿山压力升高带在煤层顶板中的尺寸 d_1 和在底板中的尺寸 d_2 根据下式计算：

$$d_1 = \frac{211(H + 8l)}{H + 570} + 33.3\frac{a_{\text{выр. пр}} - 100}{a_{\text{выр. пр}} - 23} \qquad （附 8 - 35）$$

$$d_2 = 0.000062(a_{\text{выр. пр}} - 806)|H - 600| + 0.0001(H - 2345)|a_{\text{выр. пр}} - 150| +$$
$$0.000124(700H + 2323a_{\text{выр. пр}} - Ha_{\text{выр. пр}}) + 52 \qquad （附 8 - 36）$$

以表格形式确定 d_1 和 d_2 的数据见本附录附表 8 - 3。

23. 根据本附录附式（8 - 24）至附式（8 - 36）计算被保护带和矿山压力升高带参数，计算结果要与本附录的诺模图或者表格所确定的结果进行比较。

附录9 保护煤柱与可让压煤柱的参数

1. 位于被保护巷道和采空区之间的保护煤柱宽度 $l_{\text{oxp. цел}}$ 等于：

$$l_{\text{oxp. цел}} > l \qquad\qquad\qquad (\text{附}9-1)$$

式中 l——支承压力带宽度，m。

支承压力带宽度根据本附录附图9-1所示的诺模图确定。

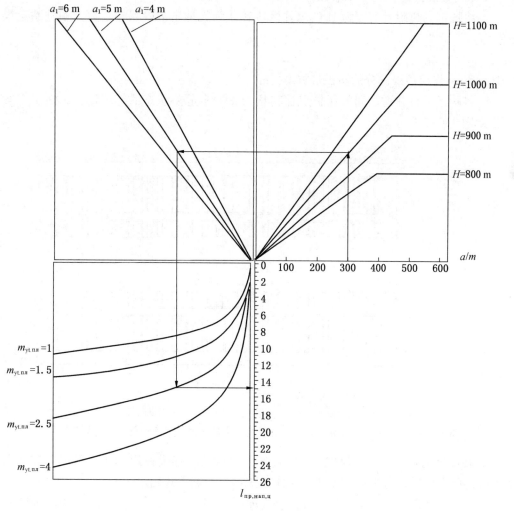

H—煤层埋藏深度，m；a_1—第二条成对巷道的宽度，m；$m_{\text{уг. пл}}$—煤层厚度，m

附图9-1 极限应力煤柱宽度 $l_{\text{пр. над. ц}}$ 的诺模图

在分层开采的厚煤层中，开采第一分层时，根据开采分层厚度 $m_{\text{вын. сл}}$ 确定支承压力带

宽度 l。开采第二分层及以后各分层时，煤柱宽度等于：

$$l_{\text{охр. цел}} \geq l + \sum_{i=1}^{n} 1.5 m_{\text{вын. сл}} \qquad (\text{附} 9-2)$$

2. 沿煤层掘进的两条平行巷道之间的保护煤柱宽度等于：

$$l_{\text{охр. цел}} > 0.5l \qquad (\text{附} 9-3)$$

为了维护沿煤层掘进的准备巷道，可让压煤柱宽度根据下式确定：

$$l_{\text{охр. цел}} < m + 1 \qquad (\text{附} 9-4)$$

无须采取措施提高它们的可压缩性。

根据下式确定的宽度：

$$m + 1 \leq l_{\text{охр. цел}} < 0.1l \qquad (\text{附} 9-5)$$

如果需要提高煤柱的可压缩性，可预先施工大直径钻孔。

3. 将掘进巷道附近宽度为 Π 的煤柱区段转化为无冲击危险状态之后，掘进圈定煤柱的巷道：

$$\Pi \geq l_{\text{охр. цел}} + a + n \qquad (\text{附} 9-6)$$

式中　n——煤层边缘部分的防护带宽度，m。

4. 将两条平行巷道之间的保护煤柱转化为无冲击危险状态的卸压钻孔，施工方案如本附录附图9-2所示。

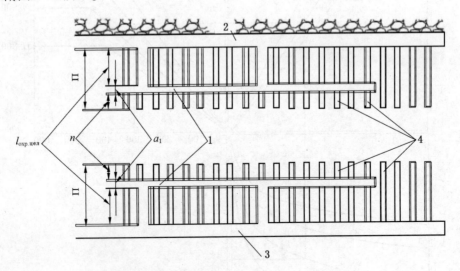

1—掘进巷道；2—回风平巷；3—运输平巷；4—卸压钻孔

附图9-2　宽度小于0.5l的保护煤柱转化为无冲击危险状态卸压钻孔的施工方案

5. 在厚度为4 m以下的煤层中，沿煤层掘进的装备巷道使用可让压保护煤柱（以下简称可让压煤柱）进行维护，可让压煤柱宽度 $l_{\text{под. ц}}$ 根据下式确定：

$$l_{\text{под. ц}} \leq (m_{\text{уг. пл}} + 1) \qquad (\text{附} 9-7)$$

式中　$m_{\text{уг. пл}}$——煤层开采厚度或其分层开采厚度，m。

6. 在采取措施增加其可压缩性的情况下，留设的可让压煤柱宽度：

$$l_{\text{под. ц}} < C_1 < 0.1l \qquad (\text{附} 9-8)$$

在施工卸压钻孔和注入增塑剂的情况下，煤柱的可压缩性增大。

7. 沃尔库塔煤田可让压煤柱宽度根据下式确定：

$$l_{\text{под. ц}} \leq 0.5 l_{\text{пр. над. ц}} + 2r \qquad (\text{附} 9-9)$$

式中　$l_{\text{пр. над. ц}}$——极限应力煤柱宽度，m；

　　　　r——煤的压出带宽度，m。

极限应力煤柱宽度根据本附录附图 9-1 所示的诺模图确定。

采用综合机械化方法掘进巷道而不执行冲击地压预防措施时，r 取值如下：

第五煤层——0.7 m；

第四煤层——0.6 m；

第三煤层和厚煤层——0.5 m。

在采取冲击地压预防措施掘进成对巷道的情况下，增大可让压煤柱宽度。

附录 10　在具有冲击地压倾向煤层中开采煤柱时预防冲击地压的措施

在具有冲击地压倾向的煤层中开采煤柱时，建议实施以下措施：

（1）煤柱保护性的下层先采或者上层先采。

（2）煤柱开采：

煤柱宽度小于 $0.5l$ 时，煤柱实施冲击地压预防措施之后开采；

煤柱宽度为 $0.5l$ 及以上时，煤层边缘部分实施无冲击危险措施之后开采；

在宽度 n 内掘进准备巷道；

仅在查明为"危险"等级的情况下，在宽度 $n+b$ 内进行作业；

平巷之间的煤柱开采由它们的联络巷向煤层走向方向推进；

与采空区交界的煤柱开采向远离采空区的方向进行；

采用打眼爆破方法开采煤柱时，采用炸药的瞬发爆破方法或者瞬时延发爆破方法；

沿着全部宽度开采煤柱。

附录11　在具有动力现象倾向煤层地质破坏带中的作业

1. 在具有动力现象倾向的煤层中作业时，建议实施以下保证工业安全的措施：

地质破坏预测；

地质破坏探测；

地质破坏动力现象活性评价；

在地质破坏带中作业时的安全措施。

2. 预测、探测，以及评价煤层地质破坏的活性时，建议使用《俄罗斯联邦煤田地质工作规程》（全苏矿山地质力学和矿山测量科学研究所，1993）。

3. 煤层地质破坏边界：

（1）断裂破坏：煤强度降低的煤层区段边界，断层裂缝每侧宽度 $B_{\text{см}}$ 根据下式确定：

$$B_{\text{см}} = \frac{N}{\sin\beta_{\text{см}}}$$

式中　　N——断裂破坏移动的法向断距，m；

$\beta_{\text{см}}$——煤层平面与断层裂缝平面之间的双棱角，（°）；

（2）小落差褶皱沉积破坏：由地质矿山测量部门确定边界。

（3）结构破坏：根据《开采煤田时动力现象预测和岩体监测细则》附录24确定的煤层区段边界，存在厚度20 cm以上煤的结构变化的分层、增高的煤和围岩的裂隙带。

4. 根据井田地质勘探得到的资料及地质和地球物理资料，确定煤层地质破坏的状态和参数。

5. 煤层地质破坏影响带的范围为地质破坏边界两侧各20 m。

地 质 破 坏 预 测

6. 地质破坏预测依据的资料：

矿山地质文件；

施工动力现象预测和预防措施效果检查钻孔时得到的资料；

施工卸压钻孔时得到的资料；

进行岩体监测时得到的资料；

人工声学信号参数。

进行地质破坏预测时，煤炭企业部门的协同动作程序由煤炭企业技术负责人（总工程师）规定。

地质破坏探测

7. 在接近地质破坏边界 20 m 以远，地质矿山测量部门以书面形式向技术负责人（总工程师）发出巷道接近已查明的地质破坏边界的通知单。

8. 参与地质破坏探测的技术人员在结束工作之前，以口头形式通知煤炭企业技术负责人（总工程师）已出现的地质破坏预兆。

9. 当出现了未查明的地质破坏预兆时，停止巷道掘进作业。实施探测打钻之后，根据煤炭企业技术负责人（总工程师）的决定恢复作业。

10. 确定地质破坏位置和参数的探测钻孔施工方案由煤炭企业技术负责人（总工程师）批准。

11. 探测已查明的地质破坏：

在准备巷道，从工作面到地质破坏边界不小于 10 m 处起，向地质破坏方向施工不少于 2 个探测钻孔。当地质破坏分布与准备巷道轴线的夹角小于 20° 时，由巷道侧帮向地质破坏方向补充施工 2 个长度不小于 10 m 的探测钻孔。

在回采工作面，从工作面到地质破坏边界不小于 5 m 处起，向地质破坏方向施工 2 个长度不小于 8 m 的探测钻孔。

12. 探测预测的地质破坏：

在准备巷道，向预测的地质破坏方向施工数量不少于 2 个、长度不小于 20m 的探测钻孔。

在回采工作面，向预测的地质破坏方向施工数量不少于 2 个、长度不小于 8m 的探测钻孔。

13. 为了确定煤层厚度变化及其分叉情况，向煤层底板和顶板方向施工探测钻孔。

14. 在突出危险煤层中，准备巷道工作面的探测钻孔直径不小于 80 mm。

在突出"危险"等级的煤层区段，当施工探测钻孔时，根据人工声学信号参数进行作业安全性检查。

15. 准备巷道接近地质破坏边界不小于 5 m 之前，需要确定：

工作面到地质破坏边界的距离；

煤层偏移落差；

断层裂缝倾角；

地质破坏走向角；

动力现象危险性程度。

查明上述参数之后，不再施工探测钻孔。

地质破坏突出活性评价

16. 地质破坏突出活性评价依据的资料：

地质破坏影响带及其地质破坏范围内的突出日常预测结果和岩体监测资料；

施工动力现象预测和预防钻孔时得到的资料。

17. 满足下列条件之一，地质破坏就属于突出活性：

在查明的地质破坏影响带或者地质破坏范围内，记录有突出；

在查明的或者预测的地质破坏影响带或者其范围内，采用日常预测方法查出"危险"等级的煤层区段；

施工预测和预防钻孔时，查明动力现象的危险程度。

18. 在突出危险煤层的回采工作面，当揭露地质破坏时，进行地质破坏突出活性初期确定。根据《开采煤田时动力现象预测和岩体监测细则》附录20确定工作面附近煤层的卸压带，据此评价地质破坏突出活性。

为了确定工作面附近煤层的卸压带，在地质破坏范围内的煤层区段施工不少于3个钻孔，以及在距离地质破坏边界不小于20 m的煤层区段施工不少于3个钻孔。在每个区段内，钻孔的施工距离不大于1 m。

在地质破坏范围内施工的钻孔，即使有1个钻孔确定的卸压带尺寸小于在地质破坏范围外确定的卸压带尺寸平均值，该地质破坏仍属于突出活性。

回采工作面每推进不大于10 m，确定1次地质破坏突出活性。

19. 在突出活性的地质破坏影响带及其范围内的煤层区段作业时，必须实施突出预防措施。

在具有冲击地压倾向煤层的地质破坏带中进行作业的安全措施

20. 在具有冲击地压倾向的煤层中，在以向斜褶皱和背斜褶皱为代表的褶皱型地质破坏的拱心部位按下列程序进行作业：

内角为60°及以上的向斜和背斜褶皱翼部相互独立开采；

内角小于60°的对称向斜和背斜褶皱翼部同时在褶皱两翼开采。在这种情况下，一翼的回采作业不得超前另一翼的回采作业大于20 m；

内角90°以下的非对称向斜褶皱中，陡直翼的回采作业超前缓倾斜翼的回采作业不得大于20 m；

内角90°以下的非对称背斜褶皱中，缓倾斜翼的回采作业超前陡直翼的回采作业不得大于20 m。

在具有突出倾向煤层的地质破坏带中进行作业的安全措施

21. 在具有突出倾向煤层中，准备巷道穿过地质破坏时：

在突出危险煤层中，当查明为"无危险"等级时，从准备巷道工作面至地质破坏边界距离不小于20 m起，实施突出危险性日常预测；当查明为"危险"等级时，从准备巷道工作面至地质破坏边界距离不小于20 m起，施工直径不大于80 mm的卸压钻孔。

在突出危险煤层中，当查明为"无危险"等级时，从准备巷道工作面至地质破坏边界距离不小于10 m起，施工直径不大于80 mm的卸压钻孔；当查明为"危险"等级时，从准备巷道工作面至地质破坏边界距离不小于5m起，实施打眼爆破作业。

22. 准备巷道工作面离开地质破坏边界不小于5 m之后，并且在后续查明为"无危险"等级的情况下，由煤炭企业技术负责人（总工程师）撤销卸压钻孔施工和打眼爆破作业。

23. 当准备巷道处于发生过突出或者在震动爆破条件下发生过突出的活性地质破坏范围内，以及距离地质破坏边界不小于 5 m 的范围内，采用打眼爆破作业进行掘进。

24. 在采用打眼爆破方式掘进准备巷道的煤层区段，根据煤炭企业技术负责人（总工程师）的决定，采取日常预测方法查明煤层的突出危险性。

25. 在缓倾斜和倾斜突出危险煤层的回采工作面，穿过地质破坏时的回采作业：

在突出无活性的地质破坏及在突出有活性的地质破坏带查明为"无危险"等级时，向新鲜风流方向单向回采，远距离控制采煤机；

在"危险"等级的情况下，实施突出预防措施或者采用打眼爆破方法回采；

邻近矿体机窝中的回采作业，从距离活性地质破坏边界不小于 10 m 开始，以打眼爆破方法进行；

邻近采空区机窝中的回采作业，当查明为"无危险"等级时，采用突出危险性日常预测方法进行。

在地质破坏影响带中，未突出时，回采作业在采煤机上风侧不小于 30 m 处遥控采煤机，且采煤机下风侧及回风巷道中不得有人。

回采工作面和准备工作面离开地质破坏影响带

26. 回采工作面或者准备工作面离开地质破坏影响带后，地质矿山测量部门以书面形式通知煤炭企业技术负责人（总工程师）。

27. 回采工作面或者准备工作面离开地质破坏影响带后，煤炭企业技术负责人（总工程师）要制定该工作面今后的作业程序。

附录12　动力现象预防措施的实施工艺

煤 层 注 水

1. 使用技术设备实施动力现象预防措施时，技术设备的使用条件和标准要符合工厂–制造商技术文件中的规定。

2. 煤层注水时，要使用通过检验的测量设备。

以润湿方式向煤层注水

3. 沿最坚固的煤层分层施工以润湿方式向煤层注水的钻孔，距离破坏的煤层分层不小于0.5 m。

4. 通过直径40～100 m的钻孔进行煤层注水，注水钻孔必须密封。

5. 当压力不超过 $P_{нар\ max}$ 时，采取润湿方式向煤层注水。

6. 向煤层循环注水：注水4 h，暂停2 h。

7. 当向钻孔没有成功注入所计算的水量时，在距离该钻孔不小于4m的地方施工第二个钻孔。通过重新施工的钻孔注水时，其注水压力比第一个钻孔的注水压力低15%～20%。向重新施工的钻孔注水之前，密封第一个钻孔。如果向第二个钻孔注入所算的水量，并且注水压力比最大注水压力降低了30%以上，则认为第二个钻孔的注水完成。

以水力松动方式向煤层注水

8. 沿最坚固的煤层分层，施工以水力松动方式向煤层注水的钻孔（以下简称水力松动钻孔）。当煤层分层之间存在岩石夹层时，水力松动钻孔沿最厚的煤层分层施工。

9. 采用长度不小于2.5 m的软管水封密封水力松动钻孔。为了在密封深度安装软管密封器，需要使用延伸杆。

10. 当煤层注水压力 $P_{нар}$ 不超过所计算的 $P_{нар\ max}$ 时，进行水力松动。

依次向每个钻孔注水，要保证注水压力在最初3～5 min内平稳升高到最大值。

1台泵连接1个注水钻孔。

11. 泵能够按照本《安全指南》规定的方式进行煤层注水。

12. 泵和水力松动钻孔采用高压管连接。为了调节煤层注水的压力和流量，高压管上安装有三通阀。1个三通阀安装在泵附近，另一个三通阀距离水力松动钻孔不小于15 m。

安装在泵附近的三通阀用来平稳增大或者泄出高压管路中的压力，安装在钻孔附近的三通阀用来泄出高压管路中的压力。

注水之前，检查高压管路的密封性。

13. 当液体过早溃决时，距离溃决钻孔不超过 2 m 施工钻孔再次注水。密封溃决的钻孔。如果向煤层中注入了所计算的水量，则认为重新施工的钻孔注水已完成。

14. 当采用规定的参数不能完成水力松动时，将水力松动钻孔长度和密封深度减小到所计算的最小参数，并与这些参数成比例减小钻孔注水量。

15. 根据人工声学信号参数监测煤层状态时，需要完成下列工作：

在注水钻孔施工过程中，确定巷道工作面到矿山压力最大值处的距离及卸压带尺寸；

根据确定的巷道工作面到矿山压力最大值处的距离，修正注水钻孔长度和密封深度；

根据卸压带尺寸，修正煤层注水方式。

注水钻孔的施工长度不超过巷道工作面到矿山压力最大值处的距离。

煤层注水时的安全措施

16. 检查煤层注水设备：

每个注水循环开始之前，由负责实施煤层注水的技术人员检查煤层注水设备；

每月由机械师检查煤层注水设备。

检查结果填入本《安全指南》附录 14 中的推荐样表中。

17. 煤层注水作业开始之前，将软管水封用锁链或者钢索固定在巷道支架上。

18. 在煤层注水作业地点下侧的回风流巷道中，不得进行爆破作业。

19. 煤层注水地点的检查须在切断注水设备的条件下进行。

20. 泵的安装地点距离水力松动钻孔不少于 30 m。

煤层注水须在巷道区段无人的条件下进行。

在回采工作面注水的工作人员要处于注水钻孔的新鲜风流侧，而在陡直煤层倒台阶工作面注水的工作人员则处于邻近台阶上。

在缓倾斜煤层回采工作面，注水人员与泵之间要装备扬声器。

21. 煤层注水时，遵守下列安全措施：

安装在高压管路中的高压配件不得进行连接、拆卸和维修；

当其密封性遭到破坏时，不得使用高压管路；

煤层注水时，在无人监视的情况下，不得使压力泵处于工作状态。

沿具有冲击地压倾向煤层施工卸压钻孔

22. 为了将煤层边缘部分转化为无危险状态，在负荷最大的煤层区段施工卸压钻孔。

在巷道的同一区段中，卸压钻孔的施工方向与打钻设备移动方向相同。

23. 在"危险"等级的煤层区段中，打钻设备的开停在 15 m 以远的地方进行遥控。遥控操作台布置在"无危险"等级的巷道区段中。

24. 在陡直煤层中施工卸压钻孔时，要制定预防钻孔孔口附近煤层冒落的措施。

沿突出危险煤层施工卸压钻孔

25. 首先沿巷道轴线方向施工卸压钻孔。

在突出危险性日常预测最小危险值的钻孔旁边或者在其孔口内，施工第一个卸压钻孔。

后续施工的卸压钻孔距离先前施工的卸压钻孔不大于 C_{CKB}。

26. 施工卸压钻孔时，预防瓦斯动力活性显现的措施如下：

选择工作面内钻孔的施工顺序；

限制打钻速度；

在打钻过程中停机；

施工卸压钻孔时，利用已施工卸压钻孔的保护作用；

施工小直径钻孔，后续扩孔成孔；

在卸压钻孔施工区段进行煤层预先润湿。

27. 在突出危险煤层中，卸压钻孔的施工速度不大于 0.5 m/min。

当卸压钻孔孔口喷出瓦斯和钻屑时，停止打钻。该钻孔停钻 5 min 之后或者邻近钻孔施工完毕之后，恢复该钻孔施工。

为了降低打钻过程中的瓦斯涌出量，首先施工直径 80 mm 以下的卸压钻孔，然后将其扩孔至规定的直径，或者在第一个卸压钻孔施工区段进行煤层预先润湿。

在突出危险煤层中及"危险"等级的煤层区段，施工直径 80 mm 以上的卸压钻孔之前，紧贴巷道工作面安装护板。护板框架固定在岩体中，彼此之间固定。

施工直径 80 mm 以上的卸压钻孔时，要远距离控制打钻设备的开停。

药　壶　爆　破

28. 药壶爆破钻孔直径为 43 mm，长度不大于 10 m。

29. 钻孔充装药量不大于钻孔长度的一半。钻孔剩余部分充填炮眼填塞物。

30. 在爆炸器材的延时间隔不大于 150 ms 的情况下，爆破的钻孔数量不大于 5 个。

31. 钻孔爆破依次向一个方向进行。

32. 采用冲洗或者打钻工具清除药壶爆破时钻孔中的钻屑。

33. 在瓦斯与煤尘危险矿井，炮眼填塞物使用水炮泥。孔口用长度不小于 1 m 的黏土炮泥充填。

34. 药壶爆破时，使用带 1 个电雷管或者 2 个并联电雷管的起爆药包。

35. 在具有散落倾向的急倾斜煤层中，距离井底巷道、爆炸材料库、中央排水设备硐室、中央井下变电所 100 m 以内，禁止进行药壶爆破。

36. 在准备巷道、回采工作面，以及开采煤柱进行药壶爆破时，人员撤离爆破作业地点不得小于 200 m。

实施预防冲击地压综合措施

37. 在回采工作面，根据本附录附图 12－1 所示的方案，使用卸压钻孔和药壶爆破将煤层转化为无冲击危险状态。

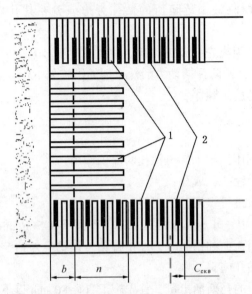

1—卸压钻孔；2—药壶爆破钻孔；n—防护带宽度，m；b—1 个循环工作面的推进度，m

附图 12 −1　实施方案

附录13 在沃尔库塔煤田第三煤层矿山压力
升高带中掘进准备巷道时预防动力现象的措施

1. 在沃尔库塔煤田第三煤层矿山压力升高带中掘进准备巷道时，要采取考虑了该煤田煤层结构地质特征的预防冲击地压和突出的措施。

2. 在沿沃尔库塔煤田第三煤层掘进的准备巷道中，当接近第四煤层的回采工作面基准线时，采取下列措施：

（1）在被保护带中：

在距沃尔库塔煤田第四煤层回采工作面基准线不小于20 m的区段内，进行冲击危险性和突出危险性预测；

准备巷道越过沃尔库塔煤田第四煤层回采工作面基准线后，在长度为 l 的区段内施工卸压钻孔。

（2）在矿山压力升高带中：

在准备巷道接近沃尔库塔煤田第四煤层回采工作面基准线长度不小于 l 的区段内，施工卸压钻孔；

准备巷道越过沃尔库塔煤田第四煤层回采工作面基准线后，在长度不小于20 m的区段内进行冲击危险性和突出危险性预测。

3. 在沿沃尔库塔煤田第三煤层掘进的准备巷道中，在矿山压力升高带中施工卸压钻孔的顺序如下：

首先施工第一组卸压钻孔，该组钻孔由2个长度不小于15 m的侧帮钻孔和2个长度不小于20 m的钻孔组成；

准备巷道工作面推进不超过8 m施工第二组卸压钻孔，该组钻孔由2个长度不小于15 m的侧帮钻孔和1个长度不小于20 m的中心钻孔组成。

准备巷道工作面推进不超过8 m，交替施工钻孔组。

长度不小于15 m卸压钻孔的布置参数根据其底部超出准备巷道不小于4 m的条件来确定；

准备巷道工作面每推进不大于4 m及每组卸压钻孔施工之后，进行冲击危险性和突出危险性预测。冲击危险性和突出危险性预测钻孔长度不小于5.5 m。

沃尔库塔煤田第三煤层卸压钻孔的施工方案与参数如本附录附图13-1所示。

沿沃尔库塔煤田第三煤层掘进的准备巷道工作面卸压钻孔的布置方案如本附录附图13-2所示。

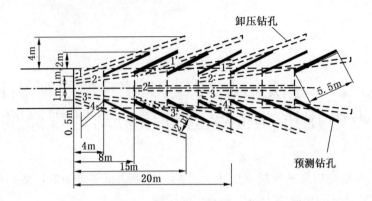

附图 13 - 1　施工方案与参数

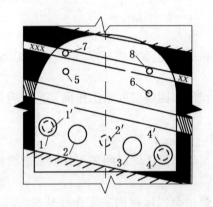

1～4—第一组卸压钻孔；5、6—冲击地压预测钻孔；7、8—突出预测钻孔；1′、2′、4′—第二组卸压钻孔

附图 13 - 2　布置方案

附录 14　动力现象及其预防措施实施的文件样本

技术负责人（总工程师）_____批准

批准日期_____年____月____日

冲击地压调查报告_____

（冲击地压卡片）

（1）组织、矿井_____

（2）冲击地压显现的日期和事件_____

（3）煤层和巷道名称_____

（4）煤层和围岩赋存要素_____

（5）距地表深度_____

（6）冲击地压地带的地质特征_____

（7）开采方法、顶板控制和作业工艺的资料_____

（8）矿山压力升高带的资料_____

（9）区段冲击危险性的资料_____

（10）冲击地压发生之前的事件_____

（11）冲击地压发生之前的作业工序_____

（12）预防动力现象的措施_____

（13）冲击地压形式、后果及受害者的资料_____

（14）冲击地压发生的原因_____

（15）冲击地压调查委员会的主要结论及保证作业安全的方案_____

（16）冲击地压显现地点的草图（平面图、剖面图）_____

冲击地压调查委员会主席_____

委员会成员_____

_____

_____

技术负责人（总工程师）_____批准

批准日期_____年____月____日

突出（突然压出）调查报告_____

（冲击地压卡片）

（1）企业_____

（2）矿井_____煤层（符号、名称）_____

（3）翼（采区）_____水平_____

（4）委员会组成：

　　主席（姓名、职务、组织）_____

　　委员会成员（姓名、职务、组织）_____

　　_____

　　_____

　　_____

（5）_____年____月____日对_____年____月____日____时____分发生的瓦斯动力现象进行了调查。

（6）地质特征：

煤层：

厚度_____m；

倾角_____°；

煤层分层数量_____；

挥发分_____%；

煤的牌号_____；

原始瓦斯含量：_____$m^3/(t \cdot r)$；

残余瓦斯含量：_____$m^3/(t \cdot r)$；

围岩：

顶板岩层_____；

底板岩层_____；

瓦斯动力现象地点地质破坏及其类型_____；

（7）煤层（岩层）瓦斯动力现象危险性等级_____；

属于危险性等级的深度_____；

已发生瓦斯动力现象的数量和类型_____

_____

_____；

（8）煤层开采的矿山技术条件：

开采方式_____；

采面长度_____m；

巷道掘进或者回采工艺_____；

顶板控制方法_____；

基本顶冒落步距_____m；

瓦斯动力现象测点坐标_____；

采面到硐室的距离 _____ m；

上部回采区段开采年份 _____ ；

（9）发生瓦斯动力现象煤层的开采条件：

上层先采、下层先采、存在矿山压力升高带 _____ ；

保护层厚度 _____ m；

层间距厚度 _____ m；

层间距中砂岩含量 _____ %；

保护作用距离：

在矿山压力升高带之外 _____ m；

在矿山压力升高带之中 _____ m；

保护层超前距离 _____ m；

矿山压力升高带的来源（煤柱、边缘部分、基准）_____ ；

煤柱尺寸：

沿走向方向 _____ m；

沿倾向方向 _____ m；

发生瓦斯动力现象下层先采（上层先采）的煤层（符号、名称、层间距）_____

_____ ；

（10）瓦斯动力现象预测结果、预防措施和效果检查 _____

_____ ；

（11）瓦斯动力现象预测和预防设备 _____ ；

（12）瓦斯动力现象发生之前，在巷道中进行的作业工序 _____ ；

（13）在瓦斯动力现象区段煤层的瓦斯动力指标 _____ ；

（14）瓦斯动力现象描述 _____

_____

_____

（15）瓦斯动力现象特征：

抛出煤岩数量 _____ t；

涌出瓦斯量 _____ m^3；

孔洞形状 _____ ；

孔洞深度 _____ m；

孔洞口宽度 _____ m；

孔洞最大宽度 _____ m；

孔洞轴线与煤层走向之间的倾角 _____ °；

煤抛出距离 _____ m；

抛出煤边坡角 _____ °；

细分散煤粉存在 _____ ；

支架和设备损坏 _____ ；

通风设施破坏 _____ ；

瓦斯动力现象发生之前的事件 _____

_____

（16）委员会的结论＿＿＿＿＿＿＿＿＿＿＿＿＿＿＿＿＿＿＿＿＿＿＿＿＿

瓦斯动力现象类型＿＿＿＿＿＿＿＿＿＿＿＿＿＿＿＿＿＿＿＿＿＿＿＿＿＿

瓦斯动力现象发生的原因＿＿＿＿＿＿＿＿＿＿＿＿＿＿＿＿＿＿＿＿＿＿＿

＿＿＿＿＿＿＿＿＿＿＿＿＿＿＿＿＿＿＿＿＿＿＿＿＿＿＿＿＿＿＿＿＿＿＿

＿＿＿＿＿＿＿＿＿＿＿＿＿＿＿＿＿＿＿＿＿＿＿＿＿＿＿＿＿＿＿＿＿＿＿

＿＿＿＿＿＿＿＿＿＿＿＿＿＿＿＿＿＿＿＿＿＿＿＿＿＿＿＿＿＿＿＿＿＿＿

（17）后续作业建议＿＿＿＿＿＿＿＿＿＿＿＿＿＿＿＿＿＿＿＿＿＿＿＿＿

＿＿＿＿＿＿＿＿＿＿＿＿＿＿＿＿＿＿＿＿＿＿＿＿＿＿＿＿＿＿＿＿＿＿＿

＿＿＿＿＿＿＿＿＿＿＿＿＿＿＿＿＿＿＿＿＿＿＿＿＿＿＿＿＿＿＿＿＿＿＿

＿＿＿＿＿＿＿＿＿＿＿＿＿＿＿＿＿＿＿＿＿＿＿＿＿＿＿＿＿＿＿＿＿＿＿

报告编制日期＿＿＿＿＿＿＿＿＿＿年＿＿月＿＿日

委员会主席＿＿＿＿＿＿＿＿＿＿＿＿＿＿＿＿＿＿＿

委员会成员＿＿＿＿＿＿＿＿＿＿＿＿＿＿＿＿＿＿＿

＿＿＿＿＿＿＿＿＿＿＿＿＿＿＿＿＿＿＿

＿＿＿＿＿＿＿＿＿＿＿＿＿＿＿＿＿＿＿

动 力 现 象 统 计 簿

矿井＿＿＿＿＿＿＿＿＿＿＿＿＿＿＿＿＿＿＿＿＿＿＿＿＿＿＿＿＿＿＿＿＿

组织＿＿＿＿＿＿＿＿＿＿＿＿＿＿＿＿＿＿＿＿＿＿＿＿＿＿＿＿＿＿＿＿＿

统计开始日期＿＿＿＿＿＿＿＿＿＿＿＿＿＿＿＿＿＿＿＿＿＿＿＿＿＿＿＿＿

统计结束日期＿＿＿＿＿＿＿＿＿＿＿＿＿＿＿＿＿＿＿＿＿＿＿＿＿＿＿＿＿

顺序	瓦斯动力现象类型、调查报告编号	日期和时间（h：min）	煤层、作业深度/m	发生瓦斯动力现象的巷道	抛出煤量（t）、瓦斯涌出量（m³）	瓦斯动力现象发生之前的事件	瓦斯动力现象发生地点的地质破坏和煤的结构	瓦斯动力现象发生之前工作面的作业工序	瓦斯动力现象发生之前实施的预防措施
1	2	3	4	5	6	7	8	9	10

动力现象预测部门负责人＿＿＿＿＿＿＿＿＿＿＿＿＿＿＿＿

技术负责人（总工程师）＿＿＿＿＿＿＿＿＿＿＿＿＿＿＿＿

注：动力现象预测部门负责人和技术负责人（总工程师）在每次记录发生的动力现象之后，均须在动力现象统计簿上签字。

煤层注水作业检查和统计记录簿

煤层_____ 巷道_____ 区段_____

注水开始日期_____ 注水结束日期_____

注水参数：

钻孔长度_____ m，钻孔直径_____ mm，钻孔倾角_____°，密封深度_____ m，

单孔注水量_____ m³，钻孔最小超前距_____ m，流量表编号_____，压力表编号_____。

日期	钻孔编号	钻孔长度/ m	密封深度/ m	水表读数/ m³		注水量/ m³	压力表读数/ （kg·cm⁻²）			注水持续时间/ h	安全回采深度/ m	钻孔施工和注水时的煤层状况		注水作业人员签字	技术人员签字
				开始	结束		工作压力	最终压力	管网损失						
1	2	3	4	5		6	7	8	9	10	11	12	13	14	15

注：修正注水参数时，需要指明修正的原因和日期，以及更准确的参数。

附录15 限制工艺过程与突出预防措施并进的建议

"危险"等级的煤层区段实施的工程	"危险"等级的煤层区段实施工程时，不得进行的作业
1	2
缓 倾 斜 煤 层	
采面前方的运输平巷和通风平巷工作面	
沿煤层施工直径 80 mm 以上的钻孔	在采面–平巷连续开采的情况下，在平巷、横巷和采面中作业 在运输平巷工作面超前回采工作面 100 m 及以上的情况下，在采面执行突出预防措施
煤层注水	在平巷独头区域 30 m 以内的所有作业
实施突出预防措施和效果检查之后，风镐打钻或者落煤	除平巷维护之外的所有作业
实施预测或者突出预防措施及效果检查之后，使用掘进机落煤	距离掘进机 30 m 以内的所有作业，由掘进机司机及其 2 个助手完成的作业除外
采面前方的平巷	
在距离采面 60 m 以远，施工直径 80 mm 以上的上行钻孔的最初 20 m	在平巷独头区域及由钻孔向工作面方向 30 m 以内的所有作业
采面下部区域的机窝	
沿煤层施工直径 80 mm 以上的钻孔，煤层注水	在机窝、采面、通风平巷至采面回风流新鲜风流掺入点之间、采面前方运输平巷和机窝 30 m 以内的所有作业。在输送机平巷中机窝、采面、通风平巷至新鲜风流掺入点之间，以及机窝 30 m 以内的所有作业
煤层注水	在机窝、采面前方的运输平巷、沿采面距离机窝 30 m 以内及新鲜风流侧运输平巷内的所有作业，在输送机平巷中机窝、沿采面距离机窝 30 m 以内，以及输送机平巷中的作业，远距离控制采煤机除外
采面上部区域的机窝	
沿煤层施工直径 80 mm 以上的钻孔，煤层注水	在通风平巷至新鲜风流掺入点之间，以及措施实施地点 30 m 以内
煤层注水	在采面和通风平巷距离注水或者沟槽施工地点 30 m 以内的所有作业
采面（机窝除外）	
沿煤层施工直径 80 mm 以上的钻孔	在采面沿回风流、通风平巷新鲜风流掺入点之前及距离钻孔施工地点 30 m 以内的所有作业

（续）

"危险"等级的煤层区段实施的工程	"危险"等级的煤层区段实施工程时，不得进行的作业
1	2
采面（机窝除外）	
煤层注水	煤层注水地点两侧30 m以内的所有作业
实施突出预防措施和效果检查之后，使用截深1 m及以上的采煤机落煤	采面回风流侧所有作业和人员都在，采煤机司机和其助手除外，仅在新鲜风流处使用采煤机落煤
实施突出预防措施和效果检查之后，按梭行方式图使用截深1 m以下的采煤机落煤	采面回风流侧的所有作业，煤层注水、架设临时或者永久支架、移动输送机、回采机窝、通风平巷掘进和支护，以及沿回风流方向距离采煤机30 m以内的作业除外
实施突出预防措施和效果检查之后，按风流运动方向单方向使用截深1 m以下的采煤机落煤	采面回风流侧的所有作业，架设临时或者永久支架、移动输送机、煤层注水、机窝回采、通风平巷掘进和支护、沿回风流方向距离采煤机30 m以内由采煤机司机和回采工作面2名工人完成的作业除外
不实施突出预防措施，使用刨煤机落煤	巷道、采面，以及通风平巷中采面回风流掺新鲜风流之前区段内的所有作业。落煤时，采煤机司机助手处于采面输送机上端，距离采面不小于10 m的新鲜风流巷道中或者掺入新风的巷道中
回采工作面上行通风时的陡直煤层、急倾斜煤层和倾斜煤层	
运输平巷工作面	
沿煤层施工直径80 mm以上的钻孔	在平巷工作面、下部联络眼、中间溜井，以及采面前方运输平巷回风流中的所有作业，使用遥控泵通过上行钻孔煤层注水除外。在运输平巷工作面超前采面大于100 m的条件下，在采面实施突出预防措施
煤层注水	在运输平巷内距离平巷工作面30 m以内的所有作业
实施突出预防措施和效果检查之后，风镐打钻或者落煤	平巷工作面中的所有作业
采面前方的平巷	
施工直径80 mm以上的上行钻孔的最初20 m	采面、平巷独头区域、中间溜井和下部联络巷中的所有作业，使用遥控泵进行煤层注水除外
由距离煤层2 m以内掘进岩石平巷施工直径500 mm以上的钻孔	工作面、岩石平巷、下部联络巷工作面、采面，以及回风流路线至新风掺入点之间的所有作业
中间溜井（上行联络巷）	
施工直径250 mm以上的钻孔	中间溜井和下部联络巷中的落煤作业
下部联络巷（下部小平巷）	
在下部联络巷中施工直径80 mm以上钻孔最初20 m	采面前方的运输平巷、中间溜井、采面，以及通风平巷中新风掺入点之前的作业，在通风平巷中进行的采空区机械充填作业除外

（续）

"危险"等级的煤层区段实施的工程	"危险"等级的煤层区段实施工程时，不得进行的作业
1	2
下部联络巷（下部小平巷）	
在下部联络巷工作面的煤层注水	在下部联络巷工作面及中间溜井的所有作业
由下部联络巷施工上行钻孔进行煤层注水	在下部平巷工作面及中间溜井距离注水钻孔 5 m 以内的所有作业
实施突出预防措施和效果检查之后，风镐打钻或者落煤	在下部联络巷工作面及最近的中间溜井中的所有作业
上部联络巷（上部小平巷）	
在下部联络巷中施工直径 80 mm 以上钻孔的最初 20 m	在上部联络巷、上部溜井和采面中的所有作业，实施突出预防措施和效果检查除外
在下部联络巷工作面进行煤层注水	在上部联络巷及采面中的所有作业
上部溜井	
施工直径 250 mm 以上的钻孔	在上部联络巷及采面中的所有作业
通风平巷工作面	
沿煤层施工直径 80 mm 以上的钻孔	在上部机窝、上部溜井、通风平巷和采面中的所有作业
煤层注水	在平巷独头区域的所有作业，操作联合机绞车除外

测定煤层瓦斯含量的建议

俄罗斯联邦生态、技术及原子能监督局命令

2016 年 8 月 9 日   №333

　　为了推进工业安全规章的落实，批准所附的安全指南《测定煤层瓦斯含量的建议》。

负责人：A. B. АЛЕШИН

1 总　　则

1.1　为了推进落实《煤矿安全规程》（生态、技术及原子能监督局 2013 年 11 月 19 日 №550 令批准；2013 年 12 月 31 日俄罗斯联邦司法部登记，№30961；2014 年行政权联邦机构标准文件公报№7）、《煤矿安全规程》修订（生态、技术及原子能监督局 2015 年 4 月 2 日 №129 令批准；2015 年 4 月 20 日俄罗斯联邦司法部登记，№36942；2015 年行政权联邦机构标准文件公报№38）、《煤矿瓦斯抽放细则》（生态、技术及原子能监督局 2011 年 12 月 1 日 №679 令批准；2011 年 12 月 29 日俄罗斯联邦司法部登记，№22811；2012 年行政权联邦机构标准文件公报№13）、《煤矿瓦斯抽放细则》修订〔生态、技术及原子能监督局 2015 年 5 月 20 日 №196 令批准；2015 年 6 月 18 日俄罗斯联邦司法部登记，№37710；官方法律信息网站（www. pravo. gov. ru），2015 年 6 月 22 日〕的规定，特制定安全指南《测定煤层瓦斯含量的建议》（又称《安全指南》）。

本《安全指南》不是标准的法律文件。

1.2　本《安全指南》包含：

在煤矿巷道中施工钻孔时，煤样取样程序；

煤样中瓦斯涌出量的测定程序；

煤层原始和残余瓦斯含量计算程序。

1.3　本《安全指南》用来测定煤层原始瓦斯含量（以下简称原始瓦斯含量）X 和煤层残余瓦斯含量（以下简称残余瓦斯含量）X_0。

1.4　原始瓦斯含量和残余瓦斯含量的计算基础是瓦斯解吸动力学。

1.5　预测准备巷道和回采区段的瓦斯涌出量及评价降低煤层原始瓦斯含量措施的应用效果时，建议使用原始瓦斯含量和残余瓦斯含量的计算结果。

1.6　本《安全指南》使用附录 1 中的术语及其定义、约定符号。

1.7　采集煤样和测定瓦斯涌出量所使用的技术设备和仪器见附录 2。

1.8　对于原始瓦斯含量为 13 m³/(t·r) 及以上的煤层，建议根据本《安全指南》测定煤层的原始瓦斯含量。

1.9　掘进回采区段的准备巷道时，在实施降低煤层原始瓦斯含量措施之前，建议测定原始瓦斯含量。

1.10　为了评价降低煤层原始瓦斯含量措施的应用效果，建议测定煤层的残余瓦斯含量。

1.11　原始瓦斯含量和残余瓦斯含量根据下式确定：

$$X/X_0 = \frac{V_{1\text{ст. y}} + V_{2\text{ст. y}} + V_{3\text{ст. y}}}{m_{\text{yr. np}}\left[1 - 0.01(A^c + W^c)\right]} \tag{1-1}$$

式中　$V_{1\text{ст. y}}$——施工钻孔时，煤样的瓦斯涌出量 V_1 换算成标准条件下的瓦斯涌出量，m³；

$V_{2\text{ст.y}}$——在大气压力条件下，煤样的瓦斯涌出量 V_2 换算成标准条件下的瓦斯涌出量，m^3；

$V_{3\text{ст.y}}$——将煤样磨碎至粒度小于 0.1mm 时，煤样的瓦斯涌出量 V_3 换算成标准条件下的瓦斯涌出量，m^3；

$m_{\text{уг.пр}}$——煤样质量，kg；

A^c——煤样灰分，%；

W^c——煤样水分，%。

建议采用本《安全指南》附录 3 中的测量仪器测定煤样的瓦斯涌出量 V_1、V_2、V_3。

建议根据技术管理与计量联邦机构 2013 年 10 月 28 日 №1232 - ст 令批准与实施的俄罗斯联邦国家标准 ГОСТ Р 55661—2013《固体矿物燃料·灰分测定方法》测定煤样灰分。

建议根据技术管理与计量联邦机构 2008 年 3 月 26 日 №59 - ст 令批准与实施的俄罗斯联邦国家标准 ГОСТ Р 52911—2008《固体矿物燃料·全水分测定方法》测定煤样水分。

以煤样的最大瓦斯含量作为采样点的测量结果。

1.12　建议根据苏联标准、计量和测量仪器国家委员会 1963 年 4 月 16 日批准的苏联国家标准 ГОСТ 2939—63《瓦斯·体积确定的条件》将 V_1、V_2、V_3 确定为标准体积。标准条件是：温度 20 ℃（293.15 K）、压力 760 mmHg（101.3 kPa）。

1.13　换算为标准条件下的公式为

$$V_{\text{ст.y}} = \frac{(V_{\text{св.o}} + V_{\text{изм}})P_a \times 293.1}{(T_a + 237.1) \times 101.3} - V_{\text{св.o}} \qquad (1-2)$$

式中　$V_{\text{ст.y}}$——换算为标准条件下的瓦斯涌出量 $V_{1\text{ст.y}}$、$V_{2\text{ст.y}}$ 或者 $V_{3\text{ст.y}}$，m^3；

$V_{\text{св.o}}$——密封容器或者破碎机自由体积 $V_{\text{герм.coc}}$，m^3；

$V_{\text{изм}}$——煤样的瓦斯涌出量 V_1、V_2 或者 V_3，m^3；

P_a——V_1、V_2 或者 V_3 测定地点的大气压力，kPa；

T_a——V_1、V_2 或者 V_3 测定地点的大气温度，℃。

密封容器或者破碎机自由体积建议根据本《安全指南》附录 4 中的程序确定。

1.14　根据大气压力条件下煤样的瓦斯涌出量的测定结果，采用反向外推法确定钻孔施工时煤样的瓦斯涌出量。

在大气压力条件下煤样的瓦斯涌出量根据下式确定：

$$V_{2\text{ст.y}} = \sum_{i=1}^{N_1} V_{2i\text{ст.y}} \qquad (1-3)$$

式中　$V_{2i\text{ст.y}}$——在大气压力条件下，第 i 个时间间隔煤样的瓦斯涌出量 V_{2i} 换算为标准条件下的瓦斯涌出量，m^3；

N_1——在大气压力条件下，测量煤样瓦斯涌出量时间间隔的数量。

1.15　钻孔施工时，建议测定瓦斯涌出量的程序如下：

在坐标系中，横坐标轴为时间 t，纵坐标轴为瓦斯涌出量 $V_{\text{выд}}$，煤样的瓦斯解吸曲线 $V_{\text{выд}} = f(t)$（以下简称解吸曲线）如图 1-1 所示。在横坐标轴上标出钻孔采样的开始时间 t_0；将煤样放入密封容器之后，在横坐标轴上标出密封时间 t_{rep}；测定煤样的瓦斯涌出量 $V_{2i\text{ст.y}}$，并将测定结果标注在解吸曲线上；自煤样采集到其密封的时间间隔内，解吸曲线可以用线性方程近似表示。

解吸曲线与纵坐标的交点看作煤样的瓦斯涌出量。

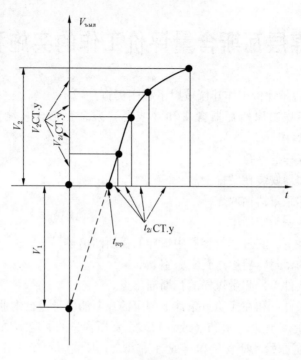

图 1-1 煤样的瓦斯解吸曲线 $V_{выд} = f(t)$

1.16 将煤样磨碎至小于 0.1 mm 粒度时,煤样的瓦斯涌出量根据下式确定:

$$V_{3ст.у} = \sum_{i=1}^{N_2} V_{3iст.у} \qquad (1-4)$$

式中 $V_{3iст.у}$——将煤样磨碎至粒度小于 0.1 mm 时,第 i 个时间间隔煤样的瓦斯涌出量 V_{3i} 换算为标准条件下的瓦斯涌出量,m^3;

  N_2——将煤样磨碎至粒度小于 0.1 mm 时,测量煤样瓦斯涌出量时间间隔的数量。

2　煤层瓦斯含量评价工作的实施程序

2.1　煤层瓦斯含量评价工作建议按以下程序实施：

（1）选择要进行煤层原始瓦斯含量和（或者）残余瓦斯含量测定工作的巷道区段（以下简称煤样采集区段）。

（2）施工采集煤样的钻孔。

（3）将岩芯采集器安装在钻杆上。

（4）借助于岩芯采集器钻取煤样。

（5）将煤样放入密封容器中。

（6）在矿井条件下，测量密封容器中煤样的瓦斯涌出量。

（7）将装煤样的密封容器运送到实验室。

（8）在实验室条件下，测量煤样的瓦斯涌出量。

（9）对在矿井条件下和在实验室条件下测定的瓦斯涌出量进行内业处理。

（10）整理煤层原始瓦斯含量和（或者）残余瓦斯含量的测定结果。

2.2　要进行煤层原始瓦斯含量和（或者）残余瓦斯含量测定工作的巷道区段由煤炭企业技术负责人（总工程师）确定。

选择煤样采集区段时，建议考虑以下因素：

（1）存在地质破坏。

（2）煤层预抽工程。

（3）存在保护层。

建议煤样采集区段的长度不大于3 m，煤样采集区段标注在地质矿山测量文件上。

2.3　煤样采集点建议沿煤层走向不大于300 m，沿倾向不大于50 m分布。

2.4　为了得到正确的煤层原始瓦斯含量和（或者）残余瓦斯含量数据，建议同一个巷道区段的采样数量如下：

（1）在厚度为2 m及以下的煤层中，不少于3个煤样。

（2）在厚度为2 m以上的煤层中，煤层厚度每增加1 m，补充1个煤样。

在由可分辨的煤分层组成的复杂结构煤层中，在巷道的同一区段，建议沿每个分层采集煤样。

为了测定煤层的原始瓦斯含量和（或者）残余瓦斯含量，建议采集深度超过支承压力带宽度。

2.5　煤样采集工作开始之前，准备好测量仪器，查看用来装煤样的密封容器，检查其在真空条件下的密封性。测量仪器及密封容器密封性的检查程序见本《安全指南》附录2。

建议在每个密封容器上贴上本《安全指南》附录5中的密封容器卡片。

2.6 建议将煤样钻取的开始时间记入本《安全指南》附录 5 中的矿井条件下煤样瓦斯涌出量测定记录中。

2.7 为了排除煤样发热，建议采取以下措施：

（1）煤样钻取时间不少于 10 min。

（2）钻取煤样时，通过钻杆一直向采样器送入冲洗液。

（3）在钻孔孔口监测由钻孔流出的冲洗液温度。

2.8 为了使煤样保持恒定温度，建议调整向采样器供应的冲洗液流量。

建议将煤样钻取的结束时间记入矿井条件下煤样瓦斯涌出量测定记录中。

2.9 煤样采集结束之后，建议停止向钻孔供应冲洗液，并在最短时间内从钻孔中抽出带采样器的钻杆。

岩芯取样器取出之后，将其与钻杆分开，从岩芯取样器中取出煤样并放到密封容器中。取出的煤样最大限度地装满密封容器，将密封容器用盖子紧紧封闭。

建议从煤样取出到将其密封的时间不大于 15 min。

建议将煤样的密封时间填入矿井条件下煤样瓦斯涌出量测定记录中。

2.10 将煤样密封之后，借助于测量仪器，建议对瓦斯涌出量的测定不少于 2 次。

在矿井条件下，测定瓦斯涌出量的程序见本《安全指南》附录 3。

在矿井条件下测定每个 V_{2i} 值时，都要测定大气压力 P_a、大气温度 T_a，测定结果填入矿井条件下煤样瓦斯涌出量测定记录中。

在矿井条件下测定 V_{2i} 时，直到密封容器中的压力不大于测定地点巷道中的大气压力为止。

2.11 在矿井条件下测定 V_{2i} 之后，将密封容器和测量仪器送到实验室，测定在实验室条件下煤样的瓦斯涌出量。

2.12 开始测定 V_{3i} 之前，将装煤样的密封容器放到恒温箱中，加热到煤层温度。

2.13 将实验室条件下的瓦斯涌出量换算为考虑了煤样温度和实验室大气压力标准条件下的瓦斯量。

附录 1　术语、定义和约定符号

1. 在本《安全指南》中使用下列术语和定义

煤层残余瓦斯含量，包含局部抽放煤层中单位质量的瓦斯量。

2. 在本《安全指南》中使用下列约定符号：

A^c——煤样灰分，%；

$d_{\text{герм. сос}}$——密封容器内部直径，m；

$d_{\text{изм. сос}}$——量筒直径，m；

$H_{\max}$——量筒中液体的最大高度，m；

$H_{\min}$——量筒中液体的最小高度，m；

$h_{\text{герм. сос}}$——密封容器的内部高度，m；

m_k——密封容器质量，kg；

$m_{\text{уг. пр}}$——煤样质量，kg；

N_1——在大气压力条件下，测量煤样瓦斯涌出量时间间隔的数量。

N_2——将煤样磨碎至粒度小于 0.1mm 时，测量煤样瓦斯涌出量时间间隔的数量。

P_a——V_1、V_2 或者 V_3 测定地点的大气压力，kPa；

T_a——V_1、V_2 或者 V_3 测定地点的大气温度，℃。

t_0——从钻孔取出煤样的开始时间，h:min；

t_{2i}——密封容器中瓦斯涌出量的测定时间，h:min；

t_{rep}——煤样密封时间，h:min；

Δt——事件之间的时间间隔，min；

V_1——施工钻孔时，煤样的瓦斯涌出量，m^3；

V_2——在大气压力条件下，煤样的瓦斯涌出量，m^3；

V_3——将煤样磨碎至粒度小于 0.1 mm 时，煤样的瓦斯涌出量，m^3；

$V_{1\text{ст. y}}$——施工钻孔时，煤样的瓦斯涌出量 V_1 换算成标准条件下的瓦斯涌出量，m^3；

$V_{2\text{ст. y}}$——在大气压力条件下，煤样的瓦斯涌出量 V_2 换算成标准条件下的瓦斯涌出量，m^3；

$V_{3\text{ст. y}}$——将煤样磨碎至粒度小于 0.1 mm 时，煤样的瓦斯涌出量 V_3 换算成标准条件下的瓦斯涌出量，m^3；

$V_{\text{ст. y}}$——换算为标准条件下的瓦斯涌出量 $V_{1\text{ст. y}}$、$V_{2\text{ст. y}}$、$V_{3\text{ст. y}}$，m^3；

$V_{\text{св. o}}$——密封容器或者破碎机自由体积 $V_{\text{герм. сос}}$，m^3；

$V_{\text{изм}}$——煤样的瓦斯涌出量 V_1、V_2 或者 V_3，m^3；

$V_{\text{кер}}$——煤样体积，m^3；

$V_{\text{герм. сос}}$——密封容器体积，m^3；

$V_{\text{св. об. др}}$——破碎机自由体积，m^3；

$V_{\text{ц}}$——圆柱体的工作体积，m^3；

$V_{2i\text{ст. y}}$——在大气压力条件下，第 i 个时间间隔煤样的瓦斯涌出量 V_{2i} 换算成标准条件下的瓦斯涌出量，m^3；

$V_{3i\text{ст. y}}$——将煤样磨碎至粒度小于 $0.1\ \text{mm}$ 时，第 i 个时间间隔煤样的瓦斯涌出量 V_{3i} 换算成标准条件下的瓦斯涌出量，m^3；

$V_{\text{выд}}$——瓦斯涌出量，m^3；

$V_{\text{др}}$——破碎机体积，m^3；

$V_{\text{уг}}$——煤样磨碎至粒度小于 0.1mm 的体积，m^3；

W^c——煤样水分，%；

X——煤层的原始瓦斯含量，$\text{m}^3/(\text{t}\cdot\text{r})$；

X_0——煤层的残余瓦斯含量，$\text{m}^3/(\text{t}\cdot\text{r})$；

$\rho_{\text{в}}$——分析瓦斯时使用的工作流体密度，kg/m^3；

$\rho_{\text{пик}}$——煤的比值密度，kg/m^3；

ρ_{y}——煤的视比重，kg/m^3。

附录 2　仪器与辅助材料

1. 为了采集煤样和测定煤样（在矿井条件下及实验室条件下）的瓦斯涌出量，建议使用本附录附表 2-1 中的技术设备和仪器。

附表 2-1　技术设备和仪器

序号	名　称	技　术　条　件	数量/个
1	矿井岩芯采集器	钻取直径：0.04~0.07 m	1
2	密封容器	容器容积：1500~3000 mL	对应煤样数量
3	测量煤样瓦斯涌出量的圆柱体	圆柱体容积：0.0005~0.001 m³	2
4	气压计	测量范围：39996~106656 Pa；准许误差：±133.32Pa	1
5	温度计	测量范围：-30~+100 ℃；准许误差：±0.1 ℃	1
6	恒温箱	温度调节范围：+20~+90 ℃；准许误差：±5 ℃	对应煤样数量
7	实验天平	称重范围：3 kg；精度等级：高精度或者专用精度	1
8	盛液体的聚乙烯容器	体积：2.5~3.0 m³	1
9	将打钻时形成的分散相的煤与瓦斯清洁分离的过滤器	杂质总量小于 2×10^{-3} kg/m³	1
10	测量密封容器中压力的压力表	测量范围：0~200 kPa；准许误差：±1.0 kPa 测量范围：0~500 kPa；准许误差：±1.0 kPa	12 12
11	清除圆柱体中残余瓦斯和换气的压缩机	压力范围：0~1000 kPa	1
12	用来检查密封容器密封性的压缩机	压力范围：0~2.5 MPa	1
13	用来磨碎煤样并可以在磨碎过程中采集瓦斯的密封破碎机	粉碎粒度可以至 0.0002 m 以下，建议在煤样磨碎过程中测定瓦斯涌出量	1
14	秒表	精度等级：高精度或者专用精度	1

2. 用来采集煤样和测定煤样（在矿井条件下及实验室条件下）瓦斯涌出量的辅助材料包括：

（1）硅酮密封胶。

（2）硅酮润滑油。

（3）直径为 0.01 m 的硅酮管。

（4）直径为 0.01 m 的异径接头。

（5）直径为 0.01 m 的插头。

（6）抽压瓦斯的橡胶球。

（7）密封圈。

（8）磨碎煤样的大锤。

3. 为了采集煤样和测定煤样（在矿井条件下及实验室条件下）的瓦斯涌出量，允许使用本附录（1）没有指定的，但性能满足本附录附表2－1技术条件的技术设备和仪器。

矿井岩芯采集器

4. 矿井岩芯采集器结构如本附录附图2－1所示。

5. 采用岩芯采集器施工可以保证煤层沿着钻孔的半径破坏，并将钻出的煤样采集到岩芯收集区。

6. 外筒、岩芯收集器和尾柄之间通过双螺纹相连接。通过尾柄上的3个直径为0.01 m的孔眼，将流体由钻杆送到钻头上。

7. 为了采集煤样，建议使用直径为0.04～0.07 m的岩芯采集器。

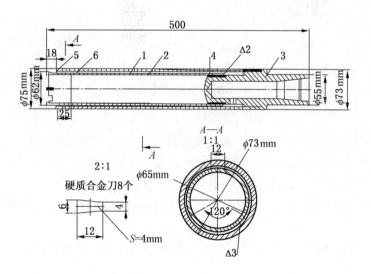

1—外筒；2—岩芯收集器；3—尾柄；4—螺纹连接；5—钻头；6—中心组件

附图2－1　矿井岩芯采集器结构

8. 为了密封煤样，建议使用由惰性材料制成的、带压力表和球阀接头的密封容器。密封容器盖上带有开关，可以清除密封容器内的剩余瓦斯压力。盖与密封容器通过密封器或者压紧锁扣相连接。

为了采集煤样，使用剩余瓦斯压力计算值不小于600 kPa的密封容器。

9. 密封容器体积 $V_{\text{repм. coc}}$ 根据下式确定：

$$V_{\text{repм. coc}} = \frac{\pi d_{\text{repм. coc}}^2 h_{\text{repм. coc}}}{4}$$

式中　$d_{\text{repм. coc}}$——密封容器内部直径，m；

　　　$h_{\text{repм. coc}}$——密封容器内部高度，m。

密封容器内部直径为 0.05~0.08 m。

测定煤样瓦斯涌出量的仪器

10. 测定煤样瓦斯涌出量的仪器（以下简称测量仪器）包括：量筒 3、液体罐 2、调节容器 10、支架 11、开关 5、7、9 连接管。

测量仪器简图如本附录附图 2-2 所示。

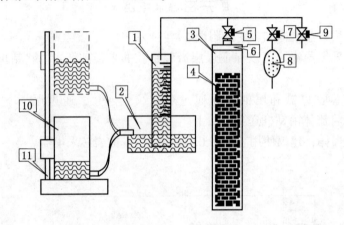

1—量筒；2—液体罐；3—密封容器；4—煤样；5—密封容器开关；6—密封容器盖；
7—抽量筒和收集瓦斯的开关；8—橡胶球；9—清除瓦斯的开关；10—调节容器；11—支架

附图 2-2　测量仪器简图

在量筒上标出表示体积的刻度，据此测定量筒未被液体充填的体积。量筒一端封闭，另一端敞开。在量筒 1 的封闭端安装有与密封容器 3 接通的接头。

量筒 1 的敞开端浸没到液体罐 2 中至刻度表下部。

测定煤样的瓦斯涌出量时，建议沿支架 11 移动调节容器 10 以保证量筒中恒定液体的最小高度 H_{min}。

11. 在调节容器 10 沿支架 11 调整到最大高度的情况下，将液体罐 2 和量筒 3 中充满液体。

在测量仪器中使用水或者不溶解二氧化碳的盐水溶液。

12. 使用比值测定法并考虑其温度，测定测量仪器中使用的液体密度。

13. 量筒体积 $V_{изм. coc}$ 根据下式确定：

$$V_{изм. coc} = \frac{(H_{max} - H_{min})\pi d_{изм. coc}^2}{4}$$

式中　　H_{max}——量筒中液体的最大高度，m；

　　　　H_{min}——量筒中液体的最小高度，m；

　　$d_{изм. coc}$——量筒直径，m。

测量仪器和密封容器密封性的检查程序

14. 在检查测量仪器和密封容器密封性之前，建议使用冲洗和（或者）压风吹净的方法，清除密封容器中的污垢和粉尘；检查密封容器和盖子标记的一致性。

15. 完成上述工作之后，在剩余压力的作用下检查密封容器的密封性。为此，将密封容器充满空气，压力不小于 500 kPa，并完全浸没到水中。如果密封性遭到破坏，建议清洁密封容器与盖子的螺纹连接，并（或者）涂上硅酮密封膏。将已查明的因素排除之后，建议再在剩余压力的作用下检查密封容器的密封性。

16. 按如下程序检查测量仪器的密封性：

（1）关闭附图 2-2 中的开关 5、9，打开开关 7。

（2）借助于橡胶球 8，使量筒 1 灌满水至上部观测线，关闭开关 7。

（3）在 5 min 内连续观测量筒的液体高度。如果在这段时间内，量筒的液体高度没有下降，则认为量筒的密封性合格。

17. 如果测量仪器的密封性遭到破坏，建议检查开关 9、7、5 的密封性。为此依次堵住开关前面的连接软管，并检查量筒 1 的液体高度。液体高度下降则证明开关的密封性遭到破坏。

18. 开关的密封性检查完成之后，建议检查橡胶球 8 的工作能力。为此，关闭开关 5、9，打开开关 7，并检查量筒中 1 的液体高度。液体高度下降则证明橡胶球 8 处于故障状态。

19. 不使用处于故障状态的测量仪器或者密封性遭到破坏的测量仪器。

20. 测量仪器的密封性检查完成之后，将带盖的密封容器称重并准备运输至井下。

测量仪器测定煤样瓦斯涌出量的工作程序

21. 测量仪器测定煤样瓦斯涌出量的工作程序如下：

（1）调节容器 10 安装在支架 11 上部位置，并注满液体。

（2）量筒 1 注满液体至标尺上部观测线后，将调节容器 10 沿支架 11 降低到下部位置。

22. 量筒调整好之后，在其标尺下部位置测出对应于 H_{min} 的液体高度。

附录3　借助于测量仪器测定煤样的瓦斯涌出量

1. 借助于测量仪器，测定煤样的瓦斯涌出量：

（1）在矿井条件及大气压力下的瓦斯涌出量。

（2）在实验室条件及大气压力下的瓦斯涌出量。

（3）将煤样磨碎至粒度小于 0.1 mm 的瓦斯涌出量。

在矿井条件下测定煤样在大气压力下的瓦斯涌出量

2. 为了在矿井条件下测定煤样在大气压力下的瓦斯涌出量，将测量仪器与装有煤样的密封容器相连接。

3. 将下列资料记入矿井条件下煤层瓦斯含量测定记录中：

（1）钻孔回收煤样的开始时间 t_0。

（2）煤样的密封时间 t_{rep}。

（3）密封容器瓦斯涌出量的测定时间 t_{2i}。

（4）大气压力 P_a。

（5）大气温度 T_a。

4. 密封容器与测量仪器接通之前，测定量筒中液体的初始高度。在气体清除开关打开的情况下，沿支架 11 移动调节容器 10 来校准量筒中液体的初始高度。

5. 在开关 7、9 关闭和开关 5 打开的条件下，将密封容器接通测量仪器。

6. 测量仪器与密封容器或者破碎机接通之后，记下接通时间及量筒刻度表的初始读数。

7. 如果煤样每分钟的瓦斯涌出量大于刻度表最小刻度的两倍及两倍以上，建议每分钟记录一次 V_{2i} 值。如果煤样每分钟的瓦斯涌出量小于刻度表最小刻度的两倍，建议经过时间间隔 t_{2i} 测定 V_{2i} 值，t_{2i} 的精度不大于 10 s。在时间间隔 t_{2i} 内，量筒中的瓦斯涌出量为刻度表最小刻度的两倍。

8. 记录 V_{2i} 值时，建议截断气体开关 5。记录 V_{2i} 值之后，打开开关 9，并再次校准量筒中液体的初始高度。

9. 建议瓦斯涌出量 V_{2i} 的测定时间不小于 20 min，不大于 60 min。

10. 当瓦斯涌出量达到 1.5 L 时，建议关闭气体开关 5，打开开关 7，并在最短时间内将液体罐 2 中的液体充满至继续测定必需的液体高度。气体开关 5 的关闭时间和液体罐 2 充满液体的时间记入本《安全指南》附录 5 中的矿井条件下煤样瓦斯涌出量测定记录中。

11. 完成矿井条件下煤样的瓦斯涌出量测定工作之后，关闭开关 5，切断密封容器与测量仪器的连接，并准备好运输。

12. 在矿井条件下测定煤样的瓦斯涌出量时，建议采集瓦斯气样用于瓦斯组分实验室分析。

在实验室条件下测定煤样在大气压力下的瓦斯涌出量

13. 在实验室条件下测定煤样在大气压力下的瓦斯涌出量之前，建议完成下列准备工作：

（1）清洁密封容器的外表并称重。

（2）将密封容器完全浸没到液体罐中，检查密封容器的密封性。

（3）清除上次测量时残留在测量仪器中的瓦斯。

（4）在开关 5 关闭的情况下，检查测量系统的密封性。

14. 将实验室的大气温度和大气压力数据记入本《安全指南》附录 5 中的实验室条件下煤样瓦斯涌出量测定记录推荐表格中。

15. 顺利完成本附录第 5 ~ 12 条规定后，开始测定 V_{2i}。

16. 如果在密封容器的运输过程中，煤样向密封容器涌出了大量瓦斯，超过了量筒容积的 80%，其在实验室条件下的第一次测定分几个阶段进行。为此，当量筒中的瓦斯体积不大于量筒容积的 80% 之后，关闭密封容器的开关 5，测定量筒中的瓦斯量，并开始下一阶段的测定。当量筒中的瓦斯体积小于量筒容积的 25% 时，停止在实验室条件下的第一次测定。

17. 当 20 min 内量筒刻度表的读数变化不大于 2 个最小刻度时，停止在实验室条件下测定煤样的瓦斯涌出量。

V_{2i} 的测定结果记入实验室条件下煤样瓦斯涌出量测定记录中。

将煤样磨碎至粒度小于 0.1 mm 时瓦斯涌出量的测定

18. 为了测定将煤样磨碎至粒度小于 0.1 mm 时的瓦斯涌出量，需要在与测量仪器连接的密封破碎机中将煤样磨碎。

19. 测定将煤样磨碎至粒度小于 0.1 mm 时的瓦斯涌出量之前，应该：

（1）吹净测量仪器，以清除其中残留的瓦斯。

（2）在开关 5 关闭的情况下，检查测量仪器的密封性。

（3）在测量仪器与密封破碎机连接之前，将测量仪器吹净。

（4）在测量仪器吹净之后，将其与密封破碎机连接。

在必须将瓦斯与煤的悬浮物净化的情况下，建议在密封破碎机和开关 5 之间安装带有旋风离尘机和过滤器的室腔。

20. 将煤样从密封容器中取出，称重并放到煤样托盘上。取出 2 个最具代表性的煤样用来测定粒度小于 0.1 mm 时的瓦斯涌出量，3 个煤样用来测定其密度、灰分和水分。

用来测定 V_3 的煤样质量建议不小于 0.150 kg，用来测定其密度、灰分和水分的煤样质量建议不小于 0.100 kg。用来测定 V_3 的煤样手工破碎至 0.02 ~ 0.025 m。

21. 用来测定 V_3 的煤样依次放入密封破碎机中，磨碎至粒度小于 0.01mm。

22. 在煤样磨碎过程中，根据本附录内容测定 V_3。

23. 在煤样磨碎过程中，如果在 2 ~ 3min 内煤样的瓦斯涌出量不变，则停止 V_3 的测定。

24. V_3 的测定结果记入本《安全指南》附录 5 中的煤样磨碎至粒度小于 0.1 mm 时煤样瓦斯涌出量测定记录推荐表格中。

测定 V_3 时，采集瓦斯气样用于瓦斯组分实验室分析。

25. 在实验室条件下测定 V_2、V_3 之后，测定：

（1）根据标准化和计量委员会 1992 年 3 月 27 日 №293 令批准与实施的国家标准 ГОСТ 2160—92《固体矿物燃料·密度测定方法》测定煤的密度。

（2）根据 ГОСТ Р 52911—2008《固体矿物燃料·全水分测定方法》测定煤的水分。

（3）根据 ГОСТ Р 55661—2013《固体矿物燃料·灰分测定方法》测定煤的灰分。

煤层瓦斯含量计算程序

26. 煤层瓦斯含量计算程序如下：

（1）根据本《安全指南》式（1-2），将煤样在大气压力条件下第 i 个时间间隔内的瓦斯涌出量换算为标准条件下的数值。

（2）根据本《安全指南》图 1-1，按照 $V_{2\text{ícr.y}}$ 值绘制煤样瓦斯解吸曲线。

（3）依据本《安全指南》1.14 规定的程序，根据煤样瓦斯解吸曲线确定钻孔施工时煤样的瓦斯涌出量。

（4）根据本《安全指南》式（1-3），计算煤样在大气压力条件下的瓦斯涌出量。

（5）根据本《安全指南》式（1-2），将煤样磨碎至粒度小于 0.1mm 时第 i 个时间间隔内的瓦斯涌出量换算为标准条件下的数值。

（6）根据本《安全指南》式（1-4），计算将煤样磨碎至粒度小于 0.1mm 时的瓦斯涌出量。

（7）根据本《安全指南》式（1-1），计算煤层的原始瓦斯含量和（或者）残余瓦斯含量。

附录4　密封容器和破碎机自由体积的确定

1. 密封容器自由体积 $V_{\text{св. об. сос}}$ 根据下式确定：

$$V_{\text{св. об. сос}} = V_{\text{герм. сос}} - V_{\text{кер}}$$

式中　$V_{\text{кер}}$——煤样体积，m^3。

煤样的体积根据下式确定：

$$V_{\text{кер}} = \frac{1000 m_{\text{уг. пр}}}{\rho_{\text{уг}}}$$

式中　$m_{\text{уг. пр}}$——煤样质量，kg；

　　　$\rho_{\text{уг}}$——煤的视密度，$\mathrm{kg/m}^3$。煤的视密度根据 ГОСТ 2160—92《固体矿物燃料·密度测定方法》测定。

2. 破碎机自由体积 $V_{\text{св. об. др}}$ 根据下式确定：

$$V_{\text{св. об. др}} = V_{\text{др}} - V_{\text{уг}}$$

式中　$V_{\text{др}}$——破碎机体积，m^3；

　　　$V_{\text{уг}}$——煤样磨碎至粒度小于 0.1 mm 的体积，m^3。

磨碎至粒度小于 0.1mm 的煤样体积根据下式计算：

$$V_{\text{уг}} = \frac{m_{\text{уг. пр}}}{\rho_{\text{пик}}}$$

式中　$\rho_{\text{пик}}$——煤的比重密度，$\mathrm{kg/m}^3$。

煤的比重密度根据 ГОСТ 2160—92《固体矿物燃料·密度测定方法》测定。

附录 5　推 荐 表 格

附表5-1　密封容器卡片

密封容器检查日期和时间（年/月/日，h：min）＿＿＿＿＿＿＿＿＿＿＿＿＿＿＿＿＿＿

密封容器编号＿＿＿＿＿＿＿＿＿＿＿＿＿＿＿＿＿＿＿＿＿＿＿＿＿＿＿＿＿＿＿＿＿

密封性检查标记（有、无）＿＿＿＿＿＿＿＿＿＿＿＿＿＿＿＿＿＿＿＿＿＿＿＿＿＿

带盖的密封容器质量＿＿＿＿＿＿＿＿＿＿＿＿＿＿＿＿＿＿＿＿＿＿＿＿＿＿＿＿kg

密封容器体积＿＿＿＿＿＿＿＿＿＿＿＿＿＿＿＿＿＿＿＿＿＿＿＿＿＿＿＿＿＿＿m³

准备人员签名＿＿＿＿＿＿＿＿＿＿＿＿＿＿＿＿＿＿＿＿＿＿＿＿＿＿＿＿＿＿＿＿＿

备注：每个密封容器在使用前，编制密封容器卡片，并固定在密封容器上。

附表5-2　在矿井条件下煤样瓦斯涌出量测定记录

煤样采集地点（矿井、煤层、巷道）＿＿＿＿＿＿＿＿＿＿＿＿＿＿＿＿＿＿＿＿＿＿

煤样采集日期＿＿＿＿＿＿＿＿＿＿＿＿＿＿＿＿＿＿＿＿＿＿＿＿＿＿＿＿＿＿＿＿＿

装煤样的密封容器的编号＿＿＿＿＿＿＿＿＿＿＿＿＿＿＿＿＿＿＿＿＿＿＿＿＿＿＿＿

在煤层区段采集的煤样数量＿＿＿＿＿＿＿＿＿＿＿＿＿＿＿＿＿＿＿＿＿＿＿＿＿＿

密封性测试标记（有、无）＿＿＿＿＿＿＿＿＿＿＿＿＿＿＿＿＿＿＿＿＿＿＿＿＿＿

空密封容器质量＿＿＿＿＿＿＿＿＿＿＿＿＿＿＿＿＿＿＿＿＿＿＿＿＿＿＿＿＿＿kg

装煤样的密封容器质量＿＿＿＿＿＿＿＿＿＿＿＿＿＿＿＿＿＿＿＿＿＿＿＿＿＿＿kg

采样地点温度＿＿＿＿＿＿＿＿＿＿＿＿＿＿＿＿＿＿＿＿＿＿＿＿＿＿＿＿＿＿＿℃

采样地点大气压力＿＿＿＿＿＿＿＿＿＿＿＿＿＿＿＿＿＿＿＿＿＿＿＿＿＿＿＿kPa

序号	测量时间/ h：min	量筒壁上刻度表的 读数/m³	瓦斯涌出量/ m³	换算为标准条件下 瓦斯涌出量/m³	备注
1					
2					
3					
4					
⋮					
n					

测定人员签名＿＿＿＿＿＿＿＿＿＿＿＿＿＿＿＿＿＿＿＿＿＿＿＿＿＿＿＿＿＿＿＿＿

附表5-3 在实验室条件下煤样瓦斯涌出量测定记录

煤样采集地点（矿井、煤层、巷道）_____

煤样采集日期_____

装煤样的密封容器编号_____

在煤层区段采集的煤样数量_____

送到实验室的时间（h:min）_____

密封性测试标记（有、无）_____

空密封容器质量_____kg

装煤样的密封容器质量_____kg

实验室温度_____℃

实验室大气压力_____kPa

序号	测量时间/ h:min	量筒壁上刻度表的 读数/m³	瓦斯涌出量/ m³	换算为标准条件下的 瓦斯涌出量/m³	备注
1					
2					
3					
4					
⋮					
n					

测定人员签名_____

附表5-4 煤样磨碎至粒度小于0.1 mm时的瓦斯涌出量测定记录

装煤样的密封容器编号_____

在该区段采集的煤样总数_____

送到实验室的时间（h:min）_____

密封容器的打开时间（h:min）_____

煤的总质量_____kg

用来磨碎的煤样质量_____kg

装煤样的密封容器质量_____kg

实验室的温度_____℃

实验室的大气压力_____kPa

附表5-4（续）

序号	密封容器编号	密封容器编号	磨碎开始时间/h:min	磨碎结束时间/h:min	瓦斯涌出量/m³	换算为标准条件下的瓦斯涌出量/m³	备注
1		1					
		2					
2		1					
		2					
⋮		1					
		2					
n		1					
		2					

测定人员签名 _____

附表5-5　瓦斯组分分析结果

煤样采集地点（矿井、煤层、巷道） _____

煤样采集日期 _____

序号	密封容器编号	浓度/%								
		在矿井条件下			在实验室条件下			煤样磨碎至粒度小于0.1 mm		
		CH_4	CO_2	N_2	CH_4	CO_2	N_2	CH_4	CO_2	N_2
1										
2										
3										
⋮										
n										
平均值										

测定人员签名 _____

附表5-6 结果汇总表

煤样采集地点（矿井、煤层、巷道）_____

煤样采集日期_____

在该区段采集的煤样总数_____

序号	密封容器编号	瓦斯涌出量 V_1/m³	煤样质量 m_1/kg	瓦斯涌出量 V_2/m³	煤样质量 m_1/kg	瓦斯涌出量 V_3/m³	煤样质量 m_1/kg	煤层瓦斯含量/ [m³/(t·r)]			
								X_1	X_2	X_3	X
1											
2											
3											
⋮											
n											

计算人员签名_____

附录6　引用的标准文件

引文文件的代码和名称		引文的条款编号
ГОСТ Р 52911—2008	固体矿物燃料·全水分测定方法	第10条
ГОСТ Р 55661—2013	固体矿物燃料·灰分测定方法	第10条
ГОСТ 2939—63	瓦斯·体积确定的条件	第11条
ГОСТ 2160—92	固体矿物燃料·密度测定方法	附录3第25条

煤矿危险性分析和事故风险评价方法的建议

俄罗斯联邦生态、技术及原子能监督局命令

2017 年 6 月 5 日   **№192**

　　为了推进工业安全规章的落实，批准所附的安全指南《煤矿危险性分析和事故风险评价方法的建议》。

负责人：A. B. АЛЕШИН

1 总 则

1.1 为了推进落实《煤矿安全规程》（生态、技术及原子能监督局 2013 年 11 月 19 日 №550 令批准）、《危险生产对象安全论证总要求》（生态、技术及原子能监督局 2013 年 7 月 15 日 №306 令批准）、《工业安全鉴定实施规程》（生态、技术及原子能监督联邦部门 2013 年 11 月 14 日 №538 令批准）的规定，特制定安全指南《煤矿危险性分析和事故风险评价方法的建议》（又称《安全指南》）。

本《安全指南》不是标准的法律文件。

1.2 本《安全指南》包含事故危险性分析和风险评价的建议，以保证煤炭开采组织及其下属井下作业的独立部门（以下简称煤矿）的工业安全要求。

1.3 研究制定以下文件时，建议进行危险性分析和事故分析评价：

（1）工业安全管理体系和劳动保护文件（以下简称 СУПБ 和 ОТ）。

（2）开采、改造和技术设备更新文件。

（3）作业文件。

（4）安全论证。

（5）限定和消除事故后果的措施计划。

（6）安全多功能系统（以下简称 МФСБ）设计的技术经济论证。

2　事故风险分析的任务

在煤矿开采、改造或者技术设备更新阶段，建议解决下列问题：

（1）在矿山地质开采条件下，事故主要危险数据的修订。

（2）事故危险程度监控及降低煤矿事故风险措施效果评价，其中包括工业安全管理体系和劳动保护效果评价。

（3）从降低事故风险的角度，评价安全多功能系统的效果。

（4）评价煤矿生产监控的组织和实施是否符合俄罗斯联邦政府 1999 年 3 月 10 日 №263 令《对危险生产对象工业安全规章的遵守情况进行检查的组织和实施规程》。

（5）制定保证安全和降低煤矿事故风险的措施。

（6）按照 2010 年 7 月 27 日联邦法律№225 – Ф3《危险对象业主分担危险对象事故伤害后果民事责任的强制保险》的规定，危险对象业主分担危险对象事故伤害后果的民事责任强制保险合同保险金的计算依据。

（7）完善开采和技术服务细则、煤矿事故后果限定和消除措施计划、作业设计与开采文件。

3 煤矿开采阶段事故风险分析和事故危险性清单

3.1 分析事故风险时，建议按以下阶段依次实施：

（1）收集矿山地质、矿山技术条件的资料。

（2）保证工业安全工作的规划与组织。

（3）事故危险性分辨（查明）。

（4）确定事故危险性影响因素、每个查明的事故危险性指数（以下简称 ИОА）。

（5）煤矿事故风险评价。

（6）制定（修正）降低事故风险的措施。

3.2 在煤矿开采阶段，建议事故危险性清单如下：

（1）瓦斯和（或者）粉尘爆炸事故危险性。

（2）冲击地压事故危险性。

（3）煤、岩、瓦斯和（或者）粉尘突出事故危险性。

（4）巷道透水或者突浆事故危险性。

（5）内因火灾事故危险性。

（6）岩石冒顶事故危险性。

（7）主观（人的）因素影响事故危险性。

4   煤矿开采阶段事故危险性影响因素和事故危险性指数

4.1   煤矿开采阶段的事故危险性影响因素和事故危险性指数建议根据本《安全指南》表 5 – 1 至表 5 – 7 中的数据选择。

4.2   根据已发生事故、计算结果和鉴定评价资料确定事故危险性指数。

4.3   事故危险性影响因素和事故危险性指数见本《安全指南》表 5 – 1 至表 5 – 7。煤矿具体的开采条件、安全多功能系统推行程度、工业安全规章的生产监控组织和实施不同，事故危险性影响因素和事故危险性指数可能发生变化和（或者）增补。

5　煤矿事故风险评价

5.1　根据事故危险性影响因素和事故危险性指数，进行煤矿事故风险评价。建议事故风险评价使用打分法（重量系数法），将事故危险性影响因素作为一个整体进行分割，并对因素赋予反映事故发展的因素重要性的级点和基于专家评价的权重。

5.2　因素整体分割、级点数值和因素重量见本《安全指南》表 5 – 8。

5.3　事故危险性影响因素按语言分类法分成 5 个等级：

（1）很低水平（以下简称 OH）。

（2）低水平（以下简称 H）。

（3）中等水平（以下简称 Cp）。

（4）高水平（以下简称 B）。

（5）很高水平（以下简称 OB）。

5.4　事故危险性因素语言分类法见本《安全指南》表 5 – 9。

5.5　在识别过程中得到的级别重量等同于按照方案 OH = 0.1、H = 0.3、Cp = 0.5、B = 0.7、OB = 0.9 确定的级点。

5.6　对于每个因素整体，取反映因素权重的级点的平均值作为评价结果。同时，因素级点与因素整体级点总和的比值为因素重量 X_x：

$$X_x = \frac{r_x}{\sum\limits_{i=1}^{n} r_i}$$

式中　X_x——因素 x 的重量；

　　　r_x——因素 x 的等级；

　　　n——因素个数。

5.7　取最大总和级点的加权平均级点作为事故危险性。

5.8　反映事故危险性的加权平均级点，根据 4 种级别的语言标尺确定煤矿事故风险水平，见本《安全指南》表 5 – 10。

表5-1 瓦斯和（或者）粉尘爆炸事故危险性影响因素和事故危险性指数*

序号	危险性影响因素	事故危险性指数	事故危险性指数的确定准则
1	瓦斯甲烷爆炸（爆燃）	0	过去一年没有甲烷爆炸（爆燃）
		1	过去一年有甲烷爆炸（爆燃）
2	瓦斯甲烷和煤尘爆炸（爆燃）	0	过去一年没有甲烷和煤尘爆炸（爆燃）
		1	过去一年有甲烷和煤尘爆炸（爆燃）
3	矿井甲烷等级——无瓦斯	0	每次甲烷爆炸（爆燃）增加0.5，每次死人事故增加1
4	矿井甲烷等级——Ⅰ级	0.1	
5	矿井甲烷等级——Ⅱ级	0.2	
6	矿井甲烷等级——Ⅲ级	0.4	
7	矿井甲烷等级——超级	0.7	
8	突出危险	1	
9	无甲烷喷出	0	每次甲烷爆炸（爆燃）评价增加0.5，每次死人事故增加1 无甲烷喷出危险的煤层不进行评价
10	1个煤层有甲烷喷出	0.3	
11	所有煤层有甲烷喷出	0.5	
12	未实施甲烷喷出预防	1	
13	实施甲烷喷出自动化预测	−0.3	无甲烷喷出危险的煤层不进行评价
14	实施甲烷喷出手工和自动化预测	−0.2	
15	实施甲烷喷出完全手工（打钻）预测	−0.1	
16	存在其他爆炸危险气体（H_2S、NH_3、H_2、高级碳氢化合物）	0	无爆炸危险气体
		1	存在爆炸危险气体
17	煤尘爆炸危险性	0	煤层无爆炸危险性
		1	至少1个煤层具有爆炸危险性
18	最近1年记录的巷道瓦斯积聚次数	0.1	5次以下瓦斯积聚
		0.5	5～10次瓦斯积聚
		1	10次以上瓦斯积聚
19	矿井风量富裕程度 $\omega > 1.2$	0	每次甲烷爆炸（爆燃）增加0.5，每次死人事故增加1
	矿井风量富裕程度 $\omega = 1.19 \sim 1.0$	0.3	
	矿井风量富裕程度 $\omega = 0.9 \sim 0.8$	0.5	
	矿井风量富裕程度 $\omega < 0.8$	1	
20	通风稳定性1级	0	每次瓦斯积聚、甲烷爆炸（爆燃）增加0.5，每次死人事故增加1
21	通风稳定性2级	0.3	
22	通风稳定性2级（事故）	0.5	
23	通风稳定性3级	1	

表 5 - 1（续）

序号	危险性影响因素	事故危险性指数	事故危险性指数的确定准则
24	通风容易矿井 $n < 2.5$	0	n—每供应 $1\ m^3/s$ 有效使用风量所花费的单位功率
25	通风中等困难矿井 $n = 2.5 \sim 3.5$	0.3	
26	通风中等困难矿井 $n = 3.6 \sim 5$	0.5	
27	通风困难矿井 $n > 5$	1	
28	在安全多功能系统框架内的大气保护	-0.5	每次瓦斯积聚、甲烷爆炸（爆燃）评价增加 0.5，每次死人事故增加 1
29	全矿井巷道内的大气监控（以下简称 АГК）	-0.2	
30	主要通风设备、抽放设备的大气监控	-0.3	
31	准备采区的大气监控	-0.5	
32	回采采区的大气监控	-0.6	
33	便携式瓦斯分析仪的数据传输到大气监控系统	-0.2	
34	在矿井绝对瓦斯涌出量比例达到下列数值的情况下，存在综合抽放：		每次瓦斯积聚、甲烷爆炸（爆燃）增加 0.5，每次死人事故增加 1
	$q > 70\%$	-0.5	
	$q = 69\% \sim 60\%$	-0.4	
	$q = 59\% \sim 50\%$	-0.3	
	$q < 50\%$	0	
35	在全矿井巷道中缺少粉尘爆炸防护系统	0.5	每次瓦斯积聚、甲烷爆炸（爆燃）增加 0.5，每次死人事故增加 1
36	在准备采区缺少粉尘爆炸防护系统	0.7	
37	在回采采区缺少粉尘爆炸防护系统	1	
38	在装载点缺少洒水除尘措施	0.4	
39	掘进时缺少洒水除尘措施	0.6	
40	采面缺少洒水除尘措施	1	

注：＊考虑了矿井通风系统状况、矿井抽放系统状况、粉尘爆炸防护系统状况。

表 5 - 2　冲击地压事故危险性影响因素和事故危险性指数

序号	危险性影响因素	事故危险性指数	事故危险性指数的确定准则
1	冲击地压、巷道底板动力破坏（以下简称 ДРПВ）	0	连续 3 年没有冲击地压、巷道底板动力破坏
		1	连续 3 年有冲击地压、巷道底板动力破坏
2	在安全多功能系统框架内监控岩体状态	-0.5	每次冲击地压增加 0.5，每次死人事故增加 1。在无威胁和无危险的煤层不进行评价
3	地质动力区划，其中包括岩体的压力应变状态模拟	-0.3	
4	岩体状态区域和日常预测系统自动化	-0.2	
5	岩体状态手工预测（打钻）	-0.1	
6	不进行岩体状态预测	1	

表5-2（续）

序号	危险性影响因素	事故危险性指数	事故危险性指数的确定准则
7	矿井没有冲击地压危险煤层	0	每次冲击地压增加0.5，每次死人事故增加1
8	矿井具有冲击地压威胁煤层	0.3	
9	矿井具有冲击地压危险煤层	0.5	
10	矿井全部煤层具有冲击地压危险	1	
11	冲击地压威胁、危险煤层开采	-0.7	保护层上层先采或者下层先采
		-0.5	采取冲击地压区域预防措施（除上层先采或者下层先采以外）
		-0.3	采取冲击地压局部预防措施

表5-3　煤（岩）与瓦斯突出事故危险性影响因素和事故危险性指数

序号	危险性影响因素	事故危险性指数	事故危险性指数的确定准则
1	煤（岩）突出	0	连续3年没有煤（岩）突出
		1	连续3年有煤（岩）突出
2	瓦斯突出	0	连续3年没有瓦斯突出
		1	连续3年有瓦斯突出
3	不进行突出危险性预测	1	
4	突出危险性自动化预测	-0.3	
5	突出危险性手工和自动化预测	-0.2	
6	突出危险性手工预测	-0.1	每次突出增加0.5，每次死人事故增加1。无危险的煤层不进行评价
7	在安全多功能系统框架内监控岩体状态	-0.5	
8	矿井没有突出危险煤层	0	
9	矿井没有突出威胁煤层	0.3	
10	矿井具有突出危险煤层	0.5	
11	矿井全部煤层具有突出危险	1	

表5-4　巷道透水、突浆事故危险性影响因素和事故危险性指数

序号	危险性影响因素	事故危险性指数	事故危险性指数的确定准则
1	巷道透水、突浆	0	连续3年没有透水、突浆
		1	连续3年有透水、突浆
2	淹井危险性水平监控	-0.2	经常组织监控
		-0.1	定期组织监控
		0	不组织监控

表5-4（续）

序号	危险性影响因素	事故危险性指数	事故危险性指数的确定准则
3	水系统与设计方案的符合性	0	排水系统与设计方案完全一致
		1	排水系统与设计方案不一致或者局部不一致
4	存在淹井的邻近矿井	0.2	选择条款之一。每次透水洪水事故增加0.5，每次死人事故增加1。在无危险的煤层不进行评价
5	存在2个及2个以上淹井的邻近矿井	0.4	
6	存在被钻孔穿过的煤柱	0.7	
7	存在被巷道穿过的煤柱	1	
8	在陷落区、河流和水库低洼地下作业	0.2	选择条款之一。每次透水事故增加0.5，每次死人事故增加1。在无危险的煤层不进行评价
9	开采被黏土冲积层覆盖的第一水平煤层	0.4	
10	在黏土淤积的采空区下部开采	0.7	
11	在井巷作业区域有通达地面的出口	1	

表5-5 内因火灾事故危险性影响因素和事故危险性指数

序号	危险性影响因素	事故危险性指数	事故危险性指数的确定准则
1	内因火灾	0	连续3年没有内因火灾
		1	连续3年有内因火灾
2	所有矿井煤层无自燃倾向，煤的潜伏期>80 d	0	每次内因火灾增加0.5，每次死人事故增加1
3	所有矿井煤层有自燃倾向，煤的潜伏期<79～80 d	0.3	
4	所有矿井煤层有自燃倾向，煤的潜伏期≤41～79 d	0.5	
5	所有矿井煤层有自燃倾向，煤的潜伏期<40 d	1	
6	防火保护整合到安全多功能系统中	-0.5	无自燃倾向的煤层不进行评价
7	煤层自燃倾向性	0	煤层无自燃危险
		1	煤层具有自燃危险
8	在留有底煤的准备巷道中使用自行轮式运输设备	-0.1	
9	采空区进行惰性化处理	-0.3	
10	进行内因火灾危险性监控	-0.3	

表5-6　岩石冒顶事故危险性影响因素和事故危险性指数

序号	危险性影响因素	事故危险性指数	事故危险性指数的确定准则
1	岩石冒顶	0	连续3年没有岩石冒顶
		1	连续3年有岩石冒顶
2	在有稳定顶板的煤层、矿山压力升高带和断裂地质破坏影响带中不进行作业	0	
3	在矿井中开采具有不稳定直接顶板的煤层，部分作业在矿山压力升高带中进行	0.3	
4	很大一部分作业在矿山压力升高带和断裂地质破坏影响带中进行	0.5	
5	在矿井中开采具有不稳定直接顶板的煤层，作业在矿山压力升高带和断裂地质破坏影响带中进行，开采具有压出危险性的厚煤层	1	
6	定期使用工具（目视）检查顶板状态	-0.1	在有稳定顶板的煤层、矿山压力升高带和断裂地质破坏影响带的情况下，不适用评价
7	在安全多功能系统框架中自动监控岩体状态	-0.3	

表5-7　主观（人的）因素危险性影响因素和事故危险性指数

序号	危险性影响因素	事故危险性指数	事故危险性指数的确定准则
1	对于在工业安全规章和劳动保护检查过程中查明的违章，在规定周期内违章的消除系数根据下式计算：$$K_{ycrp} = \frac{N^{ycrp}}{N^B}$$式中　N^{ycrp}——在规定周期内消除的违章数量；N^B——查明的违章数量	1	$K_{ycrp} \leq 0.3$
		0.8	$K_{ycrp} = 0.3 \sim 0.5$
		0.4	$K_{ycrp} = 0.51 \sim 0.8$
		0	$K_{ycrp} = 0.81 \sim 1$
2	检查使用的电力设备和电力线路状态	1	不进行检查
		0.5	偶尔检查
		0	按要求的周期进行检查
3	检查工作地点大气中甲烷、一氧化碳和氧气浓度的工作人员所使用的瓦斯分析仪数据的利用	1	工作人员不能保证配备（不能使用）单个瓦斯分析仪
		0	工作人员能够保证配备单个瓦斯分析仪并使用
4	检查工作人员将可能引起爆炸和火灾的个人物品带入井下	1	未组织检查或者组织检查不彻底
		0	彻底组织检查
5	查明处于酒精、麻醉、毒醉状态的人员	1	未组织查明
		0	组织查明

表5-8 因素整体、因素、因素的级点和重量

因素整体或者因素	因素整体或者因素的约定符号	因素的级点	因素的重量
瓦斯和（或者）煤尘爆炸危险性	A		
甲烷瓦斯爆炸（爆燃）标志	A1	10	0.313
甲烷瓦斯和煤尘爆炸（爆燃）标志	A2	1	0.031
矿井甲烷等级	A3	10	0.313
突出危险性水平	A4	1	0.031
其他爆炸危险气体标志	A5	1	0.031
煤尘爆炸危险性	A6	1	0.031
巷道瓦斯积聚水平	A7	1	0.031
矿井风量保障程度水平	A8	1	0.031
通风稳定性	A9	1	0.031
通风困难	A10	1	0.031
大气监控水平	A11	1	0.031
综合抽放水平	A12	1	0.031
缺少粉尘爆炸防护系统	A13	1	0.031
缺少防尘系统	A14	1	0.031
冲击地压危险性	Б		
最近3年冲击地压标志	Б1	2	0.333
在安全多功能系统框架内的岩体状态监控	Б2	1	0.167
冲击地压和巷道底板动力破坏煤层的危险性水平	Б3	1	0.167
降低冲击地压危险性的措施	Б4	2	0.333
煤（岩）与瓦斯突出危险性	В		
煤（岩）与瓦斯突出标志	В1	3	0.375
实施突出危险性预测	В2	2	0.250
煤层突出危险性水平	В3	1	0.125
巷道透水和（或者）突浆危险性	Г		
存在透水或者突浆标志	Г1	3	0.333
淹井危险性监控质量	Г2	2	0.222
排水系统与设计方案符合性标志	Г3	2	0.222
透水危险性因素	Г4	1	0.111
泥浆（黏土）危险性因素	Г5	1	0.111
内因火灾危险性	Д		
煤层自燃倾向性水平	Д1	2	0.250
最近3年燃烧标志	Д2	2	0.250
使用岩石巷道揭开煤层	Д3	2	0.250
内因火灾危险性监控	Д4	1	0.125
采空区惰性化处理	Д5	1	0.125

表5-8（续）

因素整体或者因素	因素整体或者因素的约定符号	因素的级点	因素的重量
岩石冒顶危险性	E		
冒顶标志	E1	2	0.667
冒顶危险性水平	E2	1	0.333
主观（人的）因素	Ж		
工业安全违章的消除	Ж1	1	0.2
电气设备和电力线路检查水平	Ж2	1	0.2
瓦斯因素检查水平	Ж3	1	0.2
私人物品通过检查的标志	Ж4	1	0.2
查明工作人员处于酒精、麻醉或者毒醉状态的标志	Ж5	1	0.2

表5-9　因素等级的语言分类

因素整体或者因素	因素整体或者因素的约定符号	因素评价（按等级划分）				
		很低水平	低水平	中等水平	高水平	很高水平
瓦斯与（或者）煤尘爆炸危险性	A					
甲烷瓦斯爆炸（爆燃）标志	A1	0	—	—	—	1
甲烷瓦斯与煤尘爆炸（爆燃）标志	A2	0	—	—	—	1
矿井甲烷等级	A3	<0.4	0.4~0.6	0.6~0.8	0.8~1	>1
突出危险性水平	A4	<0.3	0.3~0.5	0.5~0.7	0.7~0.9	>0.9
其他爆炸危险气体标志	A5	0	—	—	—	1
煤尘爆炸危险性	A6	0	—	—	—	1
瓦斯积聚水平	A7	<0.9	0.9~1.2	1.2~1.5	1.5~1.8	>1.8
矿井风量保障程度水平	A8	<0.3	0.3~0.5	0.5~0.7	0.7~0.9	>0.9
通风稳定性	A9	<0.3	0.3~0.5	0.5~0.7	0.7~0.9	>0.9
通风困难	A10	<0.3	0.3~0.5	0.5~0.7	0.7~0.9	>0.9
大气监控水平	A11	<0.3	0.3~0.5	0.5~0.7	0.7~0.9	>0.9
综合抽放水平	A12	<0.9	0.9~1.2	1.2~1.5	1.5~1.8	>1.8
缺少粉尘爆炸防护系统	A13	<0.9	0.9~1.2	1.2~1.5	1.5~1.8	>1.8
缺少防尘系统	A14	<0.9	0.9~1.2	1.2~1.5	1.5~1.8	>1.8
冲击地压危险性	Б					
最近3年冲击地压标志	Б1	0	—	—	—	1
在安全多功能系统框架内的岩体状态监控	Б2	<-0.3	-0.3~-0.2	-0.2~-0.1	-0.1~0	>0
冲击地压和巷道底板动力破坏煤层的危险性水平	Б3	<0.3	0.3~0.5	0.5~0.7	0.7~0.9	>0.9
降低冲击地压和巷道底板动力破坏危险性的措施	Б4	<-0.3	-0.3~-0.2	-0.2~-0.1	-0.1~0	>0

表5-9（续）

因素整体或者因素	因素整体或者因素的约定符号	因素评价（按等级划分）				
		很低水平	低水平	中等水平	高水平	很高水平
煤（岩）与瓦斯突出危险性	B					
煤（岩）与瓦斯突出标志	B1	0	—	—	—	1
实施突出危险性预测	B2	<−0.3	−0.3~−0.2	−0.2~−0.1	−0.1~0	>0
煤层突出危险性水平	B3	<0.3	0.3~0.5	0.5~0.7	0.7~0.9	>0.9
巷道透水和（或者）突浆危险性	Γ					
存在透水或者突浆标志	Γ1	0	—	—	—	1
淹井危险性监控质量	Γ2	<−0.3	−0.3~−0.2	−0.2~−0.1	−0.1~0	>0
排水系统与设计方案符合性标志	Γ3	0	—	—	—	1
透水危险性因素	Γ4	<0.3	0.3~0.5	0.5~0.7	0.7~0.9	>0.9
泥浆（黏土）危险性因素	Γ5	<0.3	0.3~0.5	0.5~0.7	0.7~0.9	>0.9
内因火灾危险性	Д					
煤层自燃倾向性水平	Д1	<0.3	0.3~0.5	0.5~0.7	0.7~0.9	>0.9
最近3年燃烧标志	Д2	0	—	—	—	1
使用岩石巷道揭开煤层	Д3	0	—	—	—	1
内因火灾危险性监控	Д4	<−0.3	−0.3~−0.2	−0.2~−0.1	−0.1~0	>0
采空区惰性化处理	Д5	<−0.3	−0.3~−0.2	−0.2~−0.1	−0.1~0	>0
岩石冒顶危险性	E					
冒顶标志	E1	0	—	—	—	1
冒顶危险性水平	E2	<0.3	0.3~0.5	0.5~0.7	0.7~0.9	>0.9
主观（人的）因素	Ж					
工业安全违章的消除	Ж1	<0.3	0.3~0.5	0.5~0.7	0.7~0.9	>0.9
电气设备和电力线路检查水平	Ж2	<0.3	0.3~0.5	0.5~0.7	0.7~0.9	>0.9
瓦斯因素检查水平	Ж3	<0.3	0.3~0.5	0.5~0.7	0.7~0.9	>0.9
私人物品通过检查的标志	Ж4	0	—	—	—	1
查明工作人员处于酒精、麻醉或者毒醉状态的标志	Ж5	0	—	—	—	1

表5-10 级点区间和对应的风险语言水平

级点区间	对应的风险语言水平
0~0.39	低风险水平（绿色）
0.4~0.51	中等风险水平（黄色）
0.52~0.59	高风险水平（橙黄色）
0.6~1	非常高的风险水平（红色）

第五篇

煤矿事故救援计划编制细则

俄罗斯联邦生态、技术及原子能监督局命令

2016 年 10 月 31 日 № 451

根据俄罗斯联邦政府 2004 年 7 月 30 日№401 令批准的生态、技术及原子能监督局条例第 5.2.2.16（1）分项（俄罗斯联邦法规汇编，2004，№32，第 3348 页；2006，№5，第 544 页；№23，第 2527 页；№52，第 5587 页；2008，№22，第 2581 页；№46，第 5337 页；2009，№6，第 738 页；№33，第 4081 页；№49，第 5976 页；2010，№9，第 960 页；№26，第 3350 页；№38，第 4835 页；2011，№6，第 888 页；№14，第 1935 页；№41，第 5750 页；№50，第 7385 页；2012，№29，第 4123 页；№42，第 5726 页；2013，№12，第 1343 页；№45，第 5822 页；2014，№2，第 108 页；№35，第 4773 页；2015，№2，第 491 页；№4，第 661 页；2016，№28，第 4741 页）：

（1）批准所附的《煤矿事故救援计划编制细则》。

（2）确认下列文件失效：

生态、技术及原子能监督局 2011 年 12 月 1 日№681 "关于批准《煤矿事故救援计划编制细则》" 令（2011 年 12 月 19 日于俄罗斯联邦司法部登记，№22814；行政权联邦机关标准文件公告，2012，№ 16）；

生态、技术及原子能监督局 2015 年 4 月 2 日№129 "关于对生态、技术及原子能监督局几个规定进行修改" 的规定附件第 1 条（2015 年 4 月 20 日于俄罗斯联邦司法部登记，№36942；行政权联邦机关标准文件公告，2015，№ 38）。

（3）本规定正式公布期满 6 个月后生效。

负责人：А.В.Алёшин

1　总　　则

1.1　《煤矿事故救援计划编制细则》（以下简称《细则》）根据 1997 年 7 月 21 日 №116 - Ф3 联邦法律《危险生产工程项目工业安全》（俄罗斯联邦法规汇编，1997，№30，第 3588 页；2000，№33，第 3348 页；2003，№2，第 167 页；2004，№35，第 3607 页；2005，№19，第 1752 页；2006，№52，第 5498 页；2009，№1，第 17 页，第 21 页；№52，第 6450 页；2010，№30，第 4002 页；№31，第 4195 页，第 4196 页；2011，№27，第 3880 页；№30，第 4590 页，第 4591 页，第 4596 页；№49，第 7015 页，第 7025 页；2012，№26，第 3446 页；2013，№9，第 874 页；№27，第 3478 页；2015，№1，第 67 页；№29，第 4359 页；2016，№23，第 3294 页；№27，第 4216 页），俄罗斯联邦政府 2013 年 8 月 26 日 №730 令批准的《危险生产工程项目事故后果限制和消除措施计划制定规则》（俄罗斯联邦法规汇编，2013，№35，第 4516 页），生态、技术及原子能监督局 2013 年 11 月 19 日 №550 令批准的《煤矿安全规程》（2013 年 12 月 31 日俄罗斯联邦司法部登记，№30961；行政权联邦机关标准文件公告，2014，№ 7），以及生态、技术及原子能监督局 2015 年 4 月 2 日 №129 令（2015 年 4 月 20 日俄罗斯联邦司法部登记，№36942；行政权联邦机关标准文件公告，2015，№ 38）和 2016 年 6 月 22 日 №236 令（2016 年 8 月 24 日俄罗斯联邦司法部登记，№43383；行政权联邦机关标准文件公告，2016，№ 38）对《煤矿安全规程》修订的要求制定。

1.2　本《细则》供煤矿、建井组织、俄罗斯技术监督局地方机关、职业化紧急救护部门（部队）［以下简称 ПАСС（Ф）］、俄罗斯联邦公民保卫、紧急情况和自然灾害后果消除部紧急救护部队的工作人员使用。

1.3　本《细则》规定了：

事故救援计划（以下简称 ПЛА）的制定、协商、批准程序，以及附有必需附件的事故救援计划修订程序；

事故救援计划的内容、办理手续和配套要求。

1.4　事故救援计划——事先制定的包含人员抢救、事故发生初期消除事故和预防事故发展措施在内的全部程序。

根据事故类型和发生地点，程序应规定：

（1）处于危险工程项目中人员的通知顺序，以及依据事故救援计划应参与人员抢救和事故救援措施实施的负责人员的通知顺序。

（2）人员从事故区和矿井的撤退路线。

（3）动力供应方式。

（4）通风和抽放方式。

（5）紧急救护供水方式。

（6）人员从事故区撤退使用运输设备和固定装置的程序，矿山救护员、材料和装备向事故地点运送的程序。

（7）职业化紧急救护部门（部队）的运动路线和动作程序。

（8）人员抢救和事故救援设备的存放地点和使用程序。

（9）负责完成事故救援计划措施的人员及其职责。

（10）事故救援计划措施的执行人员。

制定火灾熄灭措施时，应考虑根据俄罗斯联邦政府2008年2月16日No87令（俄罗斯联邦法规汇编，2008，No8，第744页；2009，No21，第2576页；No52，第6574页；2010，No16，第1920；No51，第6937页；2011，No8，第1118页；2012，No27，第3738页；No32，第4571页；2013，No17，第2174页；No20，第2478页；No32，第4328页；2014，No14，第1627页；No50，第7125页；2015，No31，第4700页；No45，第6245页；2016，No5，第698页）批准的《设计文件章节组成和内容要求的规定》第26条矿井设计文件"火灾安全保障措施"章节的规定。

在事故状态下，事故救援计划的生效时间为自其生效开始至其中规定的措施全部实行或者业务计划运行开始时止。

1.5 对于在建井、扩展、改造、运行、暂时停办和注销期间的所有煤矿，以及掘进与矿井井巷工程连通的垂直和倾斜井筒、平硐或者其他揭煤巷道时，编制事故救援计划。在这些巷道的掘进和装备期间（与矿井巷道贯通之前），编制事故救援计划。

事故救援计划由煤炭企业技术负责人（总工程师）和服务矿井的职业化紧急救护部门（部队）的下属单位负责人每不大于6个月编制一次。

煤炭企业技术负责人（总工程师）组织本《细则》第20条程序表的制定和计算。

职业化紧急救护部门（部队）的下属单位负责人对煤炭企业技术负责人（总工程师）提交的程序表进行分析，并向其提出自己的意见和建议。

1.6 在事故救援计划中应包含本《细则》附录1中的封面。

1.7 为了保障事故发生时的业务指挥，将巷道网络划分成事故救援计划的独立单元，并标注到矿井通风系统图中。在独立单元中确定事故类型、事故发生地点，并拟定人员抢救和事故救援措施。

1.8 事故救援计划的每个单元都要给予编号和命名。沿着通风风流的运动方向进行编号。通风系统图上的单元编号要在事故救援计划的业务篇章中反映出来，并且单元编号要与页码一致。

1.9 事故救援计划单元包括：矿井生产巷道、地面工艺流程综合体、处于授权使用土地范围内矿井地表的行政事务大楼、对井下巷道中的人员产生不利影响的事故。如果由一个组织管理的2个及以上工程项目位于同一地块或者相邻地块，事故救援计划也可以包括其他地表工程项目。

1.10 根据矿山工程计划投入运行时的状况制定事故救援计划。

1.11 对于具有统一通风系统的矿井，制定统一的事故救援计划。

1.12 根据设计文件，煤炭企业负责人或者具有法人地位的独立矿井负责人保证紧急救护仓库配套和其中储存的材料质量，以及实施人员抢救和事故救援所必需的技术设备完整和完好。

1.13　在事故救援计划实行前不晚于 15 天，在本《细则》附录 2 中的矿井防险准备情况得到肯定结论的情况下，事故救援计划经职业化紧急救护部门（部队）负责人同意，以及煤炭企业负责人或者具有法人地位的独立矿井负责人批准。

矿井防险准备情况结论由职业化紧急救护部门（部队）的专业人员提交。所得结论应考虑职业化紧急救护部门（部队）的专业人员在巷道、矿井井口和地面建筑、设施进行的预防检查结果。

1.14　矿井防险准备情况结论中指出的意见、矿井巷道拓扑电子（计算机）模拟（以下简称拓扑电子模拟）相应校正、所采用的通风方式和紧急救护供水计算、职业化紧急救护部门（部队）矿山救护小队沿巷道转移路线计算、火灾和爆炸（爆燃）时损坏带计算、通风风流逆转带计算消除之后，职业化紧急救护部门（部队）同意事故救援计划。计算的正确性由职业化紧急救护部门（部队）的专业人员检查。计算结果以电子形式保存在矿井和服务矿井的职业化紧急救护部门（部队）分队。

1.15　在没有事故救援计划的情况下，如果作业能够导致矿井发生事故，则禁止在矿井巷道、矿井井口和地面建筑、设施中进行作业。

1.16　当生产工艺改变、投入新的采区、封闭采空区、改变通风系统和人员撤离路线时，煤炭企业技术负责人（总工程师）应在 1 天内将相应的改变加入事故处理计划或者其个别单元中。在本《细则》附录 3 中的修改登记表中登记上述改变，并作为事故救援计划的附录。煤炭企业技术负责人（总工程师）决定事故救援计划紧急制定、同意和批准的必要性。事故救援计划修改登记程序见本《细则》第 4 部分。修改应加入事故救援计划的全部文件以及拓扑电子模拟中。

1.17　对于查明的矿井实际单元与事故救援计划不一致时，以及在这些单元中不能实施事故救援计划规定措施时，职业化紧急救护部门（部队）负责人书面通知煤炭企业负责人或者具有法人地位的独立矿井负责人及俄罗斯技术监督局地方机关。

1.18　在查出与事故救援计划单元不一致的巷道中，或者在其中不能实施事故救援计划规定措施的巷道中，仅可以将它们转化为符合事故救援计划单元的采掘工程，或者消除导致在其中不能实施事故救援计划规定措施的原因。在这些巷道中进行作业时应遵守煤炭企业技术负责人（总工程师）批准的安全措施。

1.19　事故救援计划应包括作业部分、图表部分和本《细则》规定的事故救援计划附录。事故救援计划卷册和事故救援计划附录依照本《细则》附录 4 中的顺序配套成单个文件夹。

1.20　职业化紧急救护部门（部队）每次同意施工消除计划之前，按照本《细则》附录 5 中推荐样表的规定，在矿井中抢救遇险人员、消除事故及其后果的检查和计算，即：

（1）矿井、水平、盘区、回采和准备巷道安全出口的保障程度，以及用于人员转移、矿山救护员通行和受害者撤退的矿井巷道可行性检查。

（2）计算人员撤退至新鲜风流处的时间。发生事故时，如果工作人员由工作地点撤退到最近新鲜风流处的时间超过 30 min，所有在该工作地点作业的工作人员佩戴自救器直接撤离。人员撤退在职业化紧急救护部门（部队）代表在场的情况下进行。工作人员撤退时间（根据最后的测验）增大 1.43 倍。对于最大火灾负荷巷道中（装备有带式输送机的巷道）的火灾情况，撤退时间增大 2 倍。

（3）职业化紧急救护部门（部队）小队在普通呼吸设备保护作用时间内完成人员抢救和事故救援任务可能性计算。

（4）在局部通风机停机的情况下，独头巷道工作面瓦斯积聚时间计算。

（5）产生火灾热负压时，巷道通风方式稳定性计算。

（6）在抽出式装置可能紧急停机的情况下采用混合式通风系统采区的瓦斯状态，以及其与事故救援计划规定的紧急状态下工作的主要通风机协同运行时瓦斯状态计算。

（7）矿井通风装置和主要通风机可逆、转换、密封装置完好性，以及完成全部预定紧急通风方式可能性检查。

（8）通信设备状态和工作能力检查、矿井发生事故时人员紧急通知系统检查、遇险人员搜寻系统检查、记录装置检查。

（9）矿井辅助矿山救护队成员训练情况和其分配情况检查（不少于辅助矿山救护队名册成员的 10%），辅助矿山救护队站点分布和状况检查，辅助矿山救护队业务组织和其装备情况检查。

（10）矿井巷道和工程项目灭火供水保障程度检查（额定流量和压力），供水主管状况及取水和配水装置附件完好程度检查，矿井灭火设备保障程度及其工作能力检查，矿井工作人员使用灭火设备的知识和技能检查。

上述规定应规定进行检查和计算的程序和时限。

1.21　检查和计算结果形成报告，在煤炭企业技术负责人（总工程师）会议上进行审查。检查报告的推荐样表见本《细则》附录 7 至附录 15，根据生态、技术及原子能监督局 2012 年 11 月 6 日No638 令批准的《事故救援计划规定的紧急通风方式计划实地检查细则》（俄罗斯司法部 2012 年 12 月 29 日登记，No26461；行政权联邦机关标准文件公告，2013，No12）附录中的推荐样表，形成事故救援计划规定的紧急通风方式计划实地检查报告。在检查报告中，要指出具体结论和限期消除查出的违章情况的建议。

矿井防险保护情况检查结果会议纪要的推荐样表见本《细则》附录 6，由煤炭企业技术负责人（总工程师）和职业化紧急救护部门（部队）分队负责人签署。会议纪要和检查报告应作为事故救援计划的附件。

完成上述会议决议和得到矿井防险准备情况的肯定结论之后，事故救援计划应在职业化紧急救护部门（部队）的会议上进行审查，煤炭企业技术负责人（总工程师）参加会议。根据本《细则》附录 16 中的推荐样表将审查结果形成会议纪要。

1.22　事故救援计划实施之前，矿井专业人员学习事故救援计划规定的行动程序和准则。矿井专业人员的学习结果记录到事故救援计划的记录簿中。煤炭企业技术负责人（总工程师）负责矿井专业人员学习事故救援计划。

1.23　事故救援计划实施之前，工人学习事故救援计划规定的行动程序和准则。工人的学习结果记录到指导书中。区长（部门负责人）负责工人学习事故救援计划。所有可能处于事故采区巷道中的及经该巷道可以从工作地点到达地面出口的工作人员熟悉、了解安全出口。

在采区（派工地点）应有与工作地点有关系的采区事故救援计划摘录，指明人员在井下的撤退路线。

1.24　矿井事故救援计划及其全部附录编制 2 份，一份由矿井调度员存放，另一份存放于服务矿井的职业化紧急救护部门（部队）分队。矿井事故救援计划的修改和补充应在 1 天内记入这 2 份文件中。

存放于矿井调度站的事故救援计划文件应附有：

（1）发生事故时准许人员入井的特别通行证。

（2）封锁和消除事故后果的作业记录簿。

（3）按照本《细则》附录 17 中的推荐样表编制的辅助矿山救护队成员名册，标明其工种（职务）、家庭地址和电话。

（4）按照本《细则》附录 18 中的推荐样表办理的发生事故时在行政事务大楼设置专门部门规定的复印件。

（5）煤炭企业负责人或者具有法人地位的独立矿井负责人关于任命指挥封锁和消除事故后果负责人员行政文件的复印件。

1.25　根据本《细则》附录 19 中的推荐样表，制定发生事故时井下工作人员行动规则。

2　事故救援计划的作业部分

2.1　组成要求

2.1.1　根据本《细则》附录 20 中的事故救援计划单元制定准则，研究制定事故救援计划作业部分的单元。

2.1.2　事故救援计划作业部分的单元按升序排列分布。

如果以下几点重合，几个交合巷道包含在事故救援计划的同一个单元中：

（1）通风风流方向。

（2）发生事故时人员的撤退路线。

（3）人员抢救措施。

（4）职业化紧急救护部门（部队）小队的移动路线和工作程序。

2.1.3　塔式井架的火灾情况应由单独的事故救援计划单元规定。

2.1.4　对于以下事故：爆炸、冒顶、（有水岩体）透水、瓦斯积聚、主要通风机突然停机、全矿井停电、载人提升装置卡在井筒中、搜寻没有升井的人员、毒性物质进入井下，所有巷道制定一个通用单元。

2.2　抢救遇险人员的主要措施

2.2.1　制定事故救援计划时，要确定事故救援计划措施的实施程序。规定抢救人员和减少可能死亡的数量为第一措施。

2.2.2　禁止将与抢救人员和消除初期事故没有直接关系的措施指令包含在事故救援计划作业部分中（其中包括修复工程的指令）。

2.2.3　在事故救援计划作业部分的每一个单元中，应反映封锁和消除事故后果工程负责人的具体行动（指令、安排、指挥）。

2.3　呼叫职业化紧急救护部门（部队）

发生事故时，不论如何复杂，事故救援计划规定立即呼叫职业化紧急救护部门（部队）的工作人员。在事故救援计划单元中指出根据"警报"信号应赶到矿井的职业化紧急救护部门（部队）分队及职业化紧急救护部门（部队）小队的数量。制定事故救援计划时，确定自然灾害情况下呼叫职业化紧急救护部门（部队）工作人员的必要性。

井口建筑和设施、具有地面出口的巷道发生火灾时，除了呼叫职业化紧急救护部门（部队）工作人员之外，还要呼叫消防部门。

根据本《细则》附录 21 中的推荐样表在事故救援计划单元中编制事故通知的负责人和专业人员名册。封锁和消除事故后果负责人根据名册及时呼叫有关人员，而执行者是电话局话务员或者专门任命的人员。

2.4 巷道通风方式

2.4.1 发生事故时应保证人员由事故区沿适合呼吸的巷道撤出的可能性。发生事故时，通风方式和保证通风稳定性措施的选择应考虑拓扑学电子模拟和压差测量资料。

人员从事故区完全撤出之前，禁止改变事故救援计划规定的通风方式。

2.4.2 在人员入井的井筒、通风道、井底车场发生火灾的情况下，规定改变事故区的新鲜风流运动方向（逆转）。在井口建筑物和主要通风机建筑物发生火灾的情况下，规定排除燃烧物进入井下的紧急通风方式。在其他巷道发生火灾的情况下，保持主要通风机正常的工作状态。

将风流逆转区扩大到其他主要巷道的决定，应考虑遇险人员所处的位置、矿井矿山技术条件和矿山地质条件，在对所采取的通风方式进行效验之后做出此决定。

主要通风机转换逆转方式时应按照消除燃烧物所带来的危险性顺序进行。

2.4.3 在瓦斯和（或者）煤尘爆炸、煤与瓦斯突出、冲击地压、瓦斯积聚等情况下，在事故救援计划作业部分应规定向事故区增加供风流的方法。

2.4.4 逆转区包含邻近事故消除计划逆转单元巷道的准备巷道。对于发生事故时准备巷道新鲜风流的通风，主要通风机逆转之后应安装不容许甲烷空气介质爆炸的及具有独立能源的补充局部通风机。在逆转区出现火灾时，包括独头巷道，使主要通风机反转，切断工作的局部通风机，开通补充局部通风机。

使用局部通风机不能保证这些巷道通风时，切断电力和停止通风之后，必须从独头巷道工作面撤出人员，并使用整体防火门全断面封闭巷道，防火门距离巷道口 5～10 m。

2.4.5 当主要通风机建筑物和风道发生火灾时，事故救援计划中应规定主通风机的工作方式，保证发生事故的主要通风机建筑物或者风道、井筒中稳定的回风流。

2.4.6 对于倾角5°以上的倾斜巷道，不论其风流运动方向如何，都要计算火灾时的通风稳定性。根据计算结果，制定防止由于火灾热负压而造成通风风流运动方向变化的措施。这些措施及措施实施负责人员应包含在施工消除计划单元中。

2.4.7 当瓦斯矿井的独头巷道发生火灾时，必须保证事故巷道正常的通风方式。

2.4.8 当主运输巷发生火灾时，减少进入火源的风量。事故巷道中的最小风量应保证安全的甲烷浓度。

2.4.9 制定事故救援计划时，使用通风装置和通风机设备的矿井和事故区规定通风方式的调节顺序。

2.4.10 当毒性物质进入井下时，封锁和消除事故后果工程负责人根据毒性物质来源和渗透地点分布确定通风方式。

2.5 供电方式

2.5.1 在火灾、煤与瓦斯突出、瓦斯积聚的情况下，在事故救援计划中规定切断事故巷道及其回风流流动路线中的电力。在切断电力的措施中，列举出事故区回风流经过的所有巷道，并指出切断电力的方法。

2.5.2 发生爆炸事故时，禁止向井下送电。

2.5.3 在逆转的通风方式下，禁止向井下送电。在使用机械设备从井下撤出人员的巷道中，在巷道中瓦斯浓度不超过 2% 的情况下，不切断巷道中的电力。

人员完全撤出之后，切断这些巷道中的电力。

2.5.4 在巷道中通风风流运动方向改变的情况下，封锁和消除事故后果工程负责人做出中断电力供应的决定。

2.5.5 在井筒（探井）井口建筑物和回风流的井口设施中，以及独立风流通风的硐室中出现火灾的情况下，仅在这些工程项目中切断电力。

2.5.6 在瓦斯矿井的独头巷道中出现火灾、煤与瓦斯突出、冲击地压的情况下，事故巷道中的电力切断应保证向这些巷道供风的局部通风机正常工作。

2.5.7 在独头巷道出现爆炸、煤与瓦斯突出、冲击地压、冒顶、瓦斯积聚、火灾的情况下，在事故救援计划中应分析研究向事故区供应压缩空气到达人员可能存在地点的可能性。

2.6 人员通知程序

2.6.1 在事故救援计划中规定将事故通知给井下所有工作人员的方法和程序。首先通知事故区的人员。

封锁和消除事故后果工程负责人或者其任命的人员实施事故通知。

2.6.2 在事故救援计划中规定，在火灾、煤与瓦斯突出的情况下从井下撤出人员，但在事故救援计划中启用的辅助矿山救护队成员除外；在瓦斯和煤尘爆炸、冲击地压、透水（黏土、泥浆）、巷道淹没、毒性物质进入巷道的情况下从井下撤出所有人员；在巷道淹没的情况下，由封锁和消除事故后果工程负责人决定从井下撤出操作排水设备的工作人员；在冒顶的情况下，仅从事故巷道或者显现冒顶危险的巷道撤出人员。

2.7 辅助矿山救护队成员的任务

2.7.1 在辅助矿山救护队成员的任务中必须指出，在事故区从新鲜风流侧到达事故地点的侦查路线和完成任务的准备情况。

2.7.2 在巷道发生火灾的情况下，辅助矿山救护队成员的任务是从新鲜风流侧接近事故地点消灭火灾。在准备巷道发生火灾的情况下，到达巷道口撤出人员并保证局部通风机正常工作。在准备巷道发生煤与瓦斯突出的情况下，指派辅助矿山救护队成员从新鲜风流侧接近巷道口撤出人员并保证局部通风机正常工作。

2.7.3 在倾斜巷道发生火灾的情况下，辅助矿山救护队成员的任务是保证事故区稳定通风。

2.7.4 在瓦斯和煤尘爆炸、冲击地压、透水（黏土、泥浆）、巷道淹没、毒性物质进入矿井巷道的情况下，辅助矿山救护队成员的任务是向受害者提供帮助，从井下沿着辅助矿山救护队的侦查路线将人员从工作地点撤退到地面。

2.7.5 在巷道发生冒顶的情况下，必须指派辅助矿山救护队成员到达事故地点，与遇险人员建立联系，并抢救他们，加强支架以防冒顶继续发展。

2.8　初始阶段消除事故的措施

2.8.1　在事故救援计划单元中应规定，在矿井巷道中设立安全岗哨以防止人员擅自进入事故区。

2.8.2　发生火灾时，事故救援计划措施应规定：

（1）通过消防灌浆管路向事故区连续供水，保证灭火必需的压力、流量。发生事故时的矿井供水方式应由消防保护设计规定。依据设计方案，按照本《细则》附录 22 中的推荐样表制定向事故区紧急供水的措施。

（2）使用固定式消防装置。

（3）从地面和井下仓库向事故区和使用地点运送消防装备和材料。

（4）保证指挥所和事故区、井下矿山救护站，以及职业化紧急救护部门（部队）之间的通信。

2.8.3　为了防止淹没主要排水设备，在事故救援措施中要规定使用现有的水泵和管路。

2.8.4　对于包含有敷设抽放管路巷道的事故救援计划单元，要制定补充措施，以防止巷道发生火灾时抽放管路中可能的瓦斯燃烧和火焰传播。

2.9　防止事故发展的措施

2.9.1　为了防止火灾事故发展，要规定：

（1）关闭巷道中的防火门、井盖门及附加通风设施的设备。

（2）在火灾可能发展的路线上，开通水幕和水喷雾器。

（3）实行事故救援计划规定的抽放方法。改变抽放方法的决定由封锁和消除事故后果工程负责人做出。

（4）准备装载和运输设备时，将泡沫和粉末灭火的技术专家运送到事故地点。

（5）在事故发展的初期阶段，移除爆炸性材料库中的爆炸物和爆炸设备。

（6）在提升设备烧毁或者断裂的情况下，防止垂直或者倾斜巷道中提升设备坠落的措施。

（7）防止由于灭火形成的巷道冒顶和淹没而使巷道通风遭到破坏的措施。

2.9.2　发生爆炸事故时，防止事故发展的措施中要规定恢复事故区和（或者）矿井通风的工作组织。

2.9.3　发生煤与瓦斯突出时，防止事故发展的措施中要规定：

（1）增大事故区的供风量。

（2）加强事故巷道的支护。

2.9.4　制定事故救援计划时，可以制定本《细则》没有规定的，但为防止事故发展而补充的组织和技术措施。

2.10　发生事故时人员的移动路线

2.10.1　在事故救援计划单元中，在主要通风机正常工作方式下，从事故地点至最近新鲜风流巷道为人员的移动路线，并指出人员撤退至地面的最终地点。

2.10.2　在事故救援计划单元中，对于规定的在火灾情况下主要通风机逆转的巷道，风流逆转后人员的移动路线不得处于火灾气体传播区，事故地点至地面主要出口或者安全出口为人员移动路线。对于处于火灾气体传播区的人员，根据本《细则》2.10.1描述移动路线。

2.10.3　对于不处于火灾气体传播区的巷道，不用描述人员的移动路线。发生事故时人员从井下撤出的决定由煤炭企业技术负责人（总工程师）批准。

2.10.4　在事故救援计划单元中，在煤与瓦斯突出的情况下人员的撤退路线根据本《细则》2.10.1描述。

在火灾、煤与瓦斯突出的情况下，人员撤退至新鲜风流处的时间应规定为，撤退时间应考虑烟雾度不超过自救器的保护作用时间。佩戴自救器人员的撤退时间根据本《细则》附录22进行计算。

2.10.5　在工区（发放派工单的房间）悬挂经过煤炭企业技术负责人（总工程师）批准的正常通风方式和逆转通风方式、人员撤退路线图，以及发生事故时矿井工作人员行为规则。

2.11　职业化紧急救护部门（部队）小队的任务

2.11.1　制定职业化紧急救护部门（部队）小队的移动路线时，要考虑开拓系统、开采方法、通风方式、事故类型和地点、发生事故时人员的撤退路线。

职业化紧急救护部门（部队）小队的移动路线应是安全的，并保证最快到达事故区抢救人员，消除事故。

2.11.2　职业化紧急救护部门（部队）小队的派遣顺序、抢救人员和消除事故的任务根据本《细则》附录24确定。消除事故时职业化紧急救护部门（部队）小队和消防组的协同工作由协同动作计划详细规定。

职业化紧急救护部门（部队）小队和消防组的派遣和行动程序由事故救援计划设计人员依据优先救人的原则确定。

2.11.3　职业化紧急救护部门（部队）小队沿瓦斯积聚巷道的侦查路线应详细描述路线的最终点。编制事故救援计划时，职业化紧急救护部门（部队）小队的移动时间计算应考虑巷道最不利的移动条件（可见度小于5 m的剧烈烟雾度，帮助和运输受害者，巷道的实际参数）。职业化紧急救护部门（部队）小队沿瓦斯积聚巷道的移动路线长度由其1个小队对路线的侦查情况决定，并根据该情况下消耗的呼吸设备的有效体积计算。

在事故救援计划单元中，描述回程移动路线时，应列举职业化紧急救护部门（部队）小队由完成任务地点至最近新鲜风流巷道所经过的所有巷道。职业化紧急救护部门（部队）小队沿移动路线返回至完成任务地点时，仅指出侦查最终点。

2.12　事故救援计划作业部分的编制

2.12.1　在事故救援计划作业部分，单元是指定了措施实施负责人员的清单。单元编制成表格。事故救援计划单元编制推荐样表见本《细则》附录26。在表格上部指出单元编号、事故类型和单元所包含的全部巷道清单。

在表格第一列中填写抢救人员和消除事故的措施，在第二列中标明负责人员和具体实施人员。由封锁和消除事故后果工程负责人完成的措施可以在矿井调度员控制台实施。

2.12.2 根据单元号码对作业部分的页面进行编号，同一个单元的两个页面的编号相同。

2.12.3 在单元下部指出职业化紧急救护部门（部队）工作人员的移动路线、抢救人员、封锁和（或者）消除事故后果的任务。在事故救援计划单元中，该文本可以复制。移动路线、抢救人员、封锁和（或者）救援事故后果的任务的复印件分发给职业化紧急救护部门（部队）的工作人员。

3 图　表　部　分

3.1　图表部分包含：

（1）标注事故救援计划单元的矿井通风系统图。

（2）标注消防管路、消防设备和装备的矿井消防保护系统图。

（3）矿井通风系统图。

（4）矿井巷道微型系统图。

（5）分煤层、分水平的采掘工程平面图。

（6）矿井地面平面图。

（7）矿井供电系统图。

（8）位于矿井地面，与井下巷道有空气动力联系的建筑物和设施的系统图，以及分水平平面图。

（9）通知线路系统图、人员观测和搜寻系统图。

3.2　当矿井开采2个及以上的煤层时，编制1张通风系统图。

在通风系统图上应指出：

（1）主要通风机，辅助通风设备，标明类型、供气量、压缩比（负压）的抽出式装置。对于主要通风机和辅助通风设备，指出它们逆转的可能性。

（2）抽放设备、抽放管路和从地面施工的钻孔。

（3）标明加热器系统和加热面积的加热装置。

（4）新鲜风流和回风流的方向。

（5）通风装置、消防拱、隔离设施。

（6）标明风量的测量地点、巷道横截面面积、风速。

（7）标明类型和供风量的局部通风机、抽出式除尘装置。

（8）固定式大气监测自动化系统传感器。

（9）水幕棚、岩粉棚、限爆装置。

（10）局部通风机停机后，独头巷道的瓦斯积聚时间。

在通风系统图上以表格形式标出：

（1）矿井瓦斯等级。

（2）具有煤尘爆炸危险性的煤层。

（3）矿井绝对瓦斯涌出量，m^3/min。

（4）相对瓦斯涌出量，m^3/t。

（5）矿井通风的计算风量和实际风量。

（6）矿井外部漏风率和内部漏风率。

矿井通风系统图中附有矿井风量实际测量数据。在风量测量表格中，除了实际风量之外，标出计算风量和测量地点的风速。根据俄罗斯生态、技术及原子能监督局 2012 年 12 月 7 日№704 令批准的《矿井大气成分检查、瓦斯涌出量测定、矿井甲烷和（或者）二氧化碳等级确定细则》（2013 年 2 月 8 日俄罗斯联邦司法部登记，№26936；行政权联邦机关标准文件公告，2013，№16）的规定，以及俄罗斯生态、技术及原子能监督局 2013 年 12 月 17 日№609 令对其加入的修改（2014 年 1 月 14 日俄罗斯联邦司法部登记，№31018；行政权联邦机关标准文件公告，2014，№5），定期测量风量之后，由大气安全区的工作人员对矿井实际风量测量数据进行修正。

在通风系统图上，事故救援计划同一单元的巷道和该单元的约定符号使用同一颜色着色。单元约定符号位于单元中心。具有共同边界的单元使用截然不同的颜色着色。

标注在通风系统图上的约定符号见本《细则》附录 27。

通风系统图由矿井安全区区长制定，由煤炭企业技术负责人（总工程师）批准。

3.3　矿井消防保护系统图在矿井采掘工程系统图上完成。

在矿井消防保护系统图上标注：

（1）管路：消防管路、排水管路、灌浆管路、抽放管路、压缩空气管路。每一种管路标明其长度和直径。标明消防管路最终点水的压力和流量。消防管路中监控水压力和流量的补充点由煤炭企业技术负责人（总工程师）确定。

（2）消防供水源（标明流量）、消防贮水池（标明容积）、消防排水设备，以及标明牌号和泵生产能力的单台泵、集水池（标明容积）。

（3）消防拱、防火墙、防火门、消防闸阀、防火井盖门。

（4）消防列车、消防材料仓库。

（5）消防井、消防水带、灭火器、装有砂子和惰性粉末的箱子。

（6）注浆钻孔和排水钻孔。

（7）消防水幕。

（8）消防移动式和固定式装置。

（9）闭锁调节设备、反向阀、标明编号和位置标桩的水力减压阀、消防栓。

（10）根据灭火需要在排水管路和灌浆管路之间转换供水的装置，向抽放管路填充水的装置。

在矿井消防保护系统图上补充标注：

（1）由贮水池、水仓和其他水源向井下供水的系统图。

（2）用于紧急状态下向井下供水的、标有调节和闭锁装置及接通泵和消防管路的中心站。

（3）减压枢纽的结构。

（4）约定符号的表格。

消防保护系统图由矿井总机械师制定，由煤炭企业负责人或者具有法人地位的独立矿井负责人批准。

3.4　在微型系统图上应标注：

（1）标明名称、长度和倾角的现有巷道。

（2）标明号码的电话安装地点。

（3）通风装置、消防拱。

（4）通风风流方向。

（5）辅助矿山救护队位置。

（6）调度员、指挥所和咨询处的电话号码。

（7）任务分派时间、任务类型、补充装备和材料清单、与指挥所的通信组织方法。微型系统图由矿山救护工作负责人签名。

在制定事故救援计划时，煤炭企业技术负责人（总工程师）和职业化紧急救护部门（部队）分队负责人确定微型系统图的必须数量（对于正常通风方式不少于 10 份，对于逆转通风方式不少于 5 份，其中 2 份放在紧急通风方式的矿井，2 份供灭火小队使用）。

微型系统图由矿井大气安全区区长签名。

微型系统图应存放在不渗透的透明薄膜中。

3.5　在采掘工程平面图上应标注：

（1）授权开采的矿层边界。

（2）标有名称的现有巷道、支架材料，以及采掘工程平面图最近一次校正时回采巷道和准备巷道工作面的实际位置。

（3）在具有代表性的地点，每间隔 150~300 m 标注回采巷道的煤层倾角和倾斜在准备巷道的倾角。

（4）准备巷道每隔 200~500 m 的底板标高、剖面拐点处标高、水平巷道交叉处标高、井口标高、溜井标高。

（5）每季度回采工作面矿物的总厚度和开采厚度。

（6）批准的危险带边界、隔离煤柱边界和保护煤柱边界。

（7）经常淹没的巷道区段、消除火灾或者火灾复发的预防性灌浆区段。

（8）巷道中的冒顶拱（高度 1 m 以上）。

（9）流砂溃决点、井下水和地面水透水点、岩石塌落点、火灾点、冲击地压点、煤与瓦斯突出点、瓦斯和煤尘爆炸点。

（10）准备巷道附近及采空区中残留的矿柱。

（11）地质破坏。

（12）矿区的冲销储量和遗失储量区段。

（13）勘探钻孔、水文地质钻孔（水文观测和水位下降观测钻孔）、抽放钻孔、卸压钻孔、工程钻孔、向地面传送瓦斯的主钻孔、注浆钻孔、敷设电缆钻孔、下放木料和散体料的钻孔、抽水和输水钻孔、通风钻孔。

（14）标有编号的隔离设施，它们在采掘工程平面图上的标注符号应符合本《细则》附录 27 的规定。

（15）标有编号的通风装置。

3.6　根据地形测量文件的规定完成地面平面图，在地面平面图上标注：

（1）井筒位置、探井位置、平硐位置、其他地面出口位置。

（2）钻孔位置、水库位置、贮水池位置（标明容积）。

（3）泵站、输水管、给水栓、取水和配水装置、消防栓、消防材料和设备仓库。对于输水管标明直径及通过其向井下供水的压力和流量。

（4）授权使用的土地边界及其范围内的建筑物。

（5）通向矿井建筑物和设施的铁路和公路。

（6）在地面宽度大于 25 cm 的塌陷、漏斗和裂缝。

（7）人造和天然水库。

3.7 人员通知、探测和搜寻系统图绘制在巷道系统图上。人员通知、探测和搜寻系统图上应标注：

（1）电话设备的位置和号码。

（2）紧急通信和通知设备的位置。

（3）人员探测和搜寻的线路和设备。

4 事故救援计划的修改和补充程序

4.1 通过更新事故救援计划单元，将修改和补充程序记入事故救援计划作业部分。不容许手写修改事故救援计划作业部分的文本。记入修改之后，事故救援计划单元应保留自己的编号。

引入新的事故救援计划单元之前，对包含在事故救援计划单元中的巷道根据本《细则》1.20 的规定进行委员会检查及组织和技术装备程度计算，所采取的通风方式和消防供水方式计算，火灾、爆炸（爆燃）情况下的损坏带计算，通风风流逆转区计算，拓扑学电子模拟的相应修正。

对于人员从准备巷道撤出的时间计算及消防供水计算，取准备巷道的设计长度进行计算。

检查结果形成文件，作为事故救援计划的附件。

4.2 对于在矿井巷道系统图中失去修改必要性的施工消除计划单元，将其从作业部分抽出。相应修改记入事故救援计划图表部分。取消的事故救援计划单元再次作为引入单元时，不再赋予编号。在事故救援计划目录中，撤掉取消的事故救援计划单元的编号和名称。

5 事故救援计划矿井通用单元中的人员抢救和事故救援措施

5.1 巷道冒顶：

（1）切断事故巷道中的电力；准备巷道冒顶时，仅切断事故巷道中机械设备的电力。

（2）保证主要通风机和局部通风机正常工作，增大事故巷道的风量。

（3）指派事故区段和邻近区段的辅助矿山救护队成员和矿工，在当班监督人员的指挥下抢救遇险人员。

（4）组织清理阻碍物。

（5）组织恢复巷道通风工程。当邻近事故区段巷道中的通风被破坏时，撤出其中的矿工，由辅助矿山救护队成员实施救护工作。布置岗哨，限制进入事故区段。

（6）指派职业化紧急救护部门（部队）小队抢救人员，提供援助。

5.2 瓦斯积聚：

（1）停止作业，将人员从瓦斯积聚巷道中撤退至新鲜风流巷道中。

（2）排除邻近回风流巷道中有人的可能性及电气机车运行的可能性。

（3）当巷道中的瓦斯浓度超过容许标准时，应切断巷道中的动力及其回风流巷道中的动力。要排除未经批准向事故巷道及瓦斯浓度可能超过容许标准的巷道送电。

（4）布置岗哨，限制进入事故区段的辅助矿山救护队成员的数量。

（5）实施措施，将事故区段巷道中的瓦斯、二氧化碳、一氧化碳、一氧化氮、二氧化硫、硫化氢及其他有害气体的浓度降低至容许标准以下。

5.3 主要通风机未经批准停机：

启动主要通风机的备用机组，记下主要通风机工作机组的停机时间；如果主要通风机的备用机组没有启动，则：

（1）在瓦斯矿井中：

①停止井下所有作业，人员撤退到新鲜风流巷道中，解除电气设备的电压。

②通知煤炭企业技术负责人（总工程师）、矿井总机械师、矿井总动力师、大气安全区区长。

③指派维修人员到主要通风机建筑物中。

④查明主要通风机突然停机的原因。

⑤呼叫职业化紧急救护部门（部队）分队的工作人员。

⑥保证中央排水设备运行。

当主要通风机停机超过 30 min 时，井下所有人员撤退到进风井附近。在保证矿井巷道瓦斯监控、矿井提升和排水设备正常运行的情况下，由煤炭企业技术负责人（总工程师）

做出人员从井下撤离到地面的决定。巷道瓦斯情况的监控地点由煤炭企业技术负责人（总工程师）确定。

主要通风机启动、通风恢复之后，测量作业地点、电力机械设备附近及其安装地点20 m 内的瓦斯浓度，排放独头巷道中的瓦斯。

（2）在非瓦斯矿井中：

①停止独头巷道中的作业，人员撤退到新鲜风流巷道中，解除电气设备的电压。

②通知煤炭企业技术负责人（总工程师）、矿井总机械师、矿井总动力师。

③指派维修人员到主要通风机建筑物中。

④查明主要通风机突然停机的原因。在不能启动通风机的情况下，呼叫职业化紧急救护部门（部队）分队的工作人员。

⑤主要通风机突然停机满 30 min 之后，停止所有作业，人员撤退到新鲜风流巷道中，主要通风机突然停机 2 h 之后，人员撤退到进风井附近或者地面。

⑥保证中央排水设备运行。

5.4　全矿井断电：

（1）记下断电时间。

（2）通知煤炭企业技术负责人（总工程师）、矿井总机械师、矿井总动力师。

（3）停止井下作业，机械设备断电，指派井下人员前往进风井。

（4）查明断电原因。

（5）做出人员从井下撤退的决定。

（6）采取措施防止中央排水设备淹没。

5.5　载人提升设备在井筒中卡住，钢绳断裂：

（1）清除可能的钢绳过放。

（2）将事故通知职业化紧急救护部门（部队）分队、煤炭企业技术负责人（总工程师）、总机械师、总动力师，指派维修人员进入事故提升设备的建筑物中。

（3）查明卡住、钢绳断裂的原因。

（4）保证与困在提升设备中的人员通信。

（5）组织困在提升设备中的人员撤离。

（6）事故发生在冬季时，向困在提升设备中的人员提供棉衣。

5.6　当环境空气温度达到 −15 ℃及 −15 ℃以下时，加热装置停止供暖：

（1）通知煤炭企业技术负责人（总工程师）、矿长、总机械师、总动力师，以及矿井大气安全区区长。

（2）在进风巷中对井下的空气温度进行检查。

（3）减少进入井下的风量。停止主要通风机、转换通风逆转方式，从井下撤出人员的决定由煤炭企业技术负责人（总工程师）做出。

5.7　消除矿井化学工艺工程项目事故的行动由单独的隔离和消除紧急状态的计划确定。当矿井化学工艺工程项目事故威胁矿井井下工作人员时，矿井事故救援计划中应包括"毒性物质渗入井下巷道"单元。

5.8 地震

（1）人员从井下撤退到地面。

（2）人员从井口建筑物和行政大楼撤出。

5.9 根据矿井具体的矿山地质和技术条件，由煤炭企业技术负责人（总工程师）决定制定本《细则》没有规定的消除事故和抢救人员的措施。

附录1　事故救援计划

（推荐样表）

<table>
<tr><td>同意</td><td>批准</td></tr>
<tr><td>职业化紧急救护部门（部队）负责人</td><td>煤炭企业负责人或者具有法人地位的独立矿井负责人</td></tr>
<tr><td>_____（签名）</td><td>_____（签名）</td></tr>
<tr><td>20 ____ 年 ___ 月 ___ 日</td><td>20 ____ 年 ___ 月 ___ 日</td></tr>
</table>

（煤炭企业）矿井事故救援计划

（事故救援计划周期　20 ____ 年 ___ 月 ___ 日至20 ____ 年 ___ 月 ___ 日）

事故救援计划制定人员：

煤炭企业技术负责人（总工程师）_____（签名、日期）

服务矿井的职业化紧急救护部门（部队）分队负责人_____（签名、日期）

附录2　矿井防险准备程度的结论

煤炭企业技术负责人（总工程师）＿＿＿＿＿＿＿＿＿＿＿＿＿＿＿＿＿＿＿＿＿＿＿＿＿（矿井名称、姓名）

职业化紧急救护部门（部队）负责人＿＿＿＿＿＿＿＿＿＿＿＿＿＿＿＿［职业化紧急救护部门（部队）名称、姓名］

方案1

20＿＿＿年＿＿月＿＿日至20＿＿＿年＿＿＿月＿＿＿日，对矿井防险准备体系进行了检查，查出了以下违反工业安全规程的情况：

（1）不合格断面的巷道——安全出口长度总计＿＿＿＿＿＿km，其中在＿＿＿＿＿＿＿＿＿＿＿＿＿＿巷道中，佩戴隔离式呼吸设备的人员和职业化紧急救护部门（部队）小队不能通过。

（2）在巷道瓦斯积聚的情况下，人员转移时间为＿＿＿＿＿＿min，不符合隔离式自救器保护作用时限。

（3）在下列巷道中＿＿＿＿＿＿＿＿＿＿＿＿＿＿＿＿＿＿＿＿（在火灾情况下不能保证通风风流的稳定性，没有规定必须和足够的措施来防止通风风流翻转，不能保证稳定的紧急通风方式）。

（4）在巷道＿＿＿＿＿＿＿＿＿＿＿＿＿中的通风装置（不符合标准设计，不能保证事故救援计划规定的通风方式）。

（5）使用的自救器＿＿＿＿＿＿＿＿＿＿＿＿＿超出了适用期限。

（6）矿井缺少：

手动灭火器 　　　　　　　　＿＿＿＿＿＿＿＿＿＿只；

其中包括粉剂灭火器 　　　　＿＿＿＿＿＿＿＿＿＿只；

带喷嘴的紧急救护软管 　　　＿＿＿＿＿＿＿＿＿＿套；

紧急救护栓 　　　　　　　　＿＿＿＿＿＿＿＿＿＿个；

阀门 　　　　　　　　　　　＿＿＿＿＿＿＿＿＿＿个；

自动灭火装置 　　　　　　　＿＿＿＿＿＿＿＿＿＿套；

井下紧急通知设备 　　　　　＿＿＿＿＿＿＿＿＿＿套。

（7）不能保证巷道紧急救护保护规定设计中的紧急救护灌浆管路的集中监控和压力减压。

（8）在＿＿＿＿＿＿＿＿矿井的巷道中，缺少紧急救护灌浆管路的巷道总长度为＿＿＿＿＿＿km，而在＿＿＿＿＿＿巷道中，规定的管路被岩石堆积，不能通过。

（9）在＿＿＿＿＿＿＿＿巷道中，不能保证灭火所需的水的压力和流量。

依据上述认为，矿井在20＿＿＿年＿＿月＿＿日的条件没有达到消除20＿＿＿年＿＿半年的可能事故和人员抢救。

方案2

根据20＿＿＿年＿＿月＿＿日矿井防险准备体系的检查情况，矿井已准备好消除可能事故和实施制定事故救援计划的程序，认为可以同意20＿＿＿年＿＿月＿＿日至20＿＿＿年＿＿月＿＿日期限的事故救援计划。

方案3

根据矿井关于消除了职业化紧急救护部门（部队）专业人员（职务、项目）20＿＿＿年＿＿月＿＿日做出的矿井防险准备结论中的第＿＿＿＿＿＿条指定的违章情况通知书，以及在规定许可文书结论中第＿＿＿＿＿＿条对违章情况的描述，认为可以同意20＿＿＿年＿＿月＿＿日至20＿＿＿年＿＿月＿＿日期限的事故救援计划。

（职务）＿＿＿＿＿＿＿＿＿＿＿＿＿＿＿＿＿＿＿＿＿＿＿＿＿＿＿＿［职业化紧急救护部门（部队）名称、签名、日期］

备注：在结论中反映矿井消除事故准备程度。

附录3 矿井事故救援计划修改登记表格

_____矿井事故救援计划修改登记表格

(事故救援计划周期 20____年____月____日至20____年____月____日)

(事故救援计划修改日期 20____年____月____日,修改编号_____)

由于_____,
对矿井事故救援计划进行了以下修改。

抽出的单元编号	引入的新单元编号	在单元编号中引入的修改	检查人员的职务、姓名、签字				备注
			通风方式	消防供水	职业化紧急救护部分(部队)小队、人员的移动距离	火灾、爆炸情况下损坏带的计算	
1	2	3	4	5	6	7	8

煤炭企业技术负责人(总工程师)_____(签名、日期)

服务矿井的职业化紧急救护部门(部队)分队负责人_____(签名、日期)

附录4　事故救援计划的内容

1. 作业部分

事故救援计划作业部分的目录；

正文部分（单元）；

事故通知的负责人员和部门名单；

职业化紧急救护部门（部队）和紧急救护组工作人员协同动作计划；

矿井事故救援计划的补充（修改）。

2. 图表部分

矿井通风系统图；

矿井紧急救护保护系统图；

各煤层和各水平的采掘工程平面图（在必要的情况下为组合图）；

矿井地表平面图；

矿井巷道微型系统图；

矿井巷道中人员搜寻、观察和通知路线系统图；

电力供应系统图。

3. 事故救援计划附录

关于组织成立矿井准备程度救援委员会的规定；

矿井防险准备情况的委员会检查报告；

煤炭企业技术负责人（总工程师）关于矿井消除事故准备程度检查结果审查的会议纪要；

职业化紧急救护部门同意之前的矿井事故救援计划审查纪要；

矿井辅助矿山救护队成员名单；

矿井灭火紧急供水措施。

附录5　关于组织成立矿井准备程度检查委员会的规定

（推荐样表）

矿井_____　　　　职业化紧急救护部门（部队）_____

20____年____月____日　　　　　　　　　　　　　No_____

关于组织成立委员会检查矿井准备程度

符合20____年____月____日至20____年____月____日事故救援计划的规定

在职业化紧急救护部门（部队）同意事故救援计划之前，为了评价企业防险准备程度，规定：

（1）成立矿井防险保护准备程度检查委员会，并在以下几个方面与事故救援计划保持一致：

①矿井、水平、盘区、回采和准备巷道安全出口保障程度，以及用于人员转移、矿山救护员通行和受害者撤退矿井巷道的可行性检查。

委员会主席：生产副经理

委员会成员：进行作业的采区区长

职业化紧急救护部门（部队）代表

②人员撤退到新鲜风流处的时间与自救器保护作用时限的一致性，人员使用自救器的训练程度，职业化紧急救护部门（部队）小队在普通隔离式呼吸器保护时间内完成事故救援计划任务可能性检查。

委员会主席：劳动保护与工业安全副经理

委员会成员：大气安全区区长

负责直接指挥辅助矿山救护队业务的专业人员

职业化紧急救护部门（部队）代表

③在局部通风机停机的情况下独头巷道工作面瓦斯积聚时间测定。

委员会主席：劳动保护与工业安全副经理

委员会成员：大气安全区区长

职业化紧急救护部门（部队）代表

④采用混合式通风系统的采区在抽出式装置可能紧急停机情况下的瓦斯状态评价，以及其与主要通风机协同运行情况下的瓦斯状态评价。

委员会主席：劳动保护与工业安全副经理

委员会成员：大气安全区区长

职业化紧急救护部门（部队）代表

⑤热负压作用时，矿井巷道通风状态稳定性检查和火灾时所采取的防止通风风流自发逆转措施效果评价。

委员会主席：劳动保护与工业安全副经理

委员会成员：大气安全区区长

职业化紧急救护部门（部队）代表

⑥通风设施、通风机装置状态及完成预定通风方式可能性检查。

委员会主席：劳动保护与工业安全副经理

委员会成员：大气安全区区长

职业化紧急救护部门（部队）代表

⑦通信设备、事故通知系统及遇险人员搜寻设备情况检查。

委员会主席：矿井总机械师

委员会成员：负责辅助矿山救护队业务的专业人员

　　　　　　职业化紧急救护部门（部队）代表

⑧辅助矿山救护队检查。

委员会主席：煤炭企业技术负责人（总工程师）

委员会成员：负责辅助矿山救护队业务的专业人员

　　　　　　职业化紧急救护部门（部队）代表

⑨在矿井事故救援计划中，为组织供水灭火而规定的矿井供水方式实现技术可能性评价，以及矿井灭火器材保障程度及其状态检查。

委员会主席：煤炭企业技术负责人（总工程师）

委员会成员：劳动保护和工业安全副经理

　　　　　　总机械师

　　　　　　职业化紧急救护部门（部队）代表

⑩事故救援计划规定的紧急通风方式检查。

委员会主席：煤炭企业技术负责人（总工程师）

委员会成员：矿井总机械师

　　　　　　大气安全区区长

　　　　　　职业化紧急救护部门（部队）代表

（2）为了评价矿井防险保护情况和通过有关决议，委员会主席于20＿＿年＿＿月＿＿日之前提交检查报告、具体结论，以及在工作实施周期内查明的违章情况改正。

（3）该规定的执行情况由煤炭企业技术负责人＿＿＿＿＿＿和职业化紧急救护部门（部队）＿＿＿＿＿负责监督。

煤炭企业负责人或者具有法人地位的独立矿井负责人＿＿＿＿＿＿＿＿＿（签名、日期）

职业化紧急救护部门（部队）负责人＿＿＿＿＿＿＿＿＿（签名、日期）

备注：委员会成员由煤炭企业负责人或者具有法人地位的独立矿井负责人和职业化紧急救护部门（部队）负责人确定。

附录6　矿井防险保护情况检查结果会议纪要

（推荐样表）

（事故救援计划周期　20 ____ 年____月____日至 20 ____ 年____月____日）

参加人员：

煤炭企业 _____（姓名、职务）

职业化紧急救护部门（部队）_____（姓名、职务）

工作程序：

（1）煤炭企业技术负责人（总工程师）做已完成的检查总结讨论程序和通过有关方案程序的导言。

（2）委员会主席做报告和检查报告呈现。

（3）大气安全区区长做关于当前半年新事故救援交换补充和修改的报告，对采取的方案进行论证。

（4）对所讨论的问题交换意见，做出决定。

听取了委员会主席的报告，并对矿井关于防险保护问题的检查材料进行了分析，会议决定：

决议1

矿井准备好了关于人员抢救和可能事故救援预定措施的实施。

煤炭企业技术负责人（总工程师）向职业化紧急救护部门（部队）提交审查20 ____ 年____月____日至 20 ____ 年____月____日的事故救援计划。

决议2

（1）矿井没有准备好关于人员抢救和可能事故救援措施的实施。

（2）煤炭企业技术负责人（总工程师）保证修正委员会检查报告中指出的违章情况。

（3）措施实施并且得到职业化紧急救护部门（部队）认可之后，向职业化紧急救护部门（部队）提交审查制定的事故救援计划。

煤炭企业技术负责人（总工程师）_____（签名、日期）

职业化紧急救护部门（部队）分队负责人_____（签名、日期）

附录7 矿井、水平、盘区、回采和准备巷道安全出口保障程度，以及用于人员转移、佩戴隔离式呼吸设备的矿山救护员通行和受害者撤退矿井巷道的可行性检查报告

（推荐样表）

批准
煤炭企业技术负责人（总工程师）
_____（签名）
20____年____月____日

（事故救援计划周期20____年____月___日至20____年____月____日）

委员会组成：

委员会主席_____（姓名、职务）

委员会成员_____（姓名、职务）

20____年____月____日至20____年____月____日，进行了技术文件和安全出口巷道状况检查，调查了以下事实：

（1）技术文件情况_____。

（2）安全出口状况：

检查时不符合工业安全领域规范和规程要求的巷道有_____；

不能保障人员转移（其中包括矿山救护员）、受害者撤退的巷道总长度_____km。

（3）作为安全出口的巷道总长度_____km。

不合格巷道的说明及破坏特征见下表。

序号	巷道名称	事故救援计划单元编号	不符合工业安全领域规范和规程要求的巷道区段，从测点（编号）到（编号）	不符合工业安全领域规范和规程要求的巷道总长度/km	显露的破坏特征
1	2	3	4	5	6

委员会的结论和建议_____。

委员会主席_____（签名、日期）

委员会成员_____（签名、日期）

附录8　人员撤退到新鲜风流处的时间与自救器保护作用时限的一致性，人员使用自救器的训练程度，职业化紧急救护部门（部队）小队在普通隔离式呼吸器保护时间内完成应急救援的可能性检查报告

（推荐样表）

批准

煤炭企业技术负责人（总工程师）

_____（签名）

20____年____月____日

（事故救援计划周期 20____年____月____日至 20____年____月____日）

委员会组成：

委员会主席_____（姓名、职务）

委员会成员_____（姓名、职务）

20____年____月____日至20____年____月____日，进行了人员由矿井最远巷道撤退到新鲜风流处的时间与自救器保护作用时间的一致性、工人和技术人员使用自救设备的训练程度、职业化紧急救护部门（部队）小队在隔离式呼吸器保护时间内应急救援可能性检查，调查了以下事实：

（1）沿计算时间超过 30 min 的侦查路线，考查了人员撤退到新鲜风流处的时间与自救器保护作用时限的一致性。在该地点工作的所有人员（佩戴自救器）直接撤退结果见下表。

序号	事故救援计划单元编号、采区（工作面）名称、邻近巷道名称	侦查路线到新鲜风流处的长度/km	撤退到新鲜风流处的时间		佩戴隔离式自救器撤退到新鲜风流处的人员资料			
			计算值	考虑了加强系数的实际值	姓名	考勤号	职务	出生年份
1	2	3	4	5	6	7	8	9

（2）在紧急情况下工人和技术人员使用自救设备的准备程度。

委员会就自救设备使用、灭火的知识和技能，以及向安全出口撤退的规定对工人和技术人员进行了抽样提问。检查结果见下表。

序号	事故救援计划单元编号、采区名称、采面名称、工作面名称	工人和技术人员资料			知识提问和应用技能检查结果			结论
		姓名	考勤号	职务	事故救援计划采区（工作面）	自救设备	灭火设备	
1	2	3	4	5	6	7	8	9

注：在表格第6~9列中填写"合格"或者"不合格"。

（3）委员会采用计算方法，检查了职业化紧急救护部门（部队）小队在不能呼吸的大气环境中完成事故救援计划任务的可能性。结果查明，_____巷道（事故救援计划单元编号_____）在火灾的情况下，不能完成事故救援计划任务。

委员会的结论和建议_____。

委员会主席_____　（签名、日期）

委员会成员_____　（签名、日期）

附录9　在局部通风机停机的情况下
准备巷道工作面瓦斯积聚时间测定报告

(推荐样表)

批准

煤炭企业技术负责人（总工程师）

_____（签名）

20____年____月____日

（事故救援计划周期20____年____月____日至20____年____月____日）

委员会组成：

委员会主席_____（姓名、职务）

委员会成员_____（姓名、职务）

20____年____月____日至20____年____月____日，测定了在局部通风机停机的情况下独头巷道瓦斯积聚时间，见下表。

序号	独头巷道名称、事故救援计划单元编号	工作面类型（煤、半煤岩、岩）	断面 S/m^2		独头长度 L/m		局部通风机类型和数量、通风风筒数量	在局部通风机停机的情况下计算的独头巷道瓦斯积聚时间/min	
			毛断面	成型断面	设计长度	实际长度		2% 以下	4.3% 以下
1	2	3	4	5	6	7	8	9	10

委员会的结论和建议_____。

委员会主席_____（签名、日期）

委员会成员_____（签名、日期）

附录10 在抽出式装置可能紧急停机的情况下，采用混合式通风系统的采区瓦斯状态，及其与紧急状态下工作的主要通风机协同运行时瓦斯状态评价报告

（推荐样表）

批准

煤炭企业技术负责人（总工程师）

_____（签名）

20____年____月____日

（事故救援计划周期20____年____月____日至20____年____月____日）

委员会组成：

委员会主席_____（姓名、职务）

委员会成员_____（姓名、职务）

20____年____月____日至20____年____月____日，使用计算矿井通风系统的程序设备，检查了在抽出式装置可能紧急停止情况下采用混合式通风系统的采区瓦斯状态，检查了其与紧急状态下工作的主要通风机的协同运行情况，查明了以下事实，计算结果见下表。

采用混合式通风系统的回采工作面名称	矿井通风方法	抽出式装置类型	主要通风机和抽出式装置在正常逆向状态下的协同工作	在事故救援计划单元中规定的抽出式装置停机或者没有停机	采空区瓦斯涌出量/$(m^3 \cdot min^{-1})$	抽出式装置排气中的甲烷浓度/%	在抽出式装置紧急停止情况下采面上隅角（其他地方）甲烷积聚到2%的时间/min	
							正常通风状态下	通风逆转状态下
1	2	3	4	5	6	7	8	9

委员会的结论和建议_____。

委员会主席_____（签名、日期）

委员会成员_____（签名、日期）

附录11　热负压作用时矿井巷道通风状态稳定性检查，及火灾时所采取的防止通风风流自发逆转措施效果评价报告

（推荐样表）

批准

煤炭企业技术负责人（总工程师）

_____（签名）

20 ____年____月____日

（事故救援计划周期20 ____年____月____日至20 ____年____月____日）

委员会组成：

委员会主席_____（姓名、职务）

委员会成员_____（姓名、职务）

20 ____年____月____日至20 ____年____月____日对发生火灾时巷道通风稳定性及所采取的防止通风风流自发逆转措施效果进行了检查，确定了临界压差，查明了以下事实：

（1）在矿井中确定了发生火灾时倾斜巷道的通风稳定性，其中包括：

①采用上行通风的倾斜巷道（倾角为5°及5°以上），见下表。

序号	单元编号	支线编号	巷道名称	区段长度/m	倾角/(°)	巷道断面/m²	风流速度/(m·s⁻¹)	并联巷道的温度/℃	最大热负压/Pa	临界压差/Pa		稳定程度或者逆转的支线编号
										无措施	有措施	
1	2	3	4	5	6	7	8	9	10	11	12	13

②采用下行通风的倾斜巷道（倾角为5°及5°以上），见下表。

序号	单元编号	支线编号	巷道名称	区段长度/m	倾角/(°)	巷道断面/m²	风流速度/(m·s⁻¹)	并联巷道的温度/℃	最大热负压/Pa	稳定程度或者逆转的支线编号
1	2	3	4	5	6	7	8	9	10	11

③采用上行通风处于逆转状态的倾斜巷道（倾角为5°及5°以上），见下表。

序号	单元编号	支线编号	巷道名称	区段长度/m	倾角/(°)	巷道断面/m²	风流速度/(m·s⁻¹)	并联巷道的温度/℃	最大热负压/Pa	稳定程度或者逆转的支线编号
1	2	3	4	5	6	7	8	9	10	11

④采用下行通风处于逆转状态的倾斜巷道（倾角为5°及5°以上），见下表。

序号	单元编号	支线编号	巷道名称	区段长度/m	倾角/(°)	巷道断面/m²	风流速度/(m·s⁻¹)	并联巷道的温度/℃	最大热负压/Pa	临界压差/Pa		稳定程度或者逆转的支线编号
										无措施	有措施	
1	2	3	4	5	6	7	8	9	10	11	12	13

（2）根据计算结果确定的稳定性等级和制定的巷道稳定性通风措施，见下表。

序号	单元编号	支线编号	巷 道 名 称	防止通风风流逆转的措施
1	2	3	4	5
			下行通风巷道（正常通风状态）	
			上行通风巷道（正常通风状态）	
			下行通风巷道（通风逆转状态）	
			上行通风巷道（通风逆转状态）	
			全矿井逆转	

委员会的结论和建议 _____。

委员会主席 _____（签名、日期）

委员会成员 _____（签名、日期）

附录 12　通风设施、通风机装置状态及 完成预定通风方式可能性检查报告

（推荐样表）

批准

煤炭企业技术负责人（总工程师）

_____（签名）

20____年____月____日

（事故救援计划周期 20____年____月____日至 20____年____月____日）

委员会组成：

委员会主席_____（姓名、职务）

委员会成员_____（姓名、职务）

20____年____月____日至 20____年____月____日对通风设施、通风机装置的技术文件进行了检查，采用直接考察的方法检查了它们的状态，查明了以下事实：

（1）技术文件（指出通风设施和通风机装置设计的具备情况，以及它们与标准通风设施图册的符合性）_____。

（2）查看矿井的通风设施，见下表。

序号	巷道名称	通风设施类型	调度员检查具备情况		设计符合性	故障类型
			需要量	现有量		
1	2	3	4	5	6	7

（3）检查可逆装置、转换装置、密封装置的完好状态，在主要通风机停机的情况下使其运行，并且不启动它们进入逆向状态，从一台机组转换为另一台机组，见下表。

序号	装置安装地点	装置类型	故障	转换为逆向状态的时间	以自动方式转换为逆向状态的可能性	以手动方式转换为逆向状态的可能性
1	2	3	4	5	6	7

注：在第 4 列仅指出出现损坏的对象。

委员会的结论和建议_____。

委员会主席_____（签名、日期）

委员会成员_____（签名、日期）

附录 13　通信设备、事故通知方式及遇险人员搜寻设备情况检查报告

(推荐样表)

批准

煤炭企业技术负责人（总工程师）

_____（签名）

20____年____月____日

（事故救援计划周期 20____年____月____日至 20____年____月____日）

委员会组成：

委员会主席_____（姓名、职务）

委员会成员_____（姓名、职务）

20____年____月____日至 20____年____月____日对通信设备的设计技术文件、事故通知系统和遇险的人员搜寻设备的情况，以及它们在矿井巷道、地面建筑和设施中的配置情况和工作能力进行了检查，查明以下事实：

（1）设计技术文件_____。

（2）矿井巷道中和其他工程项目中的通信应急设备、事故通知系统和遇险的人员搜寻设备的技术状态（它们在井下巷道和其他工程中的配置符合设计、运行试验，人员熟悉它们的配置地点和使用技能，它们在电话设备上具备应急号码）。具体情况见下表。

序号	通知对象名称	事故通知设备数量						故障类型
		电话		扬声器通信		其他类型		
		设计	实际	设计	实际	设计	实际	
1	2	3	4	5	6	7	8	9

注：在第 2 列中仅指出损坏的设备对象。

（3）全矿井事故通知系统的具备情况和工作能力_____。

（4）受害者搜寻和探测系统的具备情况和工作能力_____。

委员会的结论和建议_____。

委员会主席_____（签名、日期）

委员会成员_____（签名、日期）

附录 14　辅助矿山救护队检查报告

（事故救援计划周期 20 ＿＿＿ 年 ＿＿＿ 月 ＿＿＿ 日至 20 ＿＿＿ 年 ＿＿＿ 月 ＿＿＿ 日）

委员会组成：

委员会主席 ＿＿＿＿＿＿＿＿＿＿＿＿＿＿＿＿＿＿＿＿＿＿＿＿＿＿＿＿＿＿＿＿＿＿（姓名、职务）

委员会成员 ＿＿＿＿＿＿＿＿＿＿＿＿＿＿＿＿＿＿＿＿＿＿＿＿＿＿＿＿＿＿＿＿＿＿（姓名、职务）

20 ＿＿＿ 年 ＿＿＿ 月 ＿＿＿ 日至 20 ＿＿＿ 年 ＿＿＿ 月 ＿＿＿ 日对辅助矿山救护队的技术文件、办公大楼和房间、矿山救护装备和材料、辅助矿山救护队成员配备程度和他们在工作地点的配置情况进行了检查，查明了以下事实：

（1）法定文件的具备情况和填写的正确性 ＿＿＿＿＿＿＿＿＿＿＿＿＿＿＿＿＿＿＿＿＿＿＿。

（2）辅助矿山救护队的大楼和设施情况 ＿＿＿＿＿＿＿＿＿＿＿＿＿＿＿＿＿＿＿＿＿＿＿。

（3）辅助矿山救护队的配备程度，见下表。

序号	辅助矿山救护队的装备名称	装 备 数 量	
		需要量	现有量
1	2	3	4

注：在表格中仅指出缺少的装备。

（4）辅助矿山救护队成员的职业训练，见下表。

序号	工区名称	被检查资料			技能检查结果			知识检查结果			职业训练结论
		姓名	出勤表编号	工种	医疗救助	应用情况		安全出口	紧急救护设备位置	出现事故时的职责	
						灭火设备	矿山救护设备				
1	2	3	4	5	6	7	8	9	10	11	12

注：必须检查矿井辅助救护队全部成员不小于 10%，在第 6 ~ 12 列中填写"合格"和"不合格"。

（5）辅助矿山救护队成员在每班和工作地点的配置情况，见下表。

序号	采区编号、辅助矿山救护队成员工作地点	辅助矿山救护队成员每班的月平均人数										辅助矿山救护队站点数量	
		需要量					现有量					需要量	现有量
		第一班	第二班	第三班	第四班	合计	第一班	第二班	第三班	第四班	合计		
1	2	3	4	5	6	7	8	9	10	11	12	13	14

（6）学习训练场地的具备情况和装备情况 ＿＿＿＿＿＿＿＿＿＿＿＿＿＿＿＿＿＿＿＿＿。

（7）其他意见 ＿＿＿＿＿＿＿＿＿＿＿＿＿＿＿＿＿＿＿＿＿＿＿＿＿＿＿＿＿＿＿＿＿＿。

委员会的结论和建议 ＿＿＿＿＿＿＿＿＿＿＿＿＿＿＿＿＿＿＿＿＿＿＿＿＿＿＿＿＿＿＿。

委员会主席 ＿＿＿＿＿＿＿＿＿＿＿＿＿＿＿＿＿＿＿＿＿＿＿＿＿＿＿＿＿＿（签名、日期）

委员会成员 ＿＿＿＿＿＿＿＿＿＿＿＿＿＿＿＿＿＿＿＿＿＿＿＿＿＿＿＿＿＿（签名、日期）

附录15 在矿井事故救援计划中为组织灭火而规定的矿井供水技术要求、矿井灭火器材技术要求的检查报告

(事故救援计划周期20＿＿＿年＿＿＿月＿＿＿日至20＿＿＿年＿＿＿月＿＿＿日)

委员会组成：

委员会主席＿＿＿＿＿＿＿＿＿＿＿＿＿＿＿＿＿＿＿＿＿＿＿＿＿＿＿＿＿＿＿＿＿＿＿ (姓名、职务)

委员会成员＿＿＿＿＿＿＿＿＿＿＿＿＿＿＿＿＿＿＿＿＿＿＿＿＿＿＿＿＿＿＿＿＿＿＿ (姓名、职务)

20＿＿＿年＿＿＿月＿＿＿日至20＿＿＿年＿＿＿月＿＿＿日进行了矿山企业紧急救护保护情况检查，查明了以下事实：

(1) 技术和设计文件（紧急救护保护设计条件）＿＿＿＿＿＿＿＿＿＿＿＿＿＿＿＿＿＿＿＿＿＿＿＿＿＿＿＿＿＿。

(2) 紧急救护水池、水泵装置、生活供水管路。保障矿井工程项目灭火的供水源、紧急救护贮水池、紧急救护泵站的简要特性，见下表。

| 序号 | 贮水池位置 | 容积/m^3 | 贮水池装填水源 | | | | 泵站装置地点 | 泵的特性 | | | 备注 |
			名称	至贮水池的管道直径和长度/（mm/km）	至贮水池的管道长度/km	贮水池中的实际水流量/（$m^3 \cdot h^{-1}$）		型号	流量	电力电源	
1	2	3	4	5	6	7	8	9	10	11	12

序号	井筒名称	直径/m	横截面面积/m^2	支架特性	水幕流量/（$m^3 \cdot h^{-1}$）	实际水幕流量/（$m^3 \cdot h^{-1}$）	环形水幕前的压力/（$kg \cdot cm^{-2}$）	喷嘴数量/只
1	2	3	4	5	6	7	8	9

(3) 井下紧急救护灌浆管路的外观检查，并在主要支管和末端点上测量流量和压力，见下表。

| 序号 | 进行测量的巷道名称（测点号） | 测量指标 | | | | 紧急救护灌浆管路长度/km | | 配套的消防栓数量 | | 水力减压阀数量 | |
| | | 流量/（$m^3 \cdot h^{-1}$） | | 对应流量的压力/MPa | | 需要长度 | 现有长度 | 需要 | 现有 | 需要 | 现有 |
		设计	实际	设计	实际						
1	2	3	4	5	6	7	8	9	10	11	12

(4) 紧急救护灌浆管路强度和密封性的水力试验，见下表。

试验日期20＿＿＿年＿＿＿月＿＿＿日。

序号	敷设管路的巷道名称	分支或者节点的管路指标		水 的 压 力				水的实际流量/(m³·h⁻¹)		试验时发现的不足	备注
		长度/mm	直径/mm	工作压力		试验压力		工作压力下的流量	试验时的流量		
				$P_н$	$P_к$	$P_{(н. ст)}$	$P_{(к. расходное)}$				
1	2	3	4	5	6	7	8	9	10	11	12

（5）紧急救护仓库材料的齐全程度和将这些材料运送到事故地点的准备状况，见下表。

序号	材料和设备名称	计量单位	仓　库				备注
			地面		井下		
			必需量	现有量	必需量	现有量	
1	2	3	4	5	6	7	8

（6）自动灭火设备的外观查看和完好状态检查，见下表。

序号	巷道名称	自动化设备类型	检查日期	需要量	现有量	状态	备注
1	2	3	4	5	6	7	8

（7）移动式和固定式灭火器的外观查看和完好状态检查，见下表。

序号	巷道名称	检查日期	灭火器类型						备注
			便携式			移动式			
			需要量	现有量	状态	需要量	现有量	状态	
1	2	3	4	5	6	7	8	9	10

（8）在巷道安装的紧急救护门（井盖门）完好状态检查，见下表。

序号	紧急救护门（井盖门）安装位置	正常情况下紧急救护门（井盖门）的状态	紧急救护门（井盖门）的数量		
			需要量	现有量	状态
1	2	3	4	5	6

委员会的结论和建议_____。

委员会主席_____（签名、日期）

委员会成员_____（签名、日期）

附录16　矿井事故救援计划审查纪要

(推荐样表)

_____矿 20____年____月____日至 20____年____月____日事故救援计划

审　查　纪　要

参加人员：

煤炭企业_____（姓名、职务）

职业化紧急救援部门（部队）_____（姓名、职务）

工作程序：

(1) 审查职业化紧急救援部门（部队）关于矿井在事故发生初期消除事故准备程度的结论。

(2) 审查矿井事故救援计划。

会　议　决　议

(1)_____

(2)_____

(指出事故救援计划的审查意见)

改正本纪要中指出的意见后，建议提请职业化紧急救援部门（部队）负责人同意事故救援计划。

职业化紧急救援部门（部队）负责人_____（签名、日期）

煤炭企业技术负责人（总工程师）_____（签名、日期）

附录 17　矿井辅助矿山救护队人员名单

(推荐样表)

_____矿 20 ____ 年 ____ 半年辅助矿山救护队人员名单

序号	姓名	考勤号	采区	职务	出生日期	注册地址和电话	训练日期和证明书编号
1	2	3	4	5	6	7	8

负责直接领导辅助矿山救护队业务的专业人员_____　(签名、日期)

附录18　发生事故时在行政事务大楼设置专业部门的规定

(推荐样表)

20＿＿＿年＿＿＿月＿＿＿日　　　　　　　　　　　　　　　No＿＿＿＿＿＿＿＿＿＿＿

为了保证在出现事故时指挥所的运行，规定：

(1) 负责领导隔离和消除事故后果工作的指挥所布置在煤炭企业技术负责人（总工程师）的办公室。

(2) 事故实验室布置在材料技术供应部门的办公室。

(3) 地面基地设置在辅助矿山救护队的处所。

(4) 医疗救助站设置在保健站的处所。

(5) 参加工程计算、制定操作文件、提出建议的专家安排在大气安全区区长的办公室。

煤炭企业负责人或者具有法人地位的独立矿井负责人＿＿＿＿＿＿＿＿＿＿＿＿＿＿＿＿＿＿＿＿＿＿＿＿＿＿ (签名、日期)

附录 19 发生事故时矿井工作人员行为规则

(推荐样表)

批准

煤炭企业技术负责人（总工程师）

_____（签名）

20____年____月____日

1. 矿井全部工作人员应知道事故状态下他们的工作程序、防险保护设备和自救器的布置地点，并会使用它们。

2. 在井下发现事故征兆的人员必须立即将情况通知矿井调度员。

3. 发生事故时工作人员的行为：

（1）发生火灾时：

①当矿井大气中出现火灾征兆时，佩戴自救器，并沿着通风路线向着新鲜风流最近的巷道和安全出口移动。当通风风流方向变化时，迎着反向的新鲜风流方向继续移动，不要切断自救器。

②当处于新鲜风流方向的巷道出现火灾时，佩戴自救器，开始使用基本灭火器材灭火。当电启动设备发生燃烧时，切断向事故机组供应电力的动力电缆。

③当独头巷道工作面出现火灾时，佩戴自救器，开始使用基本灭火器材熄灭火源。当使用现有器材不能熄灭火源时，离开独头巷道工作面进入新鲜风流中，切断事故巷道中的电力。保障独头巷道工作面通风。

④当独头巷道中出现火灾时，处于火灾后方工作面的人员佩戴自救器，携带灭火器材熄灭火源。如果不能成功熄灭火源，并且不能通过火源，则采取措施阻止火灾向独头巷道工作面发展。当通风停止后，使用生命保障设备离开火灾区到最远处，等待职业化紧急救援部门（部队）小队的到来。

⑤当爆炸材料库出现火灾时，爆炸材料库值班人员将事故通知矿井调度员，将爆炸材料搬离火源至安全地点，并着手灭火。当不能熄灭火灾时，离开爆炸材料库，关闭金属门，向进风井筒撤退，并将情况通知矿井调度员。

（2）发生煤与瓦斯突出、冲击地压时：

①立即佩戴自救器，沿最短路径撤退到新鲜风流中，切断事故巷道中电力设备的电压。保证独头巷道局部通风机运行。

②当不可能从事故巷道撤退到新鲜风流中时，佩戴自救器，等待职业化紧急救援部门（部队）小队的到来。

（3）发生冒顶时：

①采取措施解救处于塌方下方的遇难者，查明冒顶特征和从事故巷道安全撤离的可能性。如果不能撤出，安装补充支架，并清理坍塌物。

②发出信号，等待矿山救护队队员的到来。

（4）发生淹井、透水、泥浆涌出时，沿最近巷道撤退到上部水平，或者沿水流（泥浆、黏土）移动方向向井筒撤退。

（5）当向巷道渗透毒性物质时，佩戴自救器，沿最近路径从充满气体的巷道经安全出口撤退到地面。

（6）当瓦斯和（或者）煤尘爆炸时，沿安全出口撤退到地面。当出现烟雾时，佩戴自救器。

附录20　取决于事故类型的事故救援计划 单 元 制 定 准 则

火灾	矿井所有巷道、井口建筑物和设施，发生火灾时其中的燃烧原料能够进入井下工艺流程综合体的工程项目
爆炸	正常通风下，在其中发现瓦斯的全部巷道作为一个总单元，煤尘爆炸危险矿井中粉尘产生和积聚的全部巷道和设施
爆炸材料爆炸	爆炸材料库
煤（岩）或者瓦斯突出	煤（岩）、瓦斯突出危险和威胁煤层的全部回采工作面、准备工作面
泥浆涌出、透水	透水（泥浆）危险带中的全部巷道作为一个总单元，采用标准规则查明危险带
冲击地压	冲击危险性临界深度下的全部巷道
其他事故类型	每类事故作为一个总单元

附录21 发生事故时通知的负责人员和部门名册

（推荐样表）

项目	部门或者负责人员	姓名	电话号码		注册场所地址
			办公电话	注册场所电话	
1	2	3	4	5	6
2	服务矿井的职业化紧急救援部门（部队）的值班分队				
3	紧急救护部门				
4	开采组织技术负责人（总工程师）				
5	危急状态指挥中心统一调度部门				
6	开采组织负责人或者具有法人地位的独立矿井负责人				
7	大气安全区区长				
8	矿井总机械师				
9	矿井动力工作人员				
10	负责生产监控的技术负责人（总工程师）、副经理				
11	发生事故的采区区长				
12	直接指挥辅助矿山救护小队业务的专家				
13	总测量师				
14	总地质师				
15	矿井保健站				
16	卫生所主任				
17	生产副经理				
18	公司负责人				
19	在矿井实施作业的承包组织负责人、区长				
20	俄罗斯技术监督局矿山技术监察员				
21	俄罗斯联邦安全部门处室				
22	俄罗斯内务部处室				
23	检察机关				

注：在井口建筑物、井筒、探井和矿井通达地面的其他巷道发生火灾的情况下，召请消防部门。

附录 22 灭火紧急供水措施

(推荐样表)

批准
煤炭企业技术负责人（总工程师）
＿＿＿＿＿＿＿＿＿＿（签名）
20＿＿年＿＿月＿＿日

项目	事故救援计划单元编号和巷道名称（水平、翼、煤层、工程项目），供水目的地	供水源名称	管路、阀门编号和其转换顺序			
			打开的		关闭的	
			管路次序和类型	阀门编号	管路次序和类型	阀门编号
1	2	3	4	5	6	7
填写示例						
1	146 单元，采面编号 13 – 10		紧急救护灌溉管路		排水设备	

注：措施应附转换简图。

矿井总机械师
＿＿＿＿＿＿＿＿＿＿（签名）
20＿＿年＿＿月＿＿日

附录 23　佩戴自救器人员沿巷道移动时间的计算方法指南

计算佩戴自救器人员沿生产和设计矿井从事故区域撤出的时间时，必须遵循下列规则：

1. 火源地点到新鲜风流处的巷道长度为佩戴自救器人员计算的撤离路线。

对于回采区段，事故撤离路线应包括圈定该区段和由该区段撤离至新鲜风流巷道的巷道长度。

2. 若人员由事故区段撤离时存在两条及两条以上路线，应优先选择撤离时间最短或者最安全的路线。

3. 如果在事故路线巷道中有运送人员的设备，则在事故救援计划中应规定这些设备在人员撤离期间的功能，但佩戴自救器人员的撤离持续时间应根据步行移动条件计算。

4. 对于每个具体采区，均应计算事故撤离路线的容许长度，不得大于自救器的保护作用时限。

5. 佩戴自救器人员沿巷道的移动速度按照巷道的倾角和角度，依据下表选取。

巷道种类		在巷道倾角条件下的移动速度/$(\text{m} \cdot \text{min}^{-1})$				
		0°	10°	20°	30°	60°及60°以上
水平巷道（高度1.8~2.0 m）		52.5	—	—	—	—
倾斜巷道（高度1.8~2.0 m）	上坡	—	35	24.5	17.5	7.0
	下坡	—	49	31.5	21.0	10.5
采面（煤层厚度0.7~1.2 m）	上坡	21.0	17.5	14.0	10.5	5.6
	下坡	21.0	21.0	17.5	14.0	7.0
采面（煤层厚度大于1.2 m）	上坡	35	28	21	14	5.0
	下坡	35	35	28	21	5.6

附录 24　为抢救人员和救援事故职业化
紧急救援部门（部队）小队分派的程序和任务

项目	事故类型	事故地点	职业化紧急救援部门（部队）小队分派程序	职业化紧急救援部门（部队）小队分派任务
1	火灾（爆炸）	地面工艺流程综合体	分派第一小队侦查冒烟的房间	将人员从冒烟的房间中撤出
			分派第二小队进入工艺流程综合体大楼接近火源	与紧急救护组一起消灭火灾
2	火灾	进风井筒或者其井口建筑物、通风设备建筑物、风机风硐	分派第一小队进入井口建筑物	从井口建筑物中撤出人员，与紧急救护组一起灭火，用井盖盖住井筒
			分派第二小队及后续小队进入井底车场巷道（每个小队一个人进入一个水平）	撤出人员，并熄灭火源
3	火灾	井筒、回风流探井或者它们的井口建筑物	分派第一小队进入井口建筑物	由井口建筑物撤出人员，与紧急救护组一起灭火
			分派第二小队及后续小队进入井底车场巷道（每个小队人一个人进入一个水平）	熄灭火源
4	火灾	井底车场及与其邻近的进风流主要巷道（可逆向单元）	分派第一小队沿新鲜风流最短路径接近火源	灭火
			分派第二小队迎着回风流进入人员聚集最多的地方	撤出人员
			分派后续小队迎着回风流接近火源	封锁火灾
5	火灾	地面有出口的上行通风的斜井和通风联巷、井底车场，以及与其邻近的回风流巷道	分派第一小队沿回风流迎接撤离人员	撤出人员
			分派第二小队沿新鲜风流最短路径接近火源	灭火
			分派后续小队沿回风流接近火源	封锁火灾
6	火灾	上行通风的倾斜巷道	分派第一小队沿新鲜风流最短路径进入事故巷道的回风流中，迎接撤离人员	撤出人员
			分派第二小队沿新鲜风流最短路径接近火源	灭火
			分派后续小队侦查积聚瓦斯的巷道	撤出人员

（续）

项目	事故类型	事故地点	职业化紧急救援部门（部队）小队分派程序	职业化紧急救援部门（部队）小队分派任务
7	火灾	下行通风的倾斜巷道	分派第一小队沿最短路径进入事故巷道的回风流中，迎接撤离人员	撤出人员
			分派第二小队沿新鲜风流最短路径接近事故巷道	远程灭火或者直接灭火
			分派后续小队迎着回风流侦查积聚瓦斯的巷道	撤出人员
8	火灾	水平巷道、回采工作面	分派第一小队沿最短路径进入事故巷道的回风流中，迎接撤离人员	撤出人员
			分派第二小队沿新鲜风流最短路径接近事故巷道火源	灭火
			分派后续小队迎着回风流侦查积聚瓦斯的巷道	撤出人员
9	火灾	独头巷道	分派第一小队沿新鲜风流最短路径进入独头巷道工作面	撤出人员
			分派第二小队沿新鲜风流最短路径接近独头巷道口，并继续接近火源	灭火
			分派后续小队侦查积聚瓦斯的巷道	撤出人员
10	瓦斯和煤尘爆炸、爆炸材料爆炸	可能发生爆炸的所有巷道	分派第一小队沿最短路径进入事故采区的回风流中，迎接撤离人员	向受难者提供帮助
			分派第二小队沿新鲜风流最短路径进入事故采区	
			分派后续小队进入可能充满爆炸气体的区域	熄灭可能的火源，恢复通风
11	巷道淹没、透水、泥浆涌出	处于溃决危险带中的巷道及标高低于溃决水平的巷道	分派第一小队迎着下部水平的水流（泥浆）运动方向	撤出人员
			分派第二小队沿上部水平到达透水（泥浆）地点	
			分派后续小队进入下部水平	采取措施防止淹没泵站
12	瓦斯积聚、毒性物质渗透	所有巷道	分派第一小队沿新鲜风流最短路径进入事故巷道的回风流中，迎接撤离人员	撤出人员
			分派第二小队沿新鲜风流最短路径进入事故巷道	
13	冒顶、冲击地压	所有巷道	分派第一小队沿新鲜风流最短路径进入事故地点	抢救人员，并恢复通风
			分派第二小队沿回风流最短路径进入事故地点	

（续）

项目	事故类型	事故地点	职业化紧急救援部门（部队）小队分派程序	职业化紧急救援部门（部队）小队分派任务
14	有人的提升装置在井筒中断裂或者卡住	装备人员提升的巷道	分派第一小队沿井筒梯子间进入提升设备卡住的地点	撤出人员
15	火灾（爆炸）	抽放站	分派第一小队去抽放站	向受害者给予帮助，与紧急救护组一起灭火
			分派第二小队下井	侦查进行抽放的采区
16	煤（岩）与瓦斯突出	准备工作面和回采工作面	分派第一小队沿回风流最短路径进入事故巷道工作面	抢救人员
			分派第二小队沿新鲜风流最短路径进入事故巷道工作面	抢救人员，恢复通风，加强支护
			分派后续小队侦查充满瓦斯的巷道	撤出人员

附录25　推　荐　样　表

同意　　　　　　　　　　　　　　　　同意

职业化紧急救援部门（部队）负责人　　　　　紧急救护部门负责人

_____（签名）　　　　　_____（签名）

20___年___月___日　　　　　　20___年___月___日

_____矿井　　20___年___半年

消除井口建筑物和与地面连通巷道火灾时职业化紧急救援

部门（部队）小队与紧急救护组协作计划

（1）总则。

（2）消除事故时分队的行动。

（3）指挥与协作组织。

附录 26　事故救援计划业务部分的表格和内容

单元编号＿＿＿＿＿＿＿＿＿（事故类型和巷道名称）

项目	人员抢救和事故救援措施	负责措施实施的执行人员
1	召唤职业化紧急救援部门（部队）下属部门＿＿＿＿，并按规定路线发送职业化紧急救援部门（部队）分队。根据名册＿＿＿＿向有关人员和机构通知事故	
2	将事故通知人们（指明通知方法），并使他们撤退到＿＿＿＿＿＿	
3	主要通风机工作正常	
4	切断电力装置的电力	
5	指派工区＿＿＿＿辅助救护队成员到事故地点去做＿＿＿＿	
6	沿下列巷道＿＿＿＿＿＿组织供水	
7	准备好箕斗井筒、电力机车、索道以供井下人员撤离、职业化紧急救援部门（部队）小队下井和运送	

职业化紧急救护部门（部队）小队的移动路线和他们的行动

职业化紧急救护部门（部队）第一小队从罐笼井筒进入井下，应该沿＿＿＿＿＿＿到＿＿＿＿＿＿＿侦查由于＿＿＿＿＿＿火源而充满瓦斯的巷道，并将人员撤退到＿＿＿＿＿＿（指明具有新鲜风流的巷道）。

职业化紧急救护部门（部队）第一小队从＿＿＿＿＿＿进入井下，应沿＿＿＿＿＿＿到＿＿＿＿＿＿接近火源，使用＿＿＿＿＿＿紧急救护管路中的水进行灭火（指明紧急救护管路或者其他灭火设备的位置）。

根据事故发展的具体情况，指派后续职业化紧急救护部门（部队）小队去抢救人员和消除事故。

＿＿＿＿＿＿＿＿＿＿＿＿＿＿＿＿＿＿＿＿＿＿＿＿＿＿＿＿＿＿＿＿＿＿＿＿＿＿

职业化紧急救护部门（部队）第一小队从罐笼井筒进入井下，应该沿＿＿＿＿＿＿到＿＿＿＿＿＿＿侦查由于＿＿＿＿＿＿火源而充满瓦斯的巷道，并将人员撤退到＿＿＿＿＿＿（指明具有新鲜风流的巷道）。

＿＿＿＿＿＿＿＿＿＿＿＿＿＿＿＿＿＿＿＿＿＿＿＿＿＿＿＿＿＿＿＿＿＿＿＿＿＿

职业化紧急救护部门（部队）第一小队从＿＿＿＿＿＿进入井下，应沿＿＿＿＿＿＿到＿＿＿＿＿＿接近火源，使用＿＿＿＿＿＿紧急救护管路中的水进行灭火（指明紧急救护管路或者其他灭火设备的位置）。

附录27 约 定 符 号

ВЦГ-25 (B) ⊚ 4000/180	辅助通风装置
ВУПД-2.8 5.0 0.2 8.0 10.0 2.0 9700 (11000) 110	主要通风机。上面标注类型；下面分子标注通风机的实际能力，括号内标注额定能力（m³/min），分母标注负压（mm H₂O）
СВМ-6 4.0 ⊕ 220	局部通风机。上面标注类型，下面标注生产能力（m³/min）
→	新鲜风流（红色）
←	乏风风流（蓝色）
ВМПГ-7 ⊕ 350	吸瓦斯风机
ПШ-265 ⊗ →	吸尘装置
CK	混合硐室
	换气硐室
	圆形断面的矿井井筒、探井
	矩形断面的矿井井筒、探井
	矩形断面和梯形断面的斜井和平硐井口
	拱形断面的斜井和平硐井口
	空气冷却装置

（续）

КБС6 626	热风机
32	风量测量站（红色）
(T) 4.0	电话（T红色）
2.0 2.0 ДMI 0.3 0.2 0.6	关闭的风门
Д 3.0	带调节风窗的风门
M 4.0	打开的、防火的、取水的风门
M (A) 4.0 1.0	仅在事故状态下关闭的自动风门
1.0	栅形门

说明：（1）用大写字母标注门的材料：Д－木质的，M－金属的

（2）附加的不透气覆盖层用1个或者2个字母和反映覆盖层方向数量的数字标注

	轴向通风隔板
	栅栏
	爆炸自动定位系统（红色）
	报废巷道
	水淹巷道（蓝色）
(5)	事故救援计划单元。用直径10mm的圆标注，圆涂上和单元中巷道一样的颜色。圆心为单元编号，与圆周并列的是标注事故种类的印刷体字母（П－火灾，Вв－煤与瓦斯突出，Пр－透水，У－冲击地压，В－爆炸）。独头巷道的单元涂上黄色

（续）

符号	说明
⑤	事故救援计划的逆转单元（黄色）
	逆转带（红色）
	全矿井"跨接桥"类型的风桥
	采区的管形风桥
	引射器
	依靠矿井总负压通风的风筒
	压入式通风风筒（红色箭头）
	抽出式通风风筒（蓝色箭头）
φ500	瓦斯排放管（mm）（蓝色）
	抽放瓦斯管（黄色）
B	井下负压泵站
	矿井大气参数监测传感器
	岩粉棚
	水棚

（续）

符号	说明
	水分散棚
	水幕
	产生雾气的幕
КБС-6 1.0 2.0 0.3 0.2 626 6.0	加热装置。上方表示加热器类型，下方表示加热的表面积
	捕尘百叶窗隔板
3251 1.0 0.3 1.0	带窗口的密闭墙
2251	无孔墙（隔离的、通风的、防火的)
4125 1.0 2.0	带补强墙的壅水墙
0.3	三角拱墙（防坠器）
п 19，01.1971	临时密闭墙
п 135，03.1969	带槽的永久密闭墙
п 13，02.1972	无槽的密闭墙
п 35，02.1975	抗水墙
п 32，11.1975	防爆墙，有混凝土的（名称 текбленд）（绿色）、砖砌的、石头的、砌块的（红色）、木质的（黄色）、石膏制的（蓝色）。在下方标注隔离设施的编号、建造年份及月份

（续）

п 32，11.1975	隔离护帮墙。在下方标注其编号、建造年份及月份
A31，10.1976	紧急救护拱形支架（红色）。在下方标注其编号、建造年份及月份
$60\dfrac{1.4}{1.7}$	紧急救护灌溉管（红色）。60、1.4、1.7 分别为流量（m^3/h）、该流量下的压力（MPa）、静水压力（MPa）
	紧急救护灌溉管的连接和交叉
50	紧急救护压力软管（50 为卷成卷的公称内径，mm）
	紧急救护压力软管（50 为卷成手风琴状的公称内径，mm）
20/0.8	液压减速器（红色）。20、0.8 分别为进口压力（MPa）和出口压力（MPa）
300 m^3	紧急救护储水池（红色）。300 为水的储备量（m^3）
	水锤减震器（红色）
2.0　1.0	电动闸门
	手动闸门
3.0	减压阀（三角符号的顶点指向压力升高方向）
	反向阀
$90\dfrac{0.9}{1.2}$	用于连接一根软管的紧急救护末端阀门（红色）。90、0.9、1.2 分别为流量（m^3/h）、该流量下的压力（MPa）、静水压力（MPa）
	用于连接两根软管的紧急救护末端阀门（红色）
$\dfrac{60}{2.0}$	紧急救护泵（红色）。60、2.0 分别为供给量（m^3/h）、压力（MPa）（红色数字）
	节流孔板（红色）
	紧急救护供水转换装置：水管（上部的红色三角）、空气管路（上部的红色三角）、抽放管路（上部的黄色三角）

（续）

	管道远距离打开装置
	自动或者手工驱动的水力灭火设备（红色）
	紧急救护灌溉管路、设备的进水和排水（红色）
	水雾化器（红色）
	紧急救护水幕（红色）
50	紧急救护井（红色）。50 为约定流量的直径（cm）
	装有砂子或者惰性粉尘的箱子（红色）
3 1.0 2.0 1.0	灭火器（红色）。3 为灭火器数量（个）
Шφ.11 груз 84.5 15.6 2.0 3.0	矩形断面探井的井口和断面面积（蓝色）
Шφ.10 вент. 135.1 100.4	圆形断面探井的井口和断面面积（蓝色）。标注巷道名称、用途、巷道井口和底部标高
Ств. груз. 57.4 −256.5 24° 12.0	拱形断面的斜井和平硐井口（蓝色）
шт.2 вент 4.0 130.4 6.0 2.5	矩形、赫尔梯形断面的斜井和平硐井口（蓝色）。标注巷道名称、用途、巷道井口和底部标高
9−4.0 0.6 4.0	风量测量站。标注站的编号和断面面积（m²）
0.5 5.0	巷道中的紧急救护带（红色）
	光信号器：灯泡、信号板

（续）

	声音信号器：语言扬声器
	声音信号器：非语言的（警笛、汽笛、电铃）
	芳香信号器
	紧急救护门（红色）
	依靠自然涌水量的井下供水源
	储存紧急救护材料和设备的仓库
	自主供风或从气罐供风的移动式救助站
	井下自救装置交换站
	辅助矿山救护队井下中心站点（十字红色）
	辅助矿山救护队井下站点（十字红色）
	空气管路
2ВПГ-9 470 m³/min 950 mm ВОД.СТ.	抽放设备（黄色）。标注风机类型（真空泵）、生产能力和压力，P 为无线电台
скв.№2	抽放钻孔
4.0 P	呼吸设备存储地点。C 为自救器，P 为防毒面罩（红色）

煤矿采矿工程作业文件
组 成 部 分

俄罗斯联邦生态、技术及原子能监督局命令

2017 年 12 月 7 日   **№532**

为了推进工业安全规章的落实，批准所附的安全指南《煤矿采矿工程作业文件组成部分》。

负责人：A. B. АЛЕШИН

1 总　　则

1.1　为了推进落实生态、技术及原子能监督局 2013 年 11 月 19 日 №550 令批准的《煤矿安全规程》（2013 年 12 月 31 日俄罗斯联邦司法部登记，№30961）的规定，特制定安全指南《煤矿采矿工程作业文件组成部分》（又称《安全指南》）。

1.2　本《安全指南》含有开采煤层时采矿工程作业文件（以下简称 ВГР 文件）组成部分的建议。

1.3　本《安全指南》供从事煤矿开采、建井和改造的组织使用。

1.4　本《安全指南》不是标准的法律文件。

1.5　ВГР 文件是煤炭企业内部使用的工艺操作规程（标准文件），其中详细描述了采矿工程的作业过程。

对于参与采矿工程组织和实施的煤炭企业的负责人、专业人员和施工组织部门，ВГР 文件是主要的施工文件。

1.6　在掘进圈定巷道之前，每个回采区段要制定和批准 ВГР 文件。

根据 ВГР 文件内容进行回采区段的准备和开采。

根据煤炭企业技术负责人（总工程师）的决定，回采区段的 ВГР 文件以单个文件的形式编制：

巷道掘进文件；

巷道支护（更换、维修和支架回收）文件；

煤炭回采、顶板支护和管理（回采作业）文件。

1.7　ВГР 文件依据矿井技术设计制定，并考虑了采矿工程作业的矿山地质预测和矿山技术条件。

在 ВГР 文件中规定采矿工程的设计方案、施工和组织，保证工业安全的措施，以及与采矿工程作业有关的其他问题。

ВГР 文件由煤炭企业技术负责人（总工程师）批准。

1.8　采矿工程作业开始之前，煤炭企业施工部门的工作人员熟悉了解 ВГР 文件，并签名。

1.9　当采矿工程作业的矿山地质、矿山技术和（或者）生产条件发生变化时，在 1 天内对 ВГР 文件进行相应的修改和（或者）补充。

ВГР 文件的修改和（或者）补充由煤炭企业技术负责人（总工程师）批准。

在必须对 ВГР 文件进行修改和（或者）补充期间，根据煤炭企业技术负责人（总工程师）的决定，制定条件发生变化时进行采矿作业的安全措施。

按照本《安全指南》1.8 的要求，煤炭企业施工部门（采区）的工作人员熟悉了解条件发生变化时采矿工程作业的安全措施，以及 ВГР 文件的修改和（或者）补充。

1.10　ВГР 文件由煤炭企业工艺部门的专业人员和（或者）设计单位的专业人员制定。建议吸收煤炭企业生产和辅助施工部门的专业人员参与制定 ВГР 文件。

1.11　当标准法律文件和（或者）设计文件发生变化时，重新修订 ВГР 文件。

1.12　ВГР 文件由文本部分和图表部分组成。

ВГР 文件的文本部分包括：回采单元信息，所采取的技术和工艺方案描述，说明，编制时使用的标准文件和（或者）技术文件的引文，论证所采取的方案和计算结果。

ВГР 文件的图表部分要反映采取的技术和工艺方案。ВГР 文件的图表部分为施工图、系统图、平面图和其他图表类型的文件。

ВГР 文件的文本部分和图表部分由总工艺师、采区区长，以及煤炭企业的专业人员根据自己的权限签署。

1.13　ВГР 文件的文本部分和图表部分的组成部分、结构和内容由设计人员确定。

ВГР 文件中，图表可以是几个施工图、系统图、平面图的组合。

ВГР 文件的图表部分使用的约定符号在文本部分引用或者在图表页上指明。

1.14　在 ВГР 文件中包括采矿工程安全作业的措施。

1.15　煤炭企业技术负责人、大气安全区区长，以及根据该文件进行采矿作业的施工部门负责人各保存一份 ВГР 文件复印件。

2　巷道掘进和支护文件

2.1　准备巷道掘进和支护文件的文本部分包括：

（1）巷道掘进矿山地质条件的预测资料。

（2）巷道和机械化作业装备的主要信息。

（3）巷道掘进方法和工艺系统图。

（4）施工工序描述。

（5）回采工艺工序、煤炭运输和材料运送工艺工序的描述。

（6）巷道瓦斯涌出量计算。

（7）巷道通风量计算，局部通风机选择。

（8）抽放参数和抽放量计算。

（9）抽放工程安全措施。

（10）矿井 AГK 系统设计摘录、AГK 系统设备布置地点描述。

（11）防尘措施，粉尘爆炸防护措施，粉尘、瓦斯、空气混合物爆炸预防和封锁措施。

（12）岩石摩擦危险性测定。

（13）实施施工工序时保证安全作业的措施。

（14）在具有冲击地压倾向、煤（岩）与瓦斯突出倾向煤层中的采矿工程安全作业措施。

（15）实施采矿工程时采取的动力现象（以下简称 ДЯ）预测方法、动力现象预防措施，以及动力现象预防措施应用效果检查方法。

（16）在危险带掘进巷道时的安全措施。

（17）巷道贯通时的安全措施。

（18）巷道排放瓦斯的措施。

（19）防火保护，根据"防火设计"内容或者矿井防火保护设计条款制定防火保护措施。

（20）巷道供电。

（21）发生事故时人员的行为规则。

（22）事故救援计划单元摘录，包括在主要通风机正常和事故运行方式下，人员从发生事故的巷道到最近新鲜风流处的移动路线及人员撤离到地面的最终点。

2.2　准备巷道掘进和支护文件的图表部分包括：

（1）巷道特征表。

（2）标注矿山地质条件的采矿工程平面图复印件。

（3）比例为 1∶100 或者 1∶50 的巷道纵向剖面和横向剖面。在含有巷道纵向剖面和横向剖面的图表页上反映出：巷道的断面尺寸及与其他巷道的连接，相对于煤层的位置，永久支架和临时支架的结构和尺寸，支架滞后工作面的最小距离和最大距离，永久支架和临时支架元件轴线之间的距离，支架和围岩之间加楔示意图，巷道支架和岩体之间背板敷设示意图和空间充填方法。

（4）掘进、运输设备布置及材料贮存位置示意图。在示意图上指明支架和设备之间的空隙。

（5）防尘措施、设备布置地点，防尘装置和煤尘爆炸封锁设备的示意图和参数（表格形式）。

（6）巷道通风设备布置示意图。

（7）巷道防火保护示意图。在图纸上注明：消防灌浆管网，给水栓、阀门、减压枢纽布置地点，测量仪器、初期灭火设备和自动灭火设备、防火门、防火拱布置地点。

（8）通风系统图和 АГК 系统设备布置图。在系统图上反映测量站布置地点和风量，通风设施安装地点，通风管路，排放瓦斯装置，标明通风装置参数的工作局部通风机和备用通风机，АГК 系统固定传感器，指明瓦斯浓度测量地点和测量周期、仪器类型和负责测量人员名册的表格。根据《煤矿安全规程》第 161 条规定，在独头巷道非独立通风的情况下，在系统图上反映进风流的通风对象（回采区段、采面、独头巷道）。在独头巷道工作面使用除尘装置的情况下，补充标注装置布置和通风参数的表格。

（9）抽放系统图。在系统图上标注抽放管路的敷设，指明抽放钻孔的布置和参数。

（10）供电系统图。在巷道平面图上标注供电系统图，标明设备布置、配电和防护设备、电缆、通信设备、信号设备、控制设备，以及瓦斯自动监控设备。

（11）空气管路或者压力水管系统图。在以压缩空气作为动力或者使用水力化方法进行采掘作业的情况下，标注设备和监控仪表的布置。

（12）电话通信设备、全矿井事故通知设备、作业信号和警告信号设备布置系统图。

（13）煤、岩石、材料和设备运输系统图及人员运送系统图。在系统图上指明：运输工具类型；采用的运输设备型号，调车作业和装卸作业机械型号；终点站和驱动站的安装地点；自动控制设备和信号设备；运输路线长度；错车道、道岔、挡车栏、警告和禁止标志的分布；降落车场的布置地点；输送机跨桥。对于柴油机驱动的机器，在巷道中标明计算的耗风量。

（14）巷道掘进阶段支护材料消耗表。

（15）巷道掘进工程组织进度表、不能平行作业的工程清单、工人出勤图表。

（16）排水系统图。在系统图上指明：管网系统和管路直径、泵的型号、进水量、排水沟的布置和尺寸。

（17）工作人员沿安全出口撤离的移动路线示意图。在示意图上指明：矿井巷道中自救器转接站（以下简称 ППС）、人员集体救护站（以下简称 ПКСП）的分布地点。

3 巷道维修文件

3.1 巷道维修文件的文本部分包括：

（1）维修巷道时采用的方法和施工工序描述、实施顺序。

（2）实施事故工序时保证安全作业的措施。

（3）防尘措施，粉尘爆炸防护措施，预防和封锁粉尘、瓦斯、空气混合物爆炸的措施。

（4）发生事故时人员的行为规则。

（5）事故救援计划单元摘录，包括在主要通风机正常和事故运行方式下，人员从发生事故的巷道到最近新鲜风流处的移动路线及人员撤离到地面的最终点。

3.2 巷道维修文件的图表部分包括：

（1）比例为1：100或者1：50的巷道纵向剖面和横向剖面。

（2）重新支护前后的巷道断面。

（3）在重新支护地点巷道的纵向剖面。

（4）支架加固元件安装示意图、支架的安装密度和横向尺寸、岩石挖掘体积。

（5）永久和临时支架的结构和尺寸、支架和围岩加楔示意图、巷道支架和岩体之间背板敷设示意图和空间充填方法。

（6）巷道支架元件详细设计。

（7）工作人员沿安全出口撤离的移动路线示意图。在示意图上指明矿井巷道中ППС、ПКСП的分布地点。

4　回采、支护和顶板控制文件

4.1　回采、支护和顶板控制文件的文本部分包括：

（1）回采区段矿山地质条件的预测资料。

（2）圈定回采区段的巷道信息。

（3）基本顶冒落步距计算。

（4）矿井设备清单和技术特征表。

（5）回采工作面作业组织。

（6）机械化机组离开安装硐室的工艺过程描述。

（7）采面与邻近巷道连接处支护的施工工序描述。

（8）基本顶初次垮落前及采面接近回采区段边界、残留煤柱、矿山压力升高带的情况下，保证采矿安全作业的措施。

（9）基本顶垮落期间，保证采矿安全作业的措施。

（10）顶板强制放顶的全套工程。

（11）装载机、转运装置、采区供电列车移动的操作工序描述。

（12）岩石、材料和设备，以及人员向采面运送的工艺过程描述。

（13）瓦斯涌出管理：回采区段抽放、瓦斯管理引排、回采区段通风。包含内容：所采用的通风系统描述及应用必要性论证，防止瓦斯涌出的方法和设备；回采区段相对瓦斯涌出量确定；回采区段和回采巷道瓦斯涌出量计算；回采区段和回采巷道通风量计算；回采区段巷道风量分布数学模型；抽放参数和抽放量计算；计算的回采工作面瓦斯最大容许产量。

（14）矿井 АГК 系统设计摘录、АГК 系统设备布置地点描述。

（15）抽放工程安全措施。

（16）防尘措施，粉尘爆炸防护措施，粉尘、瓦斯、空气混合物爆炸预防和封锁措施。

（17）岩石摩擦危险性测定。

（18）具有自燃倾向煤层中煤的内因火灾预防措施。

（19）在具有煤与瓦斯突出倾向和冲击地压倾向煤层中的安全作业措施。

（20）作业时使用的 ДЯ 预测方法、ДЯ 预防措施，以及动力现象预防措施应用效果检查方法。

（21）回采区段巷道瓦斯排放措施。

（22）防止井下内因火灾措施实施的程序、方法和周期。

（23）防火保护。根据矿井设计"防火保护"内容或者矿井防火保护设计条款制定防火保护措施。

（24）回采区段供电。

（25）发生事故时人员的行为规则。

（26）事故救援计划单元摘录，包括在主要通风机正常和事故运行方式下，人员从发生事故的巷道到最近新鲜风流处的移动路线及人员撤离到地面的最终点。

（27）实施施工工序时保证安全作业的措施。

（28）在危险带进行落煤作业时的安全措施。

（29）内因火灾预防措施。

4.2　回采、支护和顶板控制文件的图表部分包括：

（1）标注回采区段地质条件的采矿工程平面图复印件。

（2）比例为 1∶100 或者 1∶50 回采区段巷道及其与圈定巷道连接的平面图。在平面图上反映：煤的回采和运输设备，顶板控制方法，圈定巷道在回采作业影响带中的保护和支护，支架组合尺寸，支架组的间距，工作面到支架组第一排立柱和支架组悬臂顶梁末端的距离，支架组移动的顺序、方法和步距，沿采面长度容许的裸露顶板尺寸。

（3）防尘措施系统图和参数（表格形式）、装备布置地点、防尘装置，以及发生煤尘爆炸的设备。

（4）回采区段巷道防火保护系统图。在图纸上注明：防火灌浆管网，给水栓、阀门、减压枢纽布置地点，测量仪器布置地点，初期灭火设备和自动灭火设备布置地点，防火门和防火拱布置地点。

（5）说明井下内因火灾预防措施实施程序和方法的系统图。

（6）回采区段巷道通风和 АГК 系统设备布置系统图。在系统图上指明：测量站布置地点和计算的风量、通风设施安装地点、АГК 系统固定传感器，以表格形式指明瓦斯浓度测量地点和测量周期、仪器类型和负责测量人员名册。

（7）抽放系统图。在系统图上标注抽放管路敷设形式，指明抽放钻孔的布置和参数。

（8）供电系统图。在巷道平面图上标注供电系统图，标明设备布置、配电和防护设备、电缆、通信设备、信号设备、控制设备，以及瓦斯自动监控设备。

（9）空气管路或者压力水管系统图，在以压缩空气作为动力或者使用水力化方法进行采掘作业的情况下，标注设备和监控仪表的布置。

（10）电话通信设备、全矿井事故通知设备、作业信号和警告信号设备布置系统图。

（11）煤、岩石、材料和设备运输系统图及人员运送系统图。在系统图上指明：运输工具类型；采用的运输设备型号，调车作业和装卸作业机械型号；驱动装置安装地点。

（12）终点站和驱动站的安装地点，自动控制设备和信号设备，运输路线长度，错车道、道岔、挡车栏、警告和禁止标志的分布，降落车场的布置地点，输送机跨桥。对于柴油机驱动的机器，在巷道中标明计算的耗风量。

（13）排水系统图。在系统图上指明：管网系统和管路直径、泵的型号、进水量、排水沟的布置。

（14）支护材料消耗表。

（15）采面工程组织进度表、不能平行作业的工程清单、工人出勤图表。

（16）在具有自燃倾向煤层中的煤体、采空区、地质破坏带预防处理的示意图和进度表，矿井大气温度和成分监控仪表安装地点。

（17）工作人员沿安全出口撤离的移动路线示意图。在示意图上指明矿井巷道中ППС、ПКСП 的分布地点。

5   其他类型的文件

5.1   根据技术负责人（总工程师）的决定，将以下文件列入作业文件中：

（1）回采设备安装（拆除）文件。

（2）钻孔施工文件。

5.2   回采设备安装（拆除）文件的文本部分包括：

（1）安装的（拆除的）设备组成和数量。

（2）主要和辅助工程机械化设备描述和技术特征。

（3）装载、卸载方法和设备描述，装备描述。

（4）矿井装备主要元件和其单个部件的运送、安装（拆除）方法和设备描述。

（5）实施施工工序时保证安全作业的措施。

（6）发生事故时人员的行为规则。

（7）事故救援计划单元摘录，包括在主要通风机正常和事故运行方式下，人员从发生事故的巷道到最近新鲜风流处的移动路线，以及人员撤离到地面的最终点。

5.3   回采设备安装（拆除）文件的图表部分包括：

（1）回采区段采矿工程平面图复印件。

（2）比例为1:100或者1:50安装（拆除）硐室平面图，在图上指明该巷道及其与邻近巷道连接处的支护方法。

（3）矿井装备安装（拆除）工艺示意图。

（4）装备运送、安装（拆除）工序实施示意图。

（5）安装（拆除）硐室通风示意图。

（6）安装（拆除）硐室防火保护示意图。

（7）АГК系统设备布置示意图。

（8）供电系统图。

（9）电话通信设备、全矿井事故通知设备、作业信号和警告信号设备布置系统图。

（10）装备安装（拆除）工程组织进度表、工人出勤图表。

（11）工作人员沿安全出口撤离的移动路线示意图。在示意图上指明矿井巷道中ППС、ПКСП的分布地点。

5.4   钻孔施工文件的文本部分包括：

（1）钻孔施工矿山地质条件描述。

（2）钻孔用途和特征。

（3）打钻设备的技术资料。

（4）施工工序实施顺序。

（5）钻孔施工参数和间距。

（6）保证工程安全实施的措施。

（7）发生事故时人员的行为规则。

（8）事故救援计划单元摘录，包括在主要通风机正常和事故运行方式下，人员从发生事故的巷道到最近新鲜风流处的移动路线，以及人员撤离到地面的最终点。

（9）采矿工程平面图复印件。

（10）表示煤层、岩石顶板和底板可钻性的结构柱状图。

（11）硐室（机窝）支护示意图。

（12）运输设备、打钻和电气设备在巷道中的布置示意图。

（13）钻机固定示意图。

（14）抽放钻孔管外空间密封示意图。

（15）在其中施工钻孔的巷道通风系统图。

（16）巷道防火保护示意图。

（17）АГК 系统设备布置示意图。

（18）供电系统图。

（19）钻孔施工工程组织进度表。

（20）工人出勤图表。

（21）工作人员沿安全出口撤离的移动路线示意图。在示意图上指明矿井巷道中 ППС、ПКСП 的分布地点。